W0308062

Heinz W. Katzenmeier

# Reinigungsroboter selbstgebaut

Elektor-Verlag, Aachen

Umschlaggestaltung: Ton Gulikers, Segment, Beek (NL)
Satz und Aufmachung: Ulrich Weber, Aachen
Druck: WILCO, Amersfoort (NL)

Printed in the Netherlands

ISBN 3-89576-166-4

Elektor-Verlag Aachen
www.elektor.de

059019-1/D

# Inhaltsverzeichnis


**1. Einleitung . . . . . . . . . . 7**

1.1 Hausstaub . . . . . . . . . . 9

1.2 Staub und Schmutz in Industrie und Handwerk . . . . . . . . 12

**2. Reinigungstechniken . . . . . . . . . . 15**

2.1 Saugende Reinigungsroboter . . . . . . . . . . 16

Aufsaugen . . . . . . . . . . 17

Ventilatoren (Lüfter) . . . . . . . . . . 22

Saugdüsen . . . . . . . . . . 29

Vergleich und Einsatzmöglichkeiten verschiedener Saugdüsen 44

Abscheidung . . . . . . . . . . 45

Elektrofilter . . . . . . . . . . 47

Zyklon-Abscheider . . . . . . . . . . 47

Gewebefilter . . . . . . . . . . 51

Vorgehensweise bei der Konstruktion eines Saugsystems . . 55

Praktischer Aufbau saugender Reinigungsroboter . . . . . . . 59

Aufbau saugender Reinigungsroboter mit Filtern . . . . . . 60

Aufbau saugender Reinigungsroboter mit einem Zyklon . . . 62

Aufbau saugender Reinigungsroboter mittels eines Akku-Saugers . . . . . . . . . . 63

Aufbau eines saugenden Reinigungsroboters mit mechanischer Vorbehandlung . . . . . . . . . . 64

Bau eines Ventilatoren- und Filter-Prüfstandes . . . . . . . . 67

Messungen mit dem Ventilatoren und Filter Prüfstand . . . . . 73

2.2 Wischende Reinigungsroboter . . . . . . . . . . 81

Trocken wischende Reinigungsroboter . . . . . . . . . . 81

Trocken wischende Reinigungsroboter ohne Wischtuch . . . 81

Trocken wischende Reinigungsroboter mit Wischtuch . . . . 86

Feucht wischende Reinigungsroboter . . . . . . . . . . 88

Feucht wischende Reinigungsroboter ohne Schmutzwasser Aufnahme . . . . . 88

Feucht wischende Reinigungsroboter mit Schmutzwasser-Entfernung . . . . . 91

Feucht wischende Reinigungsroboter mit Schmutzwasser-Aufnahme – Zusammenfassung . . . . . 102

Reinigungsroboter für Fenster . . . . . 112

Reinigungsroboter für Metalltafeln (Tafelwischer) . . . . . 118

Reinigungsroboter für den Sanitärbereich . . . . . 124

Reinigungsroboter basierend auf Adhäsion . . . . . 125

**3. Reinigungsroboter für den Outdoor-Bereich . . . . . 129**

**4. Bewegungskonzepte . . . . . 131**

4.1 Zufällige Bewegung „random walk“ (ohne Hinderniserkennung) 132

4.2 Zufällige Bewegung „random walk“ (mit Hindernisserkennung) 133

4.3 Vorbestimmte Bahnkurven . . . . . 134

Zick-Zack-förmige Bahnkurven . . . . . 135

Spiralförmige Bahnkurven . . . . . 136

Wandfolgende Bahnkurven . . . . . 137

Kombinierte Bahnkurven . . . . . 141

Komplexe Bewegungen . . . . . 142

**5. Hinderniserkennung . . . . . 143**

**6. Bauformen von Reinigungsrobotern . . . . . 145**

**7. Steuerungsprinzipien, Robotersteuerung . . . . . 147**

7.1 Mechanische Steuerung . . . . . 148

7.2 Elektronische Steuerungen mittels diskreter Elektronik . . . . . 149

7.3 Elektronische Steuerung mittels programmierbarer Elektronik 150

**8. Bauvorschläge . . . . . 153**

8.1 Saugroboter . . . . . 154

Microbot . . . . . 154

Reinigungskonzept . . . . . . . . . . . . . . . . . . . . . 154
Bewegungskonzept. . . . . . . . . . . . . . . . . . . . . 155
Äußere Form / Baugröße . . . . . . . . . . . . . . . . . 155
Testbericht . . . . . . . . . . . . . . . . . . . . . . . . 156

Sauger 555 . . . . . . . . . . . . . . . . . . . . . . . . 156
Reinigungskonzept . . . . . . . . . . . . . . . . . . . . . 157
Bewegungskonzept. . . . . . . . . . . . . . . . . . . . . 158
Äußere Form / Baugröße . . . . . . . . . . . . . . . . . 159
Testbericht . . . . . . . . . . . . . . . . . . . . . . . . 160

Sauger 556 . . . . . . . . . . . . . . . . . . . . . . . . 160
Reinigungskonzept . . . . . . . . . . . . . . . . . . . . . 161
Bewegungskonzept. . . . . . . . . . . . . . . . . . . . . 163
Äußere Form / Baugröße . . . . . . . . . . . . . . . . . 173
Testbericht . . . . . . . . . . . . . . . . . . . . . . . . 173

Sauger C . . . . . . . . . . . . . . . . . . . . . . . . . 174
Reinigungskonzept . . . . . . . . . . . . . . . . . . . . . 175
Bewegungskonzept. . . . . . . . . . . . . . . . . . . . . 175
Äußere Form / Baugröße . . . . . . . . . . . . . . . . . 183
Programmierung . . . . . . . . . . . . . . . . . . . . . . 184
Testbericht . . . . . . . . . . . . . . . . . . . . . . . . 185

8.2 Nass wischende Reinigungsroboter. . . . . . . . . . . . . 186

Wischer C . . . . . . . . . . . . . . . . . . . . . . . . . 186
Reinigungskonzept . . . . . . . . . . . . . . . . . . . . . 186
Bewegungskonzept. . . . . . . . . . . . . . . . . . . . . 194
Äußere Form / Baugröße . . . . . . . . . . . . . . . . . 195
Programmierung . . . . . . . . . . . . . . . . . . . . . . 196
Testbericht . . . . . . . . . . . . . . . . . . . . . . . . 198

8.3 Spezielle Reinigungsroboter . . . . . . . . . . . . . . . 199

Tafelwischer . . . . . . . . . . . . . . . . . . . . . . . . 199
Reinigungskonzept . . . . . . . . . . . . . . . . . . . . . 199
Bewegungskonzept. . . . . . . . . . . . . . . . . . . . . 200
Äußere Form / Baugröße . . . . . . . . . . . . . . . . . 201
Testbericht . . . . . . . . . . . . . . . . . . . . . . . . 202

Adhäsobot. . . . . . . . . . . . . . . . . . . . . . . . . 203
Reinigungskonzept . . . . . . . . . . . . . . . . . . . . . 204
Bewegungskonzept. . . . . . . . . . . . . . . . . . . . . 205

Äußere Form / Baugröße . . . . . . . . . . . . . . . . . . 208
Testbericht . . . . . . . . . . . . . . . . . . . . . . . . . 209

**9. Anhang . . . . . . . . . . . . . . . . . . . . . . . . . . . . 211**

**10. Literatur, Bezugsquellen, Internet-Links . . . . . . . . . . 215**

10.1 Literatur . . . . . . . . . . . . . . . . . . . . . . . . . . 215

10.2 Bezugsquellen . . . . . . . . . . . . . . . . . . . . . . . 215

10.3 Internetlinks . . . . . . . . . . . . . . . . . . . . . . . . 217

Stichwortverzeichnis . . . . . . . . . . . . . . . . . . . . . 221

# 1. Einleitung

Robotertechnik ist in den letzten Jahren zunehmend in den Blick der Öffentlichkeit geraten. Nicht zuletzt aufgrund der immer häufiger werdenden Anwendungen im industriellen Bereich, im Spielzeugsektor und auch bereits im Haushalt. Robotertechnik als Hobby ist besonders interessant und stellt eine außergewöhnliche Herausforderung dar, da dieses Hobby Fachgebiete wie Elektronik, Mechanik und Informatik verbindet. Es fördert daher in hohem Maße die Fähigkeit, vernetzt zu denken und komplexe, voneinander abhängige Sachverhalte zu erkennen.
Roboter-Wettbewerbe, wie zum Beispiel die alljährlich ausgetragene Roboter Fußball-Weltmeisterschaft übersteigen allerdings in den meisten Fällen die Möglichkeiten eines Hobbyisten bei weitem. Andererseits stellt der Betrieb eines vorgefertigten Bausatzes oder gar eines fertigen Roboters keine wirkliche Aufgabe dar und wird schnell langweilig. Zumal diese Roboter in der Regel auch keine echte Aufgabe erfüllen können. Interessant wird es eigentlich erst dann, wenn ein Roboter sich nicht nur in einem Raum mehr oder weniger geschickt umherbewegt, sondern gleichzeitig noch eine nützliche Aufgabe versieht. Damit stellt sich für den Hobby-Robotiker die Frage, zu welchem Zweck und mit welchen Fähigkeiten ausgerüstet er einen Roboter bauen möchte.
Eine sinnvolle Möglichkeit mit hohen, aber durchaus zu bewältigenden Herausforderungen, stellt der Bau eines Reinigungsroboters für den Heimbereich dar. In diesem Buch soll daher der Bau von mannigfaltigen Reinigungsrobotern für diverse Aufgaben behandelt werden. Dabei wird stets besonderer Wert auf effektive und dennoch mit nicht allzu hohen technischen und finanziellen Mitteln herstellbare Roboter gelegt.

Spezialgeräte, wie eine Drehmaschine oder eine Fräse sind zum Bau der Roboter daher nicht notwendig. An Elektrogeräten ist prinzipiell bereits ein Akkuschrauber mit Spannfutter oder eine leichte Akkubohrmaschine ausreichend. Akkuschrauber haben im Vergleich zu Bohrmaschinen oft eine feinfühligere Drehzahlregelung und im unteren Drehzahlbereich meist sogar ein höheres Drehmoment. Beides ist beim Handbohren von besonderer Wichtigkeit. Hochdrehende Kleinstbohrmaschinen „sagenhafte 30.000 UpM" sind zum Freihandbohren nicht geeignet. Zusätzlich kann eine gute Bohrmaschine (mit

Bohrfutter bis mind. 10 mm) zusammen mit einem dazu passenden, guten Bohrständer die Arbeit noch wesentlich erleichtern. An dieser Stelle sei aber darauf hingewiesen, dass die üblichen im Baumarkt erhältlichen Bohrständer und insbesondere die (Schlag-)Bohrmaschinen, trotz des verhältnißmäßig hohen Preises, nicht für feinmechanische Arbeiten geeignet sind, da die Lager und Führungen in der Regel nicht die geforderte Präzision aufweisen. Die Qualität einer Bohrmaschine bezüglich Rundlaufeigenschaften können Sie testen, indem Sie die Maschine festhalten und am Bohrfutter seitlich rütteln. Es darf kein Spiel fühlbar sein!

Weiterhin benötigt man einen kleinen Elektronik-Lötkolben (etwa 30 W, mit feiner Spitze). Ein gewisser Fundus von Kleingerätschaften wie eine einfache Metallsäge, ein Laubsägebogen, Feilen, Schmirgelpapier, Schraubendreher und -schlüssel etc. wird ebenfalls vorausgesetzt.
Die benötigten Materialen beschränken sich in der Regel auf Sperrholz, Plexiglas, Aluminiumbleche und Profile sowie Messingstäbe und Röhren. Alles Materialien, die in jedem Baumarkt zu finden sind.

Wer höhere Anforderungen an die Qualität seiner Konstruktionen stellt oder auch nur deutlich schneller zum Ziel kommen möchte, dem sei hier das sehr gute Geräteprogramm der Firma Proxxon empfohlen. Wer sich eine Bohrmaschine und Bohrständer neu anschaffen möchte, sollte überlegen, ob es anstatt der sehr beschränkt einsetzbaren Baumarkt-Artikel nicht beispielsweise eine Proxxon Tischbohrmaschine TBH sein kann, die kaum Wünsche offen lässt.
In meiner Roboterwerkstatt benutze ich beispielsweise folgende Proxxon-Geräte:

| Gerät | Einsatzmöglichkeiten |
|---|---|
| Feinbohrschleifer FBS 240/E | Polieren, Abschleifen von Oberflächen, Trennen von Stahl |
| Tischbohrmaschine TBH mit Kreuztisch KT 150 und Maschinenschraubstock Primus 100 | Ausführung von präzisen Bohrungen und Fräsarbeiten |
| Bandsäge MBS 230/E | Zuschneiden von Materialien aller Art |
| Rundschleifmaschine TG 250/E | Feinschleifen von geraden Oberflächen und Kanten |

***Tabelle 1.1:*** *Proxxon Geräte für die komfortable Hobby-Roboter-Werkstatt.*

Letztendlich ist die Realisierung eines Roboterprojektes stark von der Intention und den Möglichkeiten des Konstrukteurs abhängig. Wer mechanisch sehr versiert ist, wird sich auch an mechanisch komplexe Installationen, wie beispielsweise eines nass wischenden Roboters mit

Schmutzwasser-Aufnahme (siehe Kapitel 8.2 „Wischer C“) heranwagen. Wem das mechanische Konstruieren nicht so liegt, kann sich zuerst auf relativ einfache Wisch- oder Saugroboter beschränken. Gleiches gilt für die Robotersteuerung. Anwender, die hardwareorientiert sind, werden eher einen Roboter mit diskreter Elektronik bevorzugen, wohingegen Anwender aus dem Computing-Bereich mit einem fertigen C-Control- oder Fischertechnik-Interface ohne viel Löten schnell zu einem funktionierenden Roboter gelangen. Noch einmal anders liegt der Fall beim professionellen Roboterkonstrukteur. Dort sind die sichere Funktionsfähigkeit und der Preis von besonderer Wichtigkeit. Hier ist der Einsatz eines preiswerten Mikrocontrollers vorzuziehen. Außerdem können kompliziert geformte, leichte und preiswerte Kunststoffteile zum Einsatz kommen, wohingegen sich der Hobbyist in der Regel auf Aluminium- und Holz beschränken muss. Letztendlich stellt die Konstruktion eines Reinigungsroboters aber immer eine besondere interdisziplinäre Herausforderung dar, bei der zahlreiche Fähigkeiten verlangt und auch erweitert werden können. Insbesondere wird komplexes Denken stark gefördert, da alle Systeme eines solchen Reinigungsroboters für die Funktion des Gesamtsystems ineinander greifen und nicht unabhängig voneinander betrachtet werden können.

## 1.1 Hausstaub

Hausstaub und die Problematik seiner regelmäßigen Entfernung ist sicher jedermann und -frau bekannt. Je nach Nutzungsgrad und Nutzungsbedingungen sammelt sich Staub unterschiedlich schnell auf nahezu allen Flächen an. Aufgrund seiner Größe, seiner Lage (am tiefsten Punkt des Zimmers) und seiner starken Benutzung ist normalerweise der Fussboden die am meisten staub- und schmutzbelastete Fläche in der Wohnung.

Je nach Nutzungsgrad, aktueller Staubbelastung und individueller Einstellung wird schließlich ein Punkt erreicht, an dem die Entfernung des sich angesammelten Staubes als notwendig erachtet wird. Die Gründe für die Entfernung von Hausstaub sind also vordergründig ästhetischer Natur. Außer den genannten ästhetischen Gründen geben aber auch medizinische Gründe Anlass zur Entfernung von Staub im häuslichen Bereich.
Um diese Gründe besser zu verstehen, ist es zuerst einmal notwendig, sich Art und Größenverhältnisse von üblichen Stäuben genauer anzusehen.
Hausstaub ist eine Mischung verschiedenster Partikel im Größenbereich von etwa 0,001…1000 $\mu$m. Partikel von 1000 $\mu$m (= 1mm) und grö-

ßer können streng genommen kaum noch den Stäuben zugerechnet werden, da sie nicht mehr in der Luft mobil sind, sondern sofort zu Boden fallen. Sie werden besser als Schmutz bezeichnet. Da die Grenze zwischen Staub und Schmutz jedoch fließend ist, werden bei den folgenden Betrachtungen auch Schmutzpartikel mitberücksichtigt.

Die genaue Zusammensetzung von Hausstaub ist je nach Örtlichkeit, Jahreszeit und auch je nach Reinigungsverhalten des Wohnungsinhabers mehr oder weniger starken Schwankungen unterworfen. Durchschnittlicher, mitteleuropäischer Hausstaub besteht aber in der Regel aus einer Mischung folgender Partikel:

| **Staubkomponente** | **Massenanteil** | **Übliche Partikelgrößen** | **Bemerkungen / Allergiepotenzial** |
|---|---|---|---|
| Haare | 5 % | D. ca. 20…100 μm | Hauptsächlich ästethisches Problem |
| Flusen (zusammengelagerte Fasern) | 10…30 % | mehrere mm | Hauptsächlich ästethisches Problem |
| Einzelne Fasern (synthetische und Naturfasern aus Bekleidung) | 10…30 % | Baumwolle: 10…40 μm<br>Synthesefasern: 2…10 μm<br>Mikrofasern: < 1 μm | Hauptsächlich ästethisches Problem |
| Blütenpollen | 0…5 % | 10…100 μm | Problematisch für Heuschnupfen-Allergiker |
| Pilzsporen und Pilzmycel | 0,1…2 % | 1…50 μm | Möglicherweise allergieauslösendes Potenzial |
| Bakterien | 0,01…1 % | 0,5…10 μm | Problematisch, sofern eine Person im Haushalt an ansteckender bakterieller Infektion leidet – Ansteckungsgefahr! |
| Milben, Milbenkot | 0,5…5 % | Milben: 250…400 μm<br>Milbenkot: 10...40 μm | Nachgewiesen allergie- und reizauslösendes Potenzial |
| Menschenhautschuppen | 1…15 % | 5…100 μm | Als Nahrungsgrundlage für Milben problematisch |
| Haustierepithelien (Hautschuppen von Hunden, Katzen etc.) | 0…15 % | 2…50 μm | Besonders Katzenhaare und Hautschuppen sind Allergie auslösend |
| Insektenfragmente | 0,1…1 % | 1…500 μm | Wachstumsgrundlage für Bakterien und Pilze |
| Tabakrauch | – | 0.01…1 μm | Reiz auslösend, Träger krebserzeugender Stoffe |
| Mineralien, Salze, Asche | 0,1…15 % | 0.001…100 μm | Teils Reiz auslösend |
| Viren | – | 0.002…0,05 μm | Teils Reiz auslösend |

***Tabelle 1.2:*** *Durchschnittliche Zusammensetzung von Hausstaub.*

Wie man dieser Tabelle entnehmen kann, sind zahlreiche Bestandteile des normalen Hausstaubes als medizinisch bedenklich einzustufen. Besondere Beachtung finden dabei in der einschlägigen Literatur Milben und deren Ausscheidungen. Milben ernähren sich hauptsächlich von Hautschuppen, respektive von Pilzen, die auf Hautschuppen wachsen. Die etwa 1 g Hautschuppen, die der Mensch täglich verliert, reichen zur Ernährung tausender von Milben aus! Milben bevölkern daher auch bevorzugt Orte, an denen sich Hautschuppen anreichern können (Bettzeug, Teppichböden etc.). Zur weitergehenden Information gibt es zu diesem Thema zahlreiche Internetpublikationen – siehe Kapitel 10 „Literatur, Bezugsquellen, Internet-Links“. In der Tabelle 1.2 erkennt man weiterhin, dass sich die verschiedenen Staubsorten in ihrer Größe stark unterscheiden. Nahezu der gesamte Größenbereich bis zu einer Partikelgröße von 100 $\mu$m atmet man über den Tag verteilt ein. Größere Partikel können sich in der Regel nicht in der Luft in Schwebe halten und sinken rasch zu Boden. Ausnahmen bilden lediglich sehr leichte Gewebefasern und bestimmte Kunststoffe sehr geringer Dichte. Der Anteil kleinster Partikel mit einer Partikelgröße < 2 $\mu$m beträgt in durchschnittlichem mitteleuropäischen Hausstaub etwa 2 % der Gesamtmasse. Allerdings sollte man sich bewusst machen, dass die Anzahl kleinster Teilchen im Vergleich zur Gesamtmasse an Staubpartikeln durch deren kleine Masse extrem hoch ist.

Nimmt man beispielsweise 1 mg eines Staubes (angenommen aus Teilchen gleicher Dichte von 1 g/cm$^3$), welcher zu 50 % seiner Masse aus 100 $\mu$m Teilchen und zu 50 % aus 1 $\mu$m Teilchen besteht, so sind in diesem Staub rund 2.000 Partikel von 100 $\mu$m und zusätzlich fast 2.000.000.000 (2 Milliarden) Teilchen von 1 $\mu$m Durchmesser enthalten.

Gerade kleinste Staubpartikel sind aber besonders kritisch, da viele krebserzeugende Stoffe wie beispielsweise Asbest oder Buchenholzstaub, sofern sie bis in die Lunge gelangen, bösartige Tumore auslösen können. Alveolengängig sind Staubpartikel bis zu einer Größe von maximal 10 $\mu$m, bronchialgängig nur solche bis etwa 20 $\mu$m. (Alveolen sind die Lungenbläschen, die für den Gasaustausch mit dem Blut verantwortlich sind.)
Allerdings sind auch gröbere Partikel durchaus problematisch, da auch diese Atemwegserkrankungen und Allergien auslösen können.

Stäube werden, medizinisch betrachtet, in verschiedene Klassen eingeteilt. Je nachdem, ob wie weit der Staub in den Körper gelangen kann und ob er wieder ausgeatmet werden kann ergibt sich folgendes Bild:

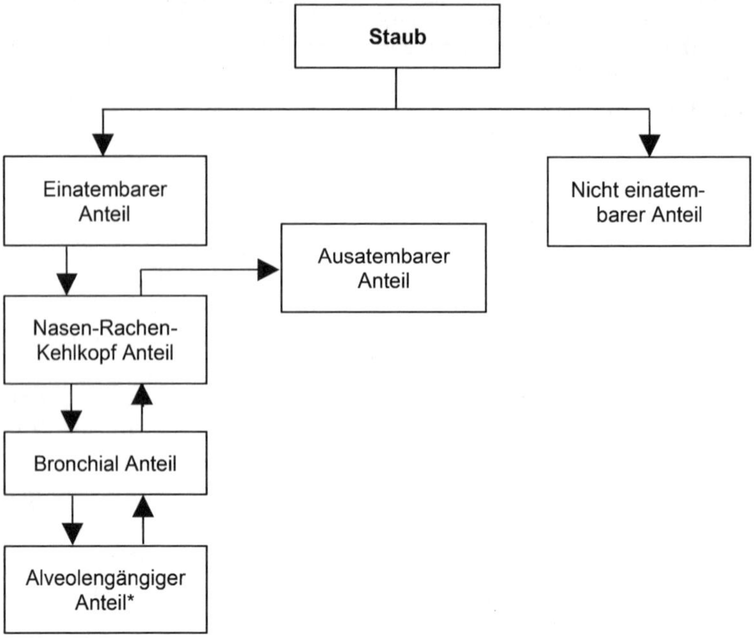


***Abbildung 1.1:*** *Einteilung von Staub gemäß medizinischer Betrachtungsweise.*

## 1.2 Staub und Schmutz in Industrie und Handwerk

Zusätzlich zum üblichen Hausstaub treten im industriellen und handwerklichen Bereich, je nachdem welche Materialien wie verarbeitet werden, weitere Stäube und Schmutzpartikel auf. In vermindertem Umfang sind diese Stäube etc. auch im häuslichen Bereich, zum Beispiel im Hobbyraum anzutreffen. Eine kleine Übersicht über industriellen Staub und Schmutz zeigt Tabelle 1.3.

Bei den im privaten Bereich, wie dem heimischen Hobbyraum auftretenden Partikeln handelt es sich in der Regel um Metall- und Holz-Späne und Stäube. Deren Entfernung ist daher sicher ein erstes, lohnendes Ziel eines selbstgebauten Reinigungsroboters.

| Tätigkeit | Auftretender Schmutz und Staub | Charakteristik |
|---|---|---|
| Metallverarbeitung | Metallspäne | Sehr schwer aus Teppichböden zu entfernen – Widerhaken! Größere Ansammlungen von Spänen sind leicht durch Schleiffunken etc. entzündbar. |
| | Metallstaub | Aufgrund der hohen Dichte schwierig aufzusaugen. Metallstaubablagerungen sind besonders leicht entzündlich! |
| Holzverarbeitung | Holzspäne | Relativ einfach aufzusaugen und abzuscheiden. Leicht entzündlich! |
| | Holzstaub | Relativ einfach aufzusaugen. Abscheidung von feinem Schleifstaub problematisch. Achtung: Zumindest Buchenholzstaub ist krebserregend! |
| Kunststoffverarbeitung | Kunststoffspäne | Schwer aus Teppichböden zu entfernen – Widerhaken. |
| | Kunststoffstaub | Entsteht normalerweise nur wenig, da insbesondere Schleifvorgänge nass durchgeführt werden. |
| Steinverarbeitung | Steinkrümel | Aufgrund der hohen Dichte schwierig aufzusaugen. |
| | Steinstaub/-mehl | Relativ einfach aufzusaugen. Abscheidung von feinem Schleifstaub problematisch. Achtung: Einige Mineralstäube (Asbest, evt. Quarz) sind krebserregend! |

***Tabelle 1.3:** Staub und Schmutz bei materialabtragenden Arbeiten.*

# 2. Reinigungstechniken

Böden und Teppiche aller Art sind mit die am häufigsten zu reinigenden Flächen im Haushalt. Durch ihre ebene, großflächige Beschaffenheit eignen sie sich gut zum Einsatz von Reinigungs-Robotern. Zur Reinigung von Böden bieten sich prinzipiell folgende Techniken an:

- Saugen
- Wischen, trocken
- Wischen, nass

Das realisierte Reinigungskonzept ist in erster Linie von der Bodenbeschaffenheit abhängig. Glatte Böden, wie Fliesen oder PVC-Böden sind besonders leicht zu reinigen. Die Reinigung kann dabei nass oder trocken erfolgen. Besonders leicht ist eine Trockenreinigung durch Staubsaugen zu realisieren, da Staub auf glatten Flächen nicht besonders fest haftet und schon durch einen verhältnismäßig gelinden Luftstrom eingesaugt werden kann. Bei Teppichböden ist dies bereits schwieriger. Hier werden zur gründlichen Tiefenreinigung bereits sehr hohe Luftgeschwindigkeiten oder zusätzliche mechanische Hilfsmittel (rotierende Bürsten etc.) benötigt, die die Energieversorgung eines mobilen Roboters bereits vor größere Probleme stellen können. Eine kurze Übersicht über mögliche Reinigungskonzepte zeigt die folgende Tabelle:

| | **Fliesen** | **PVC-Bodenbelag** | **Teppichboden** |
|---|---|---|---|
| **Saugen** | Leicht möglich (festhaftender Schmutz wird aber nicht entfernt) | Leicht möglich (festhaftender Schmutz wird aber nicht entfernt) | Schwierig (hohe Luftgeschwindigkeiten notwendig) |
| **Wischen (trocken)*** | Leicht möglich (festhaftender Schmutz wird aber nicht entfernt) | Leicht möglich (festhaftender Schmutz wird aber nicht entfernt) | Nicht möglich |
| **Wischen (nass)** | Möglich, jedoch nur aufwendig realisierbar | Möglich, jedoch nur aufwendig realisierbar | Nicht möglich |

* Kehren, als Sonderfall des trockenen Wischens wird nicht separat betrachtet.

***Tabelle 2.1:*** *Reinigungskonzepte für Böden.*

Selbstverständlich sind auch Kombinationen der verschiedenen Techniken möglich. In vielen Fällen bewirkt dies sogar noch eine deutliche Effizienzsteigerung. Der Übersichtlichkeit halber werden in den folgenden Kapiteln die einzelnen Reinigungstechniken der Reihe nach behandelt. Spezielle Kombinationen verschiedener Reinigungstechniken folgen im Anschluss.

## 2.1 Saugende Reinigungsroboter

Generell kann man sagen, dass das Aufsaugen von Staub und Schmutz umso einfacher ist, je kleiner die aufzusaugenden Partikel sind. Beim Abscheiden von Staub verhält es sich genau umgekehrt. Hier ist die Abscheidung von größeren Partikeln wesentlich leichter, als die von kleinen Partikeln.

Aus medizinischer Sicht ist aber gerade die Entfernung von Feinstaub im häuslichen Bereich besonders wichtig. Leider sind aber Feinstäube geringer Partikelgröße nur schwer zu eliminieren, da sie besonders feine Filter benötigen. Je feiner aber ein Filter ist, desto schwieriger (energieintensiver) wird es auch große Mengen Luft durch ihn hindurch zu saugen (siehe in Kapitel 2.1, Unterpunkt „Abscheidung"). Mit der Entfernung von Feinststaub haben daher auch viele konventionelle Geräte Probleme.
Besonders wirksam sind in diesem Zusammenhang Staubsauger, die mit einem so genannten HEPA-Filter (High Efficiency Particle Arrestance) ausgerüstet sind (siehe Abbildung 2.1).

***Abbildung 2.1:*** *HEPA-Filter.*

HEPA-Filter haben bereits bei einer Partikelgröße von 0,3 $\mu$m ein Rückhaltevermögen von 99,97%. Ein normaler Mikrofilter dagegen erreicht schon bei Partikelgrößen von 1 $\mu$m lediglich Abscheideraten von etwa 98%. HEPA-Filter können allerdings nur zusätzlich zu einem „Grobstaubfilter" eingesetzt werden, da HEPA Filter von großen Mengen grobem Staub schnell zugesetzt werden. Zum Durchsaugen von Luft durch mehrere Filter, besonders durch solche mit sehr kleiner Porengröße, ist ein hoher Energieaufwand nötig. Dieser kann von einem mobilen Roboterstaubsauger kaum mehr zu Verfügung gestellt werden. Netzbetriebene Staubsauger können dagegen auf eine Leistung von bis zu 2000 W zurückgreifen!

Beim derzeitigen Entwicklungsstand von Akkumulatoren wird sich daher der Einsatz eines selbstgebauten, mobilen Roboterstaubsaugers auf die Entfernung von groben Partikeln beschränken müssen. Allerdings muss in diesem Zusammenhang bemerkt werden, dass die Raumluft bei unzureichender Abscheidung kleinster Partikel gerade mit diesen problematischen Partikeln, die sich nur sehr langsam wieder absetzten, besonders kontaminiert wird.

Auch Staubsauger, bei denen die durchgesaugte Luft mittels Wasser gewaschen wird, emittieren noch Teilchen im Bereich 0,7 bis 15 $\mu$m, die beispielsweise Milbenallergene binden können. Ein zusätzliches Problem bei diesen Saugern ist der Bakterien- und Schimmelbefall bei ungenügendem Wasserwechsel oder mangelhafter Trocknung des Vorratsgefäßes nach der Reinigung. Beim erneuten Saugen können dann Bakterien und Pilzsporen an die Raumluft abgegeben werden. Dieses Problem existiert prinzipiell auch bei klassischen Beutelstaubsaugern, wenn auch in geringerem Maße. Dennoch wurde auch auf der Außenseite von Staubsaugerbeuteln nach einigen Wochen eine zunehmende Besiedelung von Pilzen festgestellt.
(http://www.rainbow-deutschland.de/features/GafW6.htm).

### *Aufsaugen*

Wie bereits erwähnt, lassen sich kleine Partikel leichter aufsaugen, aber schwieriger abscheiden als große Partikel. Man benötigt zum Aufsaugen, oder besser gesagt zum Einsaugen kleiner Partikel also nur geringe Strömungsgeschwindigkeiten, aber ein oder mehrere gut wirkende Filter (welche in der Regel einen recht hohen Druckabfall verursachen).
Ein denkbares Reinigungskonzept ist daher auch die räumliche Entkopplung der Entfernung von Grob- und Feinstaub.

Dabei wird Grobstaub wie üblich mittels eines mobilen (Roboter-)Staubsaugers am Ort der Ablagerung entfernt. In der Luft befindlicher Feinstaub dagegen wird mit einem zusätzlichen stationären, netzbetriebenen Gerät mit speziellem Feinstaubfilter permanent entfernt.

Nachteilig bei diesem Konzept ist allerdings die Tatsache, dass die Feinstaubkonzentration in der Raumluft während des Saugvorganges des Roboterstaubsaugers erst einmal erhöht wird. Da die Arbeitszeit

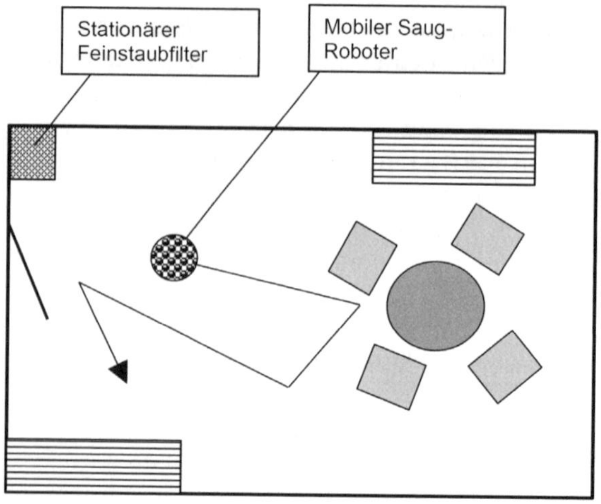


***Abbildung 2.2:*** *Zimmerreinigung mit stationärem Filter und mobilem Roboter-Staubsauger.*

des Roboterstaubsaugers aber so gelegt werden kann, dass sich zu diesem Zeitpunkt keine Bewohner im Raum befinden, ist dieses Problem in gewisser Weise lösbar. Im Idealfall sind der Boden vom mobilen Roboter und die Luft vom stationären Feinstaubfilter komplett gereinigt, bevor eine Person den Raum wieder betritt. Stationäre Feinstaubfilter, die es in zahlreichen Ausführungen im Handel gibt, sollen hier nicht weiter behandelt werden.
Im Folgenden nun einige grundsätzliche Überlegungen zum Aufsaugen von Staub und Schmutz von unterschiedlichen Bodenbelägen:

Glatte Böden, wie Fliesen oder Parkett lassen sich am einfachsten durch Saugen reinigen. Allerdings werden durch Saugen selbstverständlich keine festhaftenden Verunreinigungen und Flecken entfernt. Dies ist aber unter Umständen tolerierbar, da loser Staub (Gewebefasern, Haare, Brotkrümel etc.) die am stärksten zur sichtbaren Verschmutzung im häuslichen Bereich beitragenden Verunreinigungen sind. Das Saugen auf glatten Böden ist, im Gegensatz zum Saugen von Teppichböden, besonders einfach und effizient, da die Saugdüse leicht in kleinem Abstand (etwa 2…10 mm) über dem Boden geführt werden kann. Die mit Lüftern geringer Leistung erzielten Strömungsgeschwindigkeiten sind zum Einsaugen von losem Staub bereits ausreichend. Der Staub soll aber nicht nur aufgesaugt, sondern im Staubsauger auch wieder abgeschieden werden. Da die beiden Vorgänge sehr unterschiedlich sind, werden Aufsaugen und Abscheiden von Staub in den folgenden Kapiteln getrennt behandelt.

Bedingung zum Aufsaugen von Staub ist eine hinreichend starke Luftströmung, die in der Lage ist, den Staub vom Boden in den Staubsauger zu ziehen. Die Luftströmung ist abhängig von der Druckdifferenz zwischen der Umgebung und der Saugdüse, respektive dem Inneren des Saugers. Die Verhältnisse sind im Folgenden genauer dargestellt. Wer sich nicht viel aus mathematischen Formeln macht, kann diese auch getrost überspringen. Am Ende des Kapitels folgen eine kurze Zusammenfassung der wichtigsten Punkte sowie eine praktische Anleitungen zur Konstruktion von brauchbaren Roboter-Saugern.

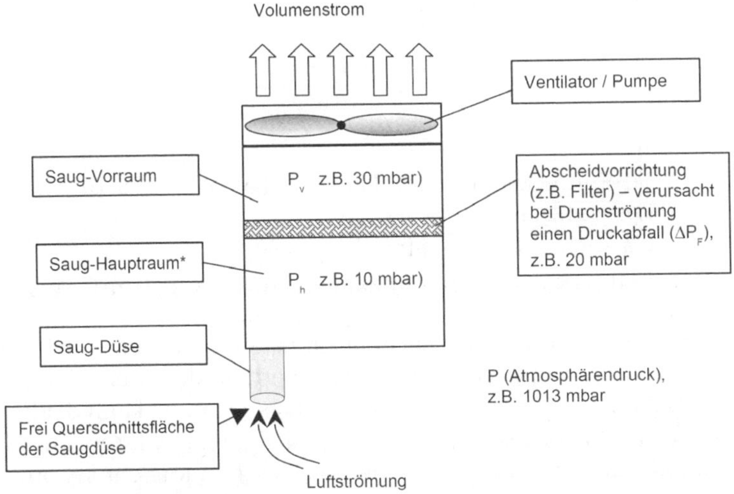


***Abbildung 2.3:*** *Prinzipskizze Staubsauger.*

Wichtige Kenngrößen sind die Druckdifferenzen ($\Delta P_v$, $\Delta P_h$) zwischen dem äußeren Atmosphärendruck (P) und dem Druck im Inneren des Saugers ($P_v$, $P_h$). Es gilt dabei:

$$\Delta P_v = P - P_v \quad \text{und} \quad \Delta P_h = P - P_h$$

Diese Druckdifferenzen können mittels eines einfachen, selbstgebauten Differenzdruck-Manometer (siehe Kapitel 2.1, Abschnitt „Bau eines Ventilatoren- und Filter Prüfstandes“) direkt gemessen werden.

Die Druckdifferenz im Saug-Hauptraum ($\Delta P_h$) ist um den Druckabfall im Filter ($\Delta P_F$) geringer als die Druckdifferenz im Saug-Vorraum ($\Delta P_v$). Es gilt also:

$$\Delta P_h = \Delta P_v - \Delta P_F$$

Und mit den Zahlen aus dem obigen Beispiel:
10 mbar = 30 mbar – 20 mbar.

Daher ist es günstig, Filter mit möglichst geringem Druckabfall (geringem Strömungswiderstand) zu verwenden.

Je größer nämlich die Druckdifferenz zwischen Atmosphärendruck und Druck im Saug-Hauptraum ist ($\Delta P_h$), desto größer ist auch die Strömungsgeschwindigkeit innerhalb der Saugdüse. Der Zusammenhang ist allerdings nicht proportional, sondern kann in etwa durch die folgende Gleichung beschrieben werden:

$$v_D = x \cdot \sqrt{2 \cdot \frac{\Delta P_h}{\rho}}$$

| | |
|---|---|
| $v_D$ | Strömungsgeschwindigkeit innerhalb der Düse (m/s) |
| $\Delta P_h$ | Druckdifferenz (Pa) |
| $\rho$ | Gasdichte (für Luft etwa 1 kg/m$^3$) |
| $x$ | Formfaktor der Düse (maximal 1, in der Regel um 0,5 bis 0,8) |

Da der Formfaktor der Düse nicht bekannt ist, ist eine genaue Berechnung der Strömungsgeschwindigkeit innerhalb der Düse nicht ohne weiteres möglich. Für eine erste Überschlagsrechnung kann der Formfaktor für eine zylindrische Düse gleich 0,8 gesetzt werden. Die Gleichung zeigt zudem, dass die Strömungsgeschwindigkeit $v_D$ nur mit der Wurzel der treibenden Druckdifferenz $\Delta P_h$ zunimmt. Eine Druckerhöhung um das Doppelte erzeugt nur eine um den Faktor 1,4 höhere Strömungsgeschwindigkeit innerhalb der Düse! Man beachte, dass die Strömungsgeschwindigkeit nur von der Druckdifferenz und nicht von der Querschnittsfläche der Düse abhängt.

Ein kleiner Computerlüfter erzeugt beispielsweise eine Druckdifferenz von 33 Pa. Die daraus resultierende maximale Luftgeschwindigkeit nach obiger Formel (mit x = 1) beträgt 8,1 m/s.

Mit größer werdender Saugdüse verringert sich also, je nach der Leistung des verwendeten Ventilators, die Druckdifferenz mehr oder weniger stark. Dadurch sinkt auch die Strömungsgeschwindigkeit innerhalb der Saugdüse. Dieser Zusammenhang ist jedoch nicht linear, sondern muss gegebenenfalls im Ventilatorenprüfstand (siehe Abschnitt „Bau eines Ventilatoren- und Filter Prüfstandes“) ausgemessen werden.

Mit kleiner werdender Düse/Saugöffnung nimmt dagegen die Druckdifferenz immer mehr zu, um bei gänzlich verschlossener Düse einen Maximalwert zu erreichen, der lediglich von der Leistung des Lüfters begrenzt ist. In diesem Fall sind auch der Druck $P_v$ im Saug-Vorraum und der Druck $P_h$ im Saug-Hauptraum gleich. Zu kleine Saugdüsequerschnitte sind dementsprechend auch ungünstig, da sich in diesem Fall die von der Saugdüse überstrichene/abgesaugte Fläche stark verringert.

Es ist also stets ein Mittelweg zu suchen, bei dem der gesaugte Bereich möglichst groß bleibt, die Strömungsgeschwindigkeit innerhalb der Saugdüse aber nicht unter den zum effektiven Aufsaugen von Staub notwenigen, kritischen Wert abfällt.
Sobald eine Saugdüse geöffnet wird, erzeugt die zur Staubabscheidung eingesetzte Vorrichtung (Filter etc.) aufgrund ihres Strömungswiderstandes einen Druckabfall. Dadurch wird der Druck $P_h$ im Saug-Hauptraum stärker verringert als der Druck $P_v$ im Saug-Vorraum. Somit ist es besonders wichtig, dass der Strömungswiderstand beim Durchströmen des Filters, respektive der Abscheideeinheit klein bleibt – siehe dazu Abschnitt „Abscheidung". Weitere Strömungswiderstände, beispielsweise beim Durchströmen der Düse oder des Saug-Vorraumes, fallen normalerweise nicht ins Gewicht und bleiben daher hier unberücksichtigt.

Nun stellt sich die Frage, welche Strömungsgeschwindigkeiten überhaupt zum Aufsaugen von Staub und Schmutz notwendig sind. Die genauen Daten hängen von der Art des Staubes/Schmutzes und von

| Staub/Schmutzpartikel | Glatter Untergrund (Fliesen, Parkett) | Teppichboden* |
|---|---|---|
| Lose Hausstaub-Flusen (hauptsächlich Bekleidungsfasern und ähnliches, siehe Abbildung 2.4 A) | 0,3 m/s (1 km/h) | 8 m/s (29 km/h) |
| Haare und längere Fasern (siehe Abbildung 2.4 A) | 1,4 m/s (5 km/h) | 8 m/s (29 km/h) |
| Partikel mit hakiger Oberfläche (Bohrspäne aus Aluminium, Messing oder Kunststoff, siehe Abbildung 2.4 B). | 1,4 m/s (5 km/h) | 10 m/s (36 km/h) |
| Feine Brotkrümel, Mehl, Zucker | 2,8 m/s (10 km/h) | 10 m/s (36 km/h) |
| Eisenfeilspäne | 2,8 m/s (10 km/h) | 20 m/s (72 km/h) |
| Größere Partikel ab ca. 5 mm (Haferflocken, große Brorkrümel, Reiskörner etc.) | 4,2 m/s (15 km/h) | 10 m/s (36 km/h) |
| Verfestigter und am Boden anhaftender Schmutz (siehe Abbildung 2.4 C) | 10 m/s (36 km/h) – nur mit mechanischer Vorbehandlung möglich! | 20 m/s (72 km/h) – nur mit mechanischer Vorbehandlung möglich! |

* Die für Teppichboden angegebenen Strömungsgeschwindigkeiten wurden auf einem mittelfloorigen Spannteppichboden (Schlaufenlänge etwa 1 cm) mittels lose aufliegendem oder leicht angedrückten Schmutz- und Staubpartikeln gemessen. Stärker komprimierter Schmutz oder tiefer in den Fasern sitzende Partikel können nur mit wesentlich höheren Strömungsgeschwindigkeiten entfernt werden.

***Tabelle 2.2:*** *Mindest-Luftgeschwindigkeiten zur Aufnahme von Partikeln.*

der Beschaffenheit des Untergrundes ab. Partikel hoher Dichte und kompakter Form sind wesentlich schwieriger von einer glatten Fläche aufzusaugen, als leichte Partikel mit großer Oberfläche. Andererseits können sich auf einer Teppichoberfläche gerade Partikel mit großer, verzweigter Oberfläche (z. B. Metallspäne) so verhaken, dass sie nur noch mit extrem hohen Luftgeschwindigkeiten oder einer zusätzlichen mechanischen Behandlung abgelöst werden können.

Um einen Anhaltspunkt für die notwendigen Mindest-Strömungsgeschwindigkeiten zum Aufsaugen von verschiedenen Staub und Schmutzpartikeln von unterschiedlichen Untergründen zu geben, sind in Tabelle 2.2 einige Daten zusammengefasst.

Zum Vergleich:
Luftgeschwindigkeit eines kleinen Akku-Handstaubsaugers: 10 m/s (36 km/h).
Luftgeschwindigkeit eines üblichen netzbetriebenen Beutel-Staubsaugers (auf Stufe 1 von 8): 44 m/s (160 km/h)

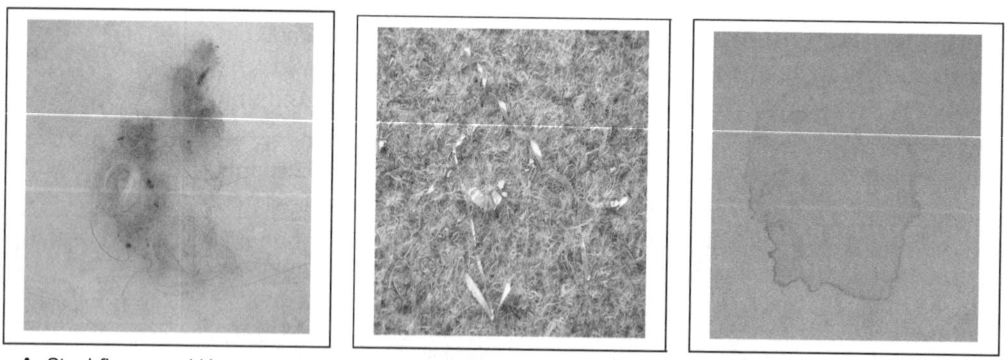

**A:** Staubflusen und Haare. **B:** Metallspäne. **C:** Verfestigter Schmutz auf glattem Untergrund auf Teppichboden (Kaffeefleck).

***Abbildung 2.4:*** *Staub und Schmutz.*

Nachdem nun die zum Aufsaugen von Staub und Schmutz notwendigen Mindest-Luftgeschwindigkeiten grob abgeschätzt werden können, stellt sich die Frage, wie man diese Luftgeschwindigkeiten auch effektiv erzielen kann. Bei den dazu notwenigen Vorrichtungen handelt es sich um Ventilatoren, die nun im folgenden Kapitel eingehend beschrieben werden.

### *Ventilatoren (Lüfter)*

Zur Erzeugung eines ausreichenden Luftstromes wird ein Ventilator benötigt. Ein Ventilator ist gemäß Lehrbuch eine Strömungsmaschine

für gasförmige Medien, die unter Einsatz von Energie einen Gasstrom erzeugt. Manche Ventilatoren werden auch als Lüfter bezeichnet. Die korrekte strömungsmechanische Bezeichnung ist aber „Ventilator“. Lüfter sind eigentlich nur Ventilatoren mit dem Zweck einen Gegenstand oder Raum zu belüften.
Aufgrund des speziellen Einsatzes in einem mobilen Roboter werden an einen geeigneten Ventilator besondere Anforderungen gestellt, die da wären:

- Betrieb mit Gleichspannung (vorzugsweise 12 V) möglich
- Niedriges Gewicht
- Hoher Wirkungsgrad
- Ausreichende Fördermenge bei genügend hoher Druckdifferenz

Besonders wichtig ist dabei eine ausreichende Fördermenge bei genügend hoher Druckdifferenz und ein guter Wirkungsgrad des Lüfters.

Der Wirkungsgrad von Ventilatoren steigt nämlich in der Regel mit dem Nenn-Volumenstrom des Lüfters. Daher weisen besonders kleine Ventilatoren leider auch meistens besonders kleine Wirkungsgrade auf. Der Wirkungsgrad von Lüftern mit einem Volumenstrom von 100 $m^3/h$ im liegt oft Bereich von 10...20%, wogegen Lüfter mit einem Volumenstrom von 1000 $m^3/h$ schon Wirkungsgrade von 20...40% aufweisen. Größere Lüfter mit Durchsätzen von ca. 10.000 $m^3/h$ erreichen durchaus einen Wirkungsgrad von 60% und mehr. Allerdings können Lüfter dieser Größenordnung inkl. der notwendigen Stromversorgung kaum noch in einem mobilen Roboter untergebracht werden. Ursache für den bescheidenen Wirkungsgrad kleiner Lüfter sind übrigens in der Regel die schlechten Wirkungsgrade der eingebauten Motore. Zudem ist der Wirkungsgrad eines Lüfters keine Konstante, sondern ändert sich mit der Betriebsspannung und mit dem Gegendruck, gegen den der Lüfter läuft.

Ein brauchbarer Lüfter muss letztendlich in der Lage sein, eine zum Aufsaugen des vorhandenen Schmutz und Staubes hinreichende Luftgeschwindigkeit in der Saugdüse zu erzeugen. Zudem muss die Fördermenge bei der gewünschten Luftgeschwindigkeit innerhalb der Saugdüse möglichst hoch sein. Dadurch wird es möglich, die Saugdüse zu vergrößern, ohne dass die Luftgeschwindigkeit unter den zum Aufsaugen notwenigen Mindestwert abfällt. Mit einer größeren Saugdüse lässt sich dann auch eine größere Fläche absaugen. Die vom Hersteller angegebenen Leistungsdaten eines Lüfters liefern dazu erste brauchbare Anhaltspunkte.

Allerdings muss beachtet werden, dass es sich bei den angegebenen Luftleistungen und Differenzdrücken in der Regel um Extremwerte handelt. So wird oft der maximale Druck bei minimalem Durchfluss und der maximale Durchfluss beim nicht vorhandenem Gegendruck angegeben.

Die folgende Grafik mit dem typischen Leistungsverlauf eines Radiallüfters (durchgezogene Linie) soll dies veranschaulichen. Die technischen Daten des Lüfters sind beispielsweise mit 9000 l/min und 220 Pa angegeben. Wie leicht zu sehen ist, wird der maximale Differenzdruck nur beim minimalem Volumenstrom und der maximale Volumenstrom nur bei minimalem Differenzdruck erreicht. Der genaue Volumenstrom bei einer gegebenen Druckdifferenz kann an der durchgezogenen Kurve abgelesen werden.

***Abbildung 2.5:*** *Druckverlauf eines Ventilators (Radiallüfter).*

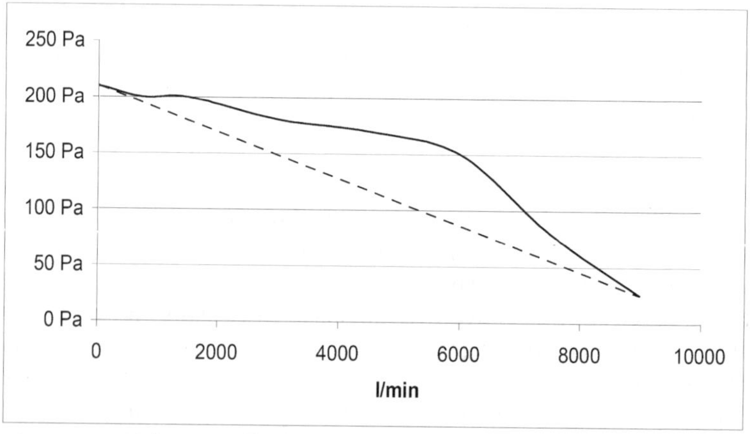


Durchgezogene Linie: Tatsächlicher Verlauf
Gestrichelte Linie: Zur Abschätzung angenommener Verlauf – siehe Text

Wenn die exakte Leistungskurve eines Lüfters nicht zu Verfügung steht, kann für praktische Anwendungen eine lineare Abhängigkeit von Druck und Volumenstrom angenommen werden (gestrichelte Linie). Die damit erhaltenen Werte sind zwar in der Regel niedriger als die tatsächlich vom Lüfter erreichte Leistung, dies bietet aber eine zusätzliche Sicherheitsreserve bei der Anwendung. Für genauere Messungen eignet sich der in Kapitel beschriebene Ventilatoren- und Filter Prüfstand. Damit lassen sich die Leistungen verschiedener Lüfter (auch Eigenbauten) bei unterschiedlichen Betriebszuständen bestens vergleichen. Unter Zuhilfenahme eines Anemometers (Windmessgerät) können sogar quantitative Leistungskurven selbst aufgenommen werden.

In der Regel wird übrigens ein Kleinlüfter bei der Anwendung in einem Staubsaug-Roboter im Betriebsbereich eines hohen Differenzdruckes und eines niedrigen Fördervolumens betrieben werden müssen, da nur so eine hinreichend hohe Luftgeschwindigkeit erreicht wird. Verschiedene Lüftertypen unterscheiden sich dabei deutlich in Ihren grundlegenden Leistungsdaten. Aus diesem Grund wird nun kurz auf die verschiedenen Typen eingegangen.

Ventilatoren werden grundsätzlich in 3 Bauvarianten, Radialventilatoren, Axialventilatoren und Querstromventilatoren eingeteilt. Radialventilatoren erreichen in der Regel höhere Druckdifferenzen als Axialventilatoren oder gar Querstromlüfter. Daher sind sie, besonders beim Einbau von Feinfiltern, welche einen großen Druckabfall erzeugen, besser als Axialventilatoren geeignet. Querstromlüfter erzeugen meist nur sehr geringe Druckdifferenzen und sind daher in der Regel zu Einsatz in einem Staubsauger-Roboter nicht geeignet. Im folgenden werden die einzelnen Ventilatortypen separat beschrieben. Nach diesen Ausführungen folgt dann noch eine Tabelle (2.3), in der die wichtigsten Kenndaten kurz zusammengefasst sind.

**Axialventilatoren**

Axialventilatoren besitzen ein Lüfterrad, ähnlich einem Propeller, welches seitlich von einem Gehäuse umgeben ist. Die Luft wird auf der Rückseite angesaugt und auf der Vorderseite axial (parallel zur Drehachse des Ventilators) wieder ausgeblasen. Im Gegensatz zu Propellern (die auch nicht von einem Gehäuse umgeben sind) besitzen Axialventilatoren mehr Blätter. Üblich sind etwa 3 bis 20. In Abbildung 2.6 sind verschiedene Axialventilatoren mit 3 und 5 Blättern zu sehen.

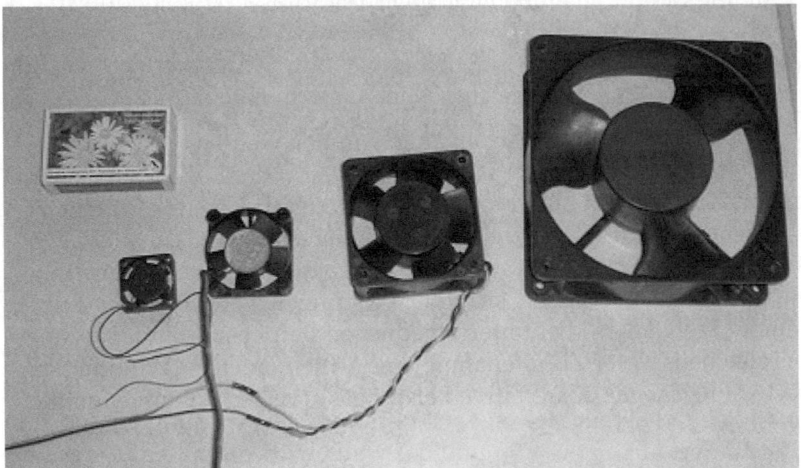

***Abbildung 2.6:*** *Axialventilatoren in unterschiedlichen Baugrößen.*

Axialventilatoren (Axiallüfter) sind weit verbreitet und werden massenhaft, auch in kleinsten Abmessungen als Computer/CPU-Lüfter eingesetzt. Diese Lüfter sind in der Regel auch sehr leise. Der Wirkungsgrad steht allerdings bei dieser Anwendung nicht im Vordergrund und ist daher nicht immer optimal. Gerade bei Kleinst-Axialventilatoren liegt der Wirkungsgrad oft nur im Bereich von 10-30%.

Bezüglich der Leistungsdaten wird meistens nur der maximale Volumenstrom angegeben. Genaue technische Daten oder gar eine Angabe das Wirkungsgrads sind in der Regel nicht erhältlich. In diesen Fällen kommt man um einen eingehenderen Test des Ventilators im beschriebenen Ventilatoren-Prüfstand nicht herum.

Generell eignen sich Axiallüfter aufgrund ihrer erreichbaren Druckdifferenzen für Sauger für glatte Böden und für den Einsatz von Filtern, die keinen allzugroßen Druckabfall erzeugen. Übliche kleine 12 V Axialventilatoren können nämlich bei Luftleistungen von 5...5000 l/min etwa einen Druck von 10...100 Pa erzeugen (z.B.: Computerlüfter 10 · 10 cm, 12 V · 0,2 A = 2,4 W: 33Pa, 700 l/min.). Allerdings darf der Luftstrom eines Axialventilators (z.B. durch Einbau von dichten Filtern) nicht allzu stark gedrosselt werden, da sich in diesem Fall die Strömung an den Schaufeln unter Wirbelbildung ablöst (Erhöhung der Geräuschentwicklung, Erniedrigung des Wirkungsgrads).

Ein Sonderfall eines Axialventilators ohne Gehäuse stellt übrigens ein (Flugzeug)-Propeller dar. Allerdings sind Propeller zum Einsatz in Staubsaug-Robotern nur bedingt geeignet. Der in der Regel recht gute Wirkungsgrad von Propellern (bis etwa 75%) geht nämlich beim Einbau in ein Gehäuse und besonders bei der Verminderung des Luftdurchflusses durch Einbau von Filtern etc. durch Wirbelbildung (Strömungsablösung) stark zurück. Ein gewisser Vorteil von Propellern ist jedoch, dass es sie für Modellbauzwecke in mannigfaltigen Ausführungen gibt. So können leicht eigene Experimente mit verschiedenen Luftschrauben und Motoren durchgeführt und die Leistung des Systems in weiten Grenzen variiert werden. Die Messung der erzielten Druckdifferenzen und Strömungsgeschwindigkeiten kann dabei bestens mit dem bereits erwähnten Ventilatoren-Prüfstand durchgeführt werden.

**Radialventilatoren**

Radialventilatoren beinhalten ein Lüfterrad mit einer Ansaugöffnung im Zentrum. Das Lüfterrad sieht daher etwa wie ein Hamster-Laufrad aus! Bei Radialventilatoren wird Luft durch die Öffnung im Zentrum des Lüfterrades angesaugt und nach außen über den Radius des Lüfterrades weggedrückt. Daher auch die Bezeichnung „Radiallüfter" oder „Radialventilator". Die Bauform von Radialventilatoren kann dabei durchaus unterschiedlich sein. So werden Radialventilatoren der in Abbildung 2.8 gezeigten Bauform oftmals als Rohr-Einschublüfter zum Entlüften von Feuchträumen, WC's u.s.w. eingesetzt.

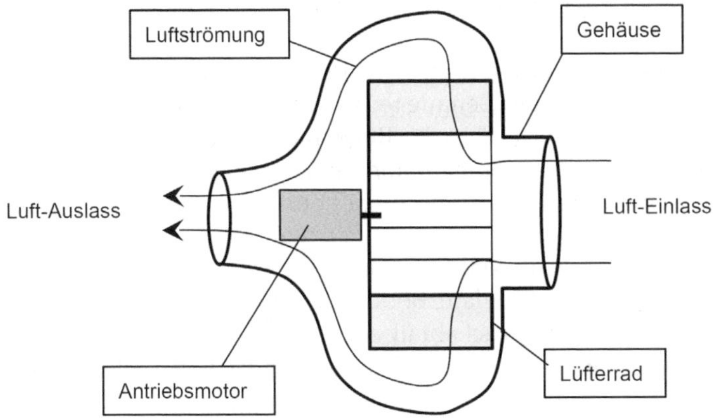


***Abbildung 2.7:*** *Radiallüfter (Prinzipskizze)*

Leider sind diese Ventilatoren in der Regel zum Betrieb an Netzspannung ausgelegt. Allerdings werden manchmal auch Radialventilatoren mit geringeren Betriebsspannungen zur Belüftung von Computern, Verstärkeranlagen oder ähnlichem eingesetzt. Diese sind dann meistens für den Betrieb mit 12 oder 24 V DC ausgelegt (siehe Abbildung 2.8). Die detaillierte technische Dokumentation der Lüfter ist allerdings oft mangelhaft oder schwer zugänglich, so dass man zur Ermittlung von genaueren Leistungsdaten auf den bereits erwähnten, selbstgebauten Ventilatoren Prüfstand zurückgreifen muss. Die Leistungsdaten von kleinen, für den Einsatz in mobilen Robotern geeigneten Radiallüftern liegen etwa im Bereich von Luftleistungen von 150 ... 1000 l/ min und Druckdifferenzen von 50...1000 Pa. Ein guter Klein-Radialventilator (ca. 10 x 10 x 5 cm) mit einer Betriebsspannung von 12 V

***Abbildung 2.8:*** *Radialventilator für 24 V DC (links) Radialventilator, Abdeckung entfernt (rechts).*

erreicht beispielsweise eine Luftleistung von 250 l/min und kann einen statischen Druck von 150 Pa erzeugen.

**Querstromlüfter**

Querstromlüfter besitzen eine breite Lüfterwalze, die seitlich durchströmt wird. Die Lüfterwalze sieht auf den ersten Blick ähnlich aus, wie die eines Radialventilators. Allerdings ist die Lüfterwalze eines Querstromlüfters wesentlich breiter und hat keine zentrale Öffnung zum Ansaugen der Luft. Die Luft strömt, wie in der folgenden Skizze gezeigt, zuerst in das Innere der Lüfterwalze und dann auf der gegenüberliegenden Seite wieder heraus.

***Abbildung 2.9:*** *Querstromlüfter (Prinzipskizze).*

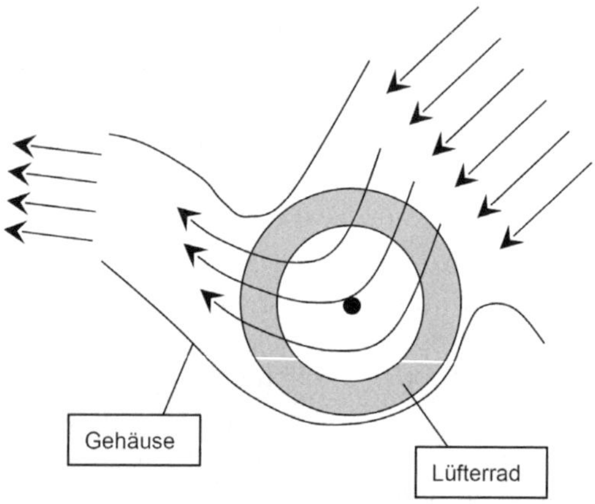


Querstromlüfter erzeugen nur kleine Luftgeschwindigkeiten und können nur einen geringen Druck aufbauen. Zum Einsatz in einem Staubsauger/Saugroboter sind sie daher kaum geeignet. Ihr Hauptvorteil besteht darin, dass sie ein gleichmäßiges, großflächiges Luftband erzeugen. Daher werden Querstromlüfter meistens für großflächige Belüftungs- und Kühlzwecke, wie z.B. Schaltschrankbelüftungen eingesetzt.

**Vergleich der Lüftertypen**

In Tabelle 2.3 sind nochmals die wichtigsten Vor- und Nachteile sowie die Einsatzbereiche der verschiedenen Lüftertypen gegenüber gestellt.

| | Allgemeine Leistungsdaten | Beispiel | Vorteile | Nachteile | Bemerkung |
|---|---|---|---|---|---|
| **Radial-ventilatoren** | 150...1000 l/Min.<br>50...1000 Pa<br>ab 10 x 5 x 5 cm<br>Leistung ab 1 W | 750 l/Min.<br>100 Pa<br>12x12x4 cm<br>24 V (5 W) | Erzeugen eine hohe Druckdifferenz. | Oft nur für 230 V Betrieb erhältlich. Kleine Bauformen in Akku-Hand-staubsaugern – hohe Geräuschentwicklung – schlechter Wirkungsgrad. | Aufgrund der hohen Druckdifferenz auch für Teppichsauger und Sauger mit dichten Filtern (HEPA) geeignet. |
| **Axial-ventilatoren** | 50...5000 l/Min.<br>5...250 Pa<br>Leistung ab 0,1 W | 700 l/Min.<br>33 Pa<br>10x10x5 cm<br>12 V (2,4 W) | Weit verbreitet in zahlreichen Größen und Ausführungen. | Oft nur mäßiger Wirkungsgrad. Druckdifferenz nicht so hoch wie bei Radialventilatoren. | Gut geeignet für Saugroboter für glatte Böden und mit nicht zu dichtem Filter. Geräuscharmer Betrieb. |
| **Quer-stromlüfter** | 50...5000 l/Min.<br>1...100 Pa<br>Leistung ab 0,1 W | 100 l/Min.<br>5 Pa<br>15x5x5 cm<br>12 V (1 W) | Zur großflächigen Belüftung geeignet. | Erzeugen nur geringe Druckdifferenz. | In der Regel ungeeignet für Saugroboter. |

***Tabelle 2.3:*** *Mindest-Luftgeschwindigkeiten zur Aufnahme von Partikeln.*

*Saugdüsen*

Zum Einsaugen von Staub und Schmutz in den Staubsauger ist, wie bereits eingehend erläutert, eine gewisse Mindest-Luftgeschwindigkeit notwendig. Diese Mindest-Luftgeschwindigkeit muss nicht nur innerhalb der Saugdüse, sondern auch am Boden erreicht werden.

Eine gewisse Mindest-Strömungsgeschwindigkeit innerhalb der Saugdüse ist notwendig zum Transport des Staubes bis in den Auffangbehälter hinein. Die Strömungsgeschwindigkeit am Boden ist wichtig zum Ablösen und in-Bewegung-setzen des Staubes. Die Strömungsgeschwindigkeit am Boden wiederum ist abhängig von der Strömungsgeschwindigkeit in der Saugdüse, vom Abstand der Saugdüse zum Boden und letztlich auch von der Form der Saugdüse.

**Abstand der Saugdüsen vom Boden**

Mit zunehmendem Abstand der Saugdüse vom Boden wird die Strömungsgeschwindigkeit der Luft am Boden jedoch immer geringer. Mit kleiner werdendem Abstand steigt die Strömungsgeschwindigkeit am Boden schließlich an, bis sie der Strömungsgeschwindigkeit innerhalb der Düse entspricht. Dieser Fall ist zum Saugen von glatten Böden optimal. Eine weitere Erhöhung der Strömungsgeschwindigkeit durch Verringerung des Abstandes Düse/Boden kann schließlich dazu führen, dass der primär eingesaugte Staub durch die geringere Strömungsgeschwindigkeit innerhalb des Saugrohres nicht mehr in den Saug-Hauptraum transportiert werden kann.

Lediglich beim Saugen von Teppichböden kann eine weitere Erhöhung der Strömungsgeschwindigkeit am Boden durch Verringerung des Abstandes Düse – Boden zu einer Verbesserung der Aufsaugleistung führen. Die kommt daher, dass Staubteilchen in den Fasern von Teppichböden besonders fest haften und zur Ablösung eine sehr hohe Strömungsgeschwindigkeit benötigen. Sobald die Teilchen aber erst einmal in der Schwebe sind genügt zum Transport eine deutlich geringere Strömungsgeschwindigkeit.

Allerdings baut sich bei zu kleinem Abstand der Düsenöffnung zum Boden zwischen Düse und Umgebung eine Druckdifferenz auf, die die eingesaugte Luftmenge und damit auch die Strömungsgeschwindigkeit begrenzt. Zudem wird bei zu geringem Abstand der Düse zum Boden die Gefahr des Hängenbleibens an Unebenheiten immer größer. Direkt auf dem Boden schleifende Saugdüsen, wie bei normalen Staubsaugern üblich, sind aus diesem Grund für Roboterstaubsauger nicht ohne weiteres geeignet. Lediglich zur Reinigung einer komplett ebenen Fläche könnte eine solche Saugdüse eingesetzt werden.
Die folgenden Abbildungen sollen den Zusammenhang nochmals verdeutlichen.

***Abbildung 2.10:*** *Düsenabstände im Vergleich.*

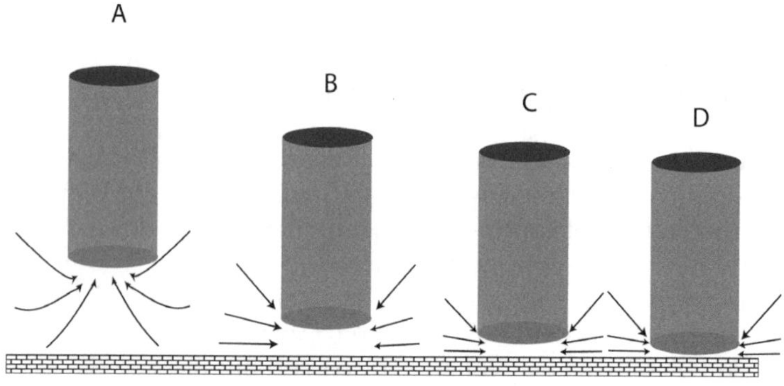


**Fall A:** Abstand Düse – Boden zu groß. Die Strömungsgeschwindigkeit am Boden ist geringer als innerhalb des Düsenrohres. Nicht aller Staub, der im Düsenrohr nach oben transportiert werden könnte, wird auch eingesaugt.

**Fall B:** Abstand Düse – Boden optimal für glatte Böden. Die Strömungsgeschwindigkeit am Boden ist gleich der Strömungsgeschwindigkeit innerhalb des Düsenrohres. Eingesaugter Staub wird auch im Düsenrohr nach oben transportiert.

**Fall C:** Abstand Düse – Boden optimal für Teppichböden. Die Strömungsgeschwindigkeit am Boden ist etwas höher, als die Strömungsgeschwindigkeit innerhalb des Düsenrohres. Im Teppich haftender Staub wird dadurch gelöst und im Düsenrohr nach oben transportiert.

**Fall D:** Abstand Düse – Boden zu klein. Die Strömungsgeschwindigkeit am Boden ist sehr viel höher als die Strömungsgeschwindigkeit innerhalb des Düsenrohres. Ohne mechanische Abstandhalter besteht die Gefahr des Festsaugens am Boden. Möglicherweise kann auch eingesaugter Staub nicht komplett nach oben transportiert werden und verstopft die Saugdüse.

Zur Ermittlung des optimalen Abstandes der Düse vom Boden können beispielsweise Modelldüsen angefertigt und im Ventilatoren-Prüfstand mit verschiedenen Lüftern und unterschiedlichen Bodenabständen ausgetestet werden.
Allerdings lässt sich der optimale Abstand der Düse vom Boden, insbesondere bei glatten Böden auch überschlagsmäßig berechnen. Dabei geht man davon aus, dass die gesamte angesaugte Luft die Mantelfläche, direkt unterhalb der äußeren Begrenzung der Saugdüse durchströmen muss und dass die Strömungsgeschwindigkeit an dieser Stelle ihren höchsten Wert besitzt. (siehe Abbildung 2.11). Die besagte durchströmte Fläche entspricht dem Umfang der Saugdüse multipliziert mit dem Bodenabstand. Man berechnet nun die durchschnittliche Strömungsgeschwindigkeit ($v_M$) der Luft beim Durchtritt durch diese Fläche und vergleicht sie mit der Strömungsgeschwindigkeit ($v_I$) innerhalb der Saugdüse. Sind beide Werte gleich, was für das Saugen glatter Böden optimal ist, liegt Fall B der obigen Abbildung vor. Ausgehend von diesem Wert kann dann bei Bedarf der Bodenabstand noch fein justiert werden.

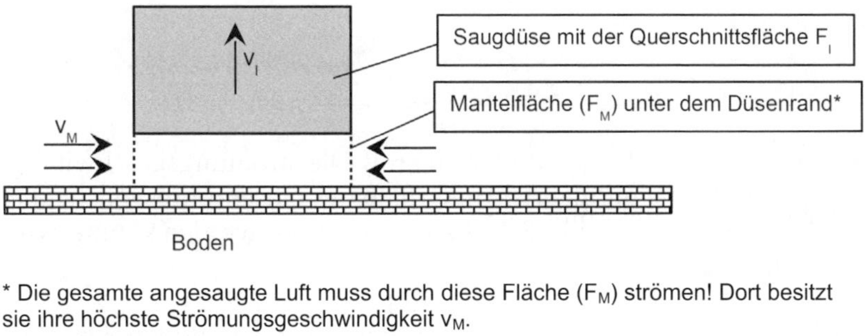


*Abbildung 2.11: Düsenabstand vom Boden.*

Im folgenden soll dieser charakteristische Abstand (Strömungsgeschwindigkeit $v_M$ = Strömungsgeschwindigkeit $v_I$) allgemeingültig für runde und viereckige Saugdüsen berechnet werden.

Der Übersichtlichkeit halber werden bei den nachfolgenden Berechnungen den einzelnen Variablen immer dieselben, einprägsamen Buchstaben zugeordnet.

| | |
|---|---|
| V = Volumen | l = Länge |
| F = Fläche | r = Radius |
| v = Geschwindigkeit | t = Zeit |
| s = Strecke, allgemein | P = Druck |
| h = Höhe | |

Ausgegangen wird dabei von der notwendigen Gleichheit des Volumenstroms innerhalb der Saugdüse ($\dot{V}_t$) und des Volumenstroms, der die Fläche $F_M$ durchtritt ($\dot{V}_M$). In Worten bedeutet dies, dass alle Luft, die die Fläche direkt unterhalb des Düsenrandes bis zum Boden hinab durchtritt, anschließend auch von der Düse aufgesaugt wird.

Also: $$\dot{V}_M = \dot{V}_I$$

Mit der allgemeinen Definition (siehe Anhang) für den Volumenstrom

$$\dot{V} = \frac{V}{t}$$

folgt nun:

$$\frac{V_M}{t} = \frac{V_I}{t}$$

Setzt man nun für das Volumen noch die allgemeine Gleichung

$$V = F \cdot s$$

erhält man:

$$\frac{F_M \cdot s_M}{t_M} = \frac{F_I \cdot s_I}{t_I}$$

Da aber $\frac{s}{t} = v$ folgt nun dass:

$$F_M \cdot V_M = F_I \cdot v_I$$

Setzt man nun noch, wie bereits erwähnt, die beiden Geschwindigkeiten $v_M$ und $v_I$ gleich (siehe Fall B in Abbildung 2.10) folgt daraus:

$$F_M = F_I$$

Jetzt lassen sich die beiden Bodenabstände leicht vergleichen.

So liegen bei einer runden Saugdüse die folgenden Verhältnisse vor:

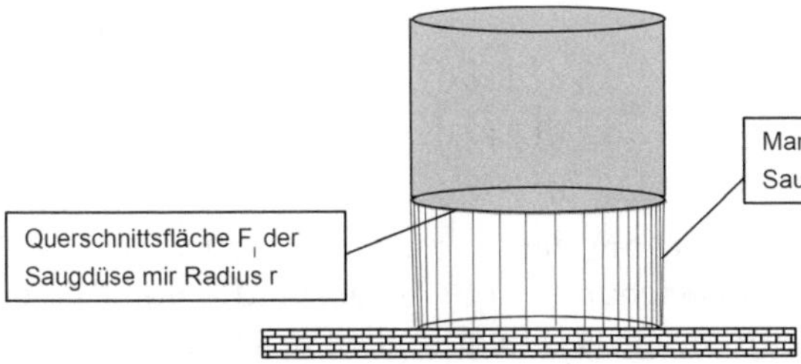


***Abbildung 2.12:*** *Runde Saugdüse.*

Mit der Gleichheit der Querschnittsfläche der Saugdüse $F_I = \pi \cdot r^2$ und der Fläche unterhalb der Saugdüse (Zylinderfläche) $F_M = 2 \cdot \pi \cdot r \cdot h$ ergibt sich also:

$$\pi \cdot r^2 = 2 \cdot \pi \cdot r \cdot h$$

Gekürzt folgt daraus:

$$h = \frac{1}{2} \cdot r$$

Der Abstand **h** der Saugdüse vom Boden sollte also etwa dem halben Radius der Saugdüse entsprechen, damit die maximale Strömungsgeschwindigkeit am Boden etwa der Strömungsgeschwindigkeit innerhalb der Saugdüse entspricht (Idealfall für glatte Böden – vgl. Fall B, Abbildung 2.10).

Bei einer rechteckigen Saugdüse erfolgt die Berechnung des Bodenabstandes analog:

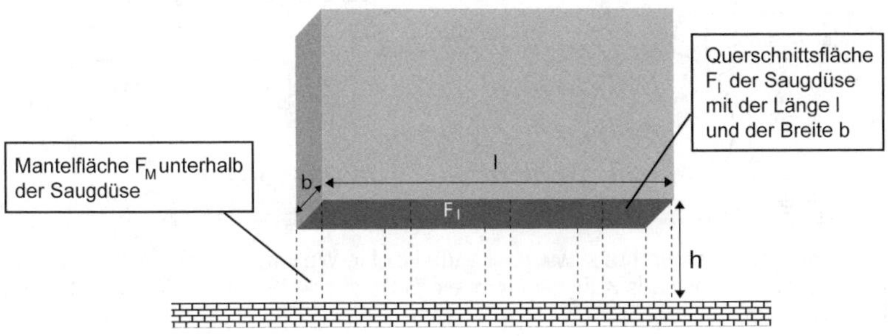


***Abbildung 2.13:*** *Rechteckige Saugdüse.*

Hier wird die Querschnittsfläche (Innenfläche) der Saugdüse $F_I = l \cdot b$ mit der Mantelfläche unterhalb der Saugdüse $F_M = 2 \cdot l \cdot h + 2 \cdot l \cdot b$ gleichgesetzt. Somit ergibt sich:

$$l \cdot b = 2 \cdot l \cdot h + 2 \cdot l \cdot b$$

Die Gleichung lässt sich nach h auflösen und ergibt:

$$h = \frac{1}{2} \cdot \left( \frac{l \cdot b}{l + b} \right)$$

Für eine schlitzförmige Düse mit den Abmessungen 10 x 1 cm ergibt sich also mit der obigen Gleichung ein Bodenabstand h von 0,83 cm, damit die maximale Strömungsgeschwindigkeit am Boden etwa der Strömungsgeschwindigkeit innerhalb der Saugdüse entspricht (Idealfall für glatte Böden – vgl. Fall B, Abbildung 2.10). Dieser Wert entspricht sehr gut dem experimentell ermittelten Optimum mit dieser Saugdüse.

Dennoch sei hier darauf hingewiesen, dass die obigen Berechnungen nur eine idealisierte Näherung darstellen und nur für kleine Düse / Boden Abstände gelten. In Wirklichkeit wird die Strömungsgeschwindigkeit direkt an der Unterkante der Saugdüse nämlich eher etwas höher sein, als unten am Boden. Somit ist der oben ermittelte Abstand sogar eher noch etwas zu groß! Auch sind weitere komplizierte aerodynamische Effekte (Wirbelbildung etc.) nicht berücksichtigt.

***Abbildung 2.14:*** *Flexible, mitlaufende Bodensaugdüse.*

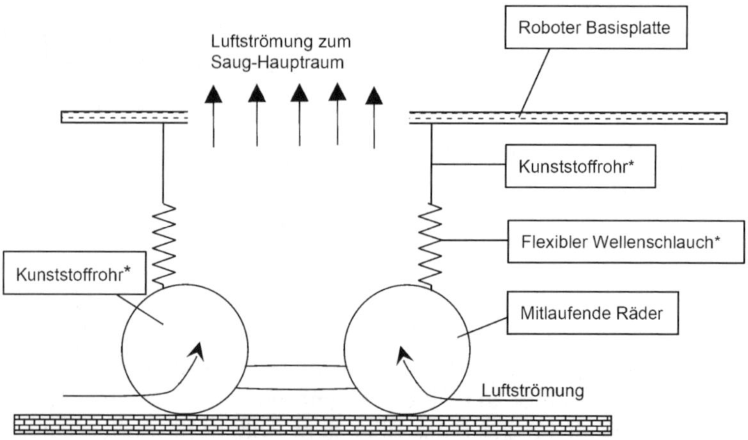


* Geeignete Kunststoffrohre sowie passende flexible Wellenschläuche aus Aluminium oder besser ebenfalls aus Kunststoff gibt es im Baumarkt (Sanitärbedarf, zur Bad und WC-Entlüftung).

Die obigen Betrachtungen zeigen, dass bei kleinen Düsen die erforderlichen Bodenabstände sehr klein werden. Bei kleinen Düse-Bodenabständen steigt jedoch die Gefahr des Hängenbleibens der Düse an Bodenunebenheiten (Teppichkante, Fliesenleiste etc.). Außerdem verursacht eine auf dem Boden schleifende Düse einen erhöhten Fahrwiderstand des Roboters und kann empfindliche Bodenbeläge (Parkett) sogar zerkratzen.
Um das Schleifen oder Hängenbleiben der Saugdüse zu verhindern muss entweder der Bodenabstand vergrößert werden oder aber man installiert eine sich selbst justierende „mitlaufende Düse", die sich Bodenunebenheiten anpasst (siehe Abbildung 2.14).

**Form der Saugdüsen**

In den bisherigen Ausführungen wurden runde und rechteckige Saugdüsen beschrieben. Runde Saugdüsen sind zwar in Form eines runden Saugrohrs einfach zu realisieren, aber aus dem folgenden Grund nicht optimal: Die im Vergleich zur zurückgelegten Strecke gesaugte Fläche ist nämlich bei einer kreisförmigen Einsaugdüse deutlich geringer als bei einer schlitzförmigen Düse. Die folgende Abbildung soll dies deutlich machen.

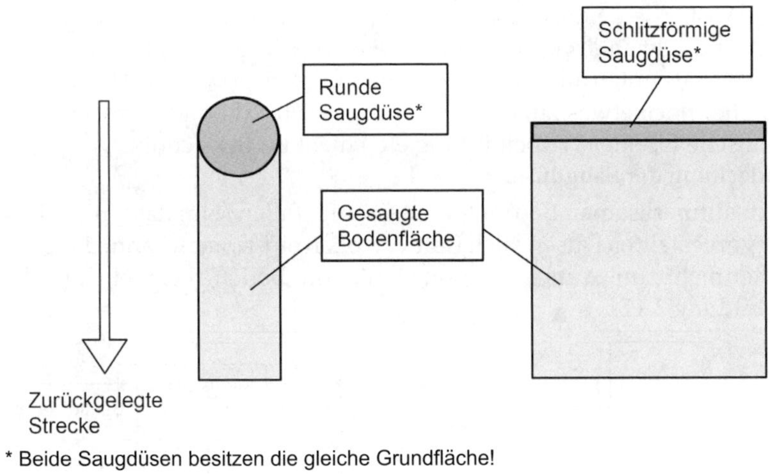


***Abbildung 2.15:*** *Saugflächen zweier Saugdüsen.*

Gemäß dieser Skizze sollte die Breite einer Düse im Vergleich zu ihrer Dicke möglichst hoch sein. Allerdings gibt es auch einen Effekt, der die Saugwirkung bei einer zu kleinen Düsenbreite verschlechtert. Dies die zu kurze Verweilzeit der Düse über dem Boden. Besonders bei Teppichböden muss der Luftzug auf festhaftende Fasern eine gewisse Zeit einwirken, damit sich diese lösen. Eigene Experimente haben gezeigt, dass sich die optimale Verweilzeit von Staubpartikeln im Luftstrom etwa im Bereich von t = 0,1 s bewegt. Das bedeutet beispielsweise, dass die Dicke der Saugdüse eines Roboters, der sich mit einer Geschwindigkeit von v = 10 cm/s vorwärts bewegt, mindestens 1 cm betragen sollte.

Die Verweilzeit t ist aber, wie bereits erwähnt, als ungefährer Wert zu verstehen, da sie stark vom jeweiligen Untergrund und von der Art des Schmutzes abhangt. Für eine experimentelle Optimierung variiert man am einfachsten die Geschwindigkeit des Roboters bei gegebenen Düsenabmessungen. Eine für einfache Saugaufgaben schon recht gute Saugdüse mit passablen Abmessungen erhält man übrigens leicht durch Absägen einer leeren CD-Hülle (siehe Abbildung 2.16).

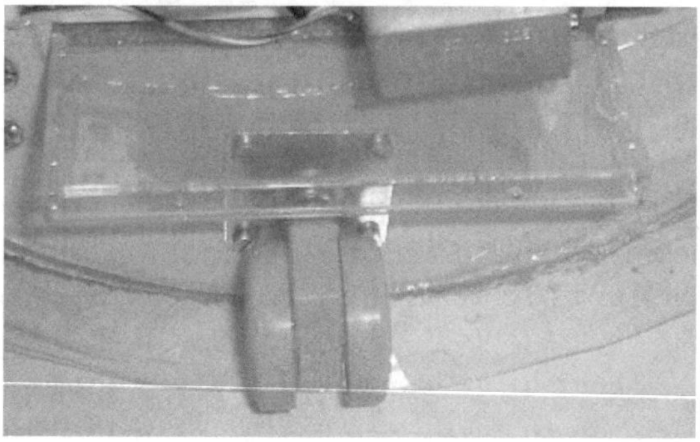

***Abbildung 2.16:*** *Rechteckige Saugdüse (gefertigt aus CD-Hülle).*

**Abdeckung der Saugdüsen**

Dem aufmerksamen Beobachter mag aufgefallen sein, dass in die bisher vorgestellten Düsen auch Luft von oben einströmen kann, die ganz sicher nicht zum Aufsaugen von Staub vom Boden geeignet ist (siehe Abbildung 2.17).

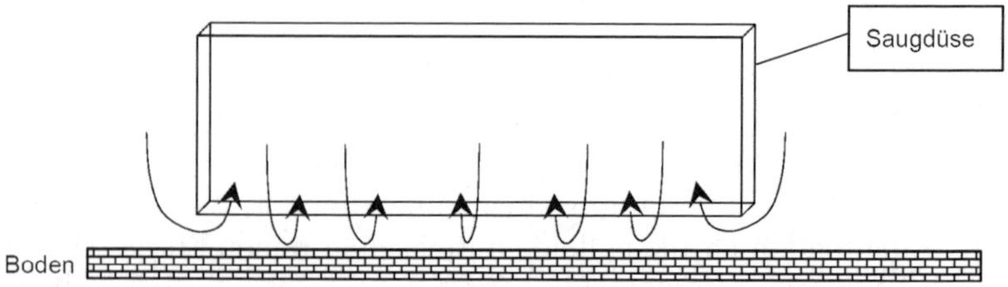


***Abbildung 2.17:*** *Einsaugen von Falschluft in eine schlitzförmige Düse.*

Abhilfe schafft hier die Ausrüstung der Saugdüse mit einer Abdeckung, die das Einsaugen von Luft von oberhalb der Düse verhindert. Unterhalb der Abdeckung bildet sich ein Strömungsprofil mit zur Düsenöffnung steigender Luftgeschwindigkeit aus, welches sehr gut zum Aufsaugen, auch von etwas weiter von der Düsenöffung entferntem Staub geeignet ist. Die Abdeckung sollte etwa die 5 bis 10-fache Fläche wie die Einsaugöffnung besitzen. Also bei einer Einsaugöffnung von 1 x 10 cm (Fläche = 10 $cm^2$) ist eine Abdeckung in den Abmessungen 5 x 14 (Fläche = 70 $cm^2$) ausreichend.

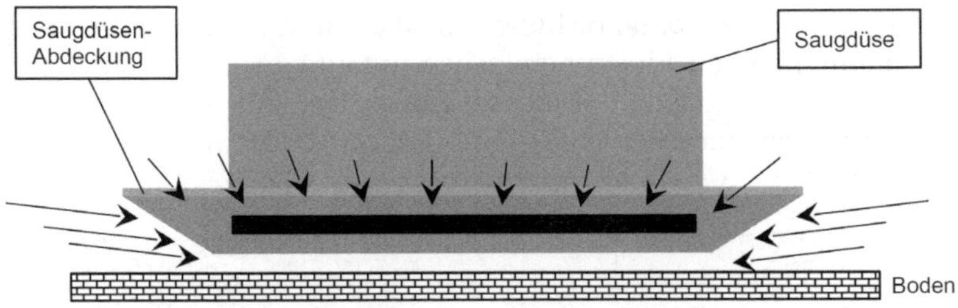


***Abbildung 2.18:*** *Luftströmung in eine schlitzförmige Saugdüse mit Abdeckung.*

Gleiches gilt auch für runde Saugdüsen (siehe Abbildung 2.19). So wäre für eine runde Saugdüse mit1 cm Innendurchmesser eine runde Abdeckung von etwa 3 cm Durchmesser gut geeignet.

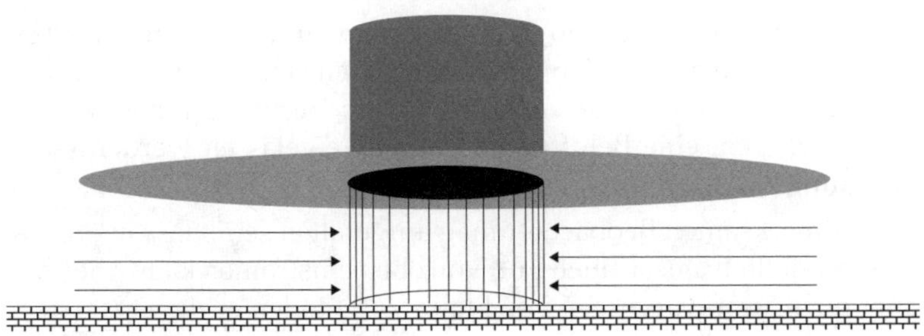

***Abbildung 2.19:*** *Luftströmung in eine runde Saugdüse mit Abdeckung.*

**Saugdüsen mit mechanischer Vorbehandlung**

Eine andere Möglichkeit zur Verbesserung der Schmutzaufnahme ist die mechanische Vorbehandlung. Besonders beim Saugen von Teppichböden ist dieses Verfahren nahezu unabdingbar, da die in den Fasern festhaftenden Partikel alleine mittels einer hohen Luftgeschwindigkeit kaum zu entfernen sind. Zur mechanischen Vorbehandlung genügt es im einfachsten Fall, die vorhandene Saugdüse, anstatt mit einer einfachen Abdeckung, mit einer Bürste zu umgeben. Die praktische Ausführung kann durch Modifikation einer einfachen Kleiderbürste erfolgen. Dazu wird in die Mitte der Bürste ein Schlitz gesägt (gefräst), so dass sich die Bürste auf die vorhandene Saugdüse stecken oder kleben lässt (siehe Abbildung 2.20). Die verwendete Bürste sollte kurze feste Borsten besitzen, die die Teppichfasern leicht aufbiegen, so dass der Schmutz zwischen den Fasern herausgesaugt werden kann.

Selbstverständlich muss der Roboter mechanisch in der Lage sein, die Bürste über den Boden/Teppich zu bewegen. Besonders an Teppichkanten, Fliesenleisten etc. kann dies problematisch werden und der Roboter kann hängen bleiben. Eine Lösung dieses Problems bietet die Ausführung als mitlaufende Düse (vgl. Abschnitt „Abstand der Saugdüsen vom Boden").

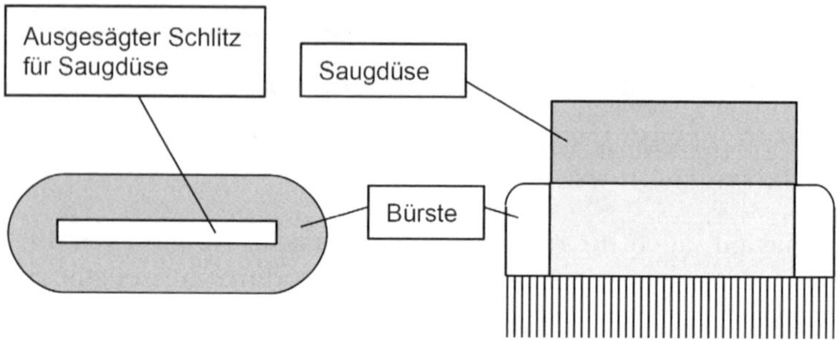


***Abbildung 2.20:*** *Bürste mit zentraler Saugöffnung.*

Bei kommerziellen Staubsaugern nutzt man zum Aufbiegen der Teppichfasern einen gut gleitfähigen, samtartigen Stoff, der über den Teppich gleitet. In diesem Fall muss aber, zum Verhindern des Festsaugens am Boden, eine Belüftungsöffnung freigelassen werden (siehe Abbildung 2.21).

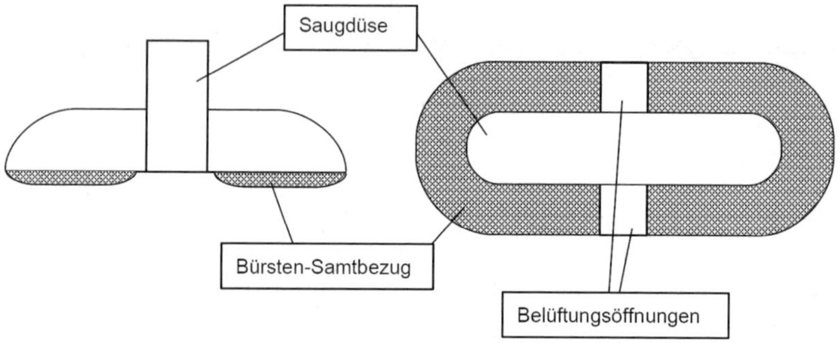


***Abbildung 2.21:*** *Kommerzieller Staubsauger-Saugkopf mit Samtbürste.*

Eine solche Saugbürste ist aber schwierig selbst herzustellen. Selbstverständlich kann man auf eine Bürste eines kommerziellen Gerätes zurückgreifen, wobei man aber darauf achten sollte, dass diese nicht allzu schwer ist.

Alle Bürsten mit zentraler Saugöffnung besitzen einen Nachteil. Das ist die Tatsache, dass, besonders bei glatten Böden, Schmutz auch vor der Bürste hergeschoben werden kann. Beim Richtungswechsel des Roboters bleibt dieser Schmutz dann (meist an schwer zugänglichen Stellen) liegen. Um dies zu Verhindern können vorgelagerte Saugdüsen eingesetzt werden, die den Schmutz direkt vor der Bürste aufsaugen (siehe Abbildung 2.22).

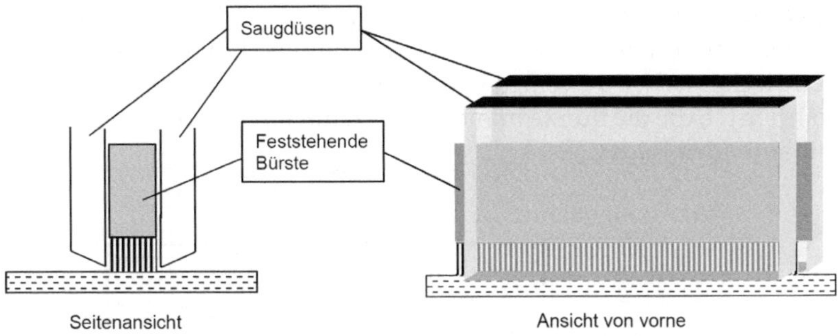


***Abbildung 2.22:*** *Bürste mit vorgelagerten Saugdüsen.*

Selbstverständlich können auch beide Prinzipien (Bürste mit zentraler + vorgelagerter Saugöffnung) realisiert werden (siehe Abbildung 2.23). Mittels verschieden großer Düsenöffnungen für zentrale und vorgelagerte Düse können dann die Strömungsgeschwindigkeiten separat eingestellt werden, so dass im Idealfall glatte Böden und Teppichböden gleichermaßen gut gesaugt werden. Dazu ist für die zentrale Saugdüse eine höhere Strömungsgeschwindigkeit notwendig, da diese Düse den festhaftenden Schmutz aus den Teppichfasern saugen muss. Die vorgelagerten Düsen müssen lediglich den von den Bürsten vor sich hergeschobenen Schmutz aufnehmen können, welcher ja von den Bürsten schon gelöst ist. Wer den sensorischen, mechanischen und elektronischen Aufwand nicht scheut, kann die zentrale Saugdüse beim Überfahren von glatten Böden sogar ganz abschalten!

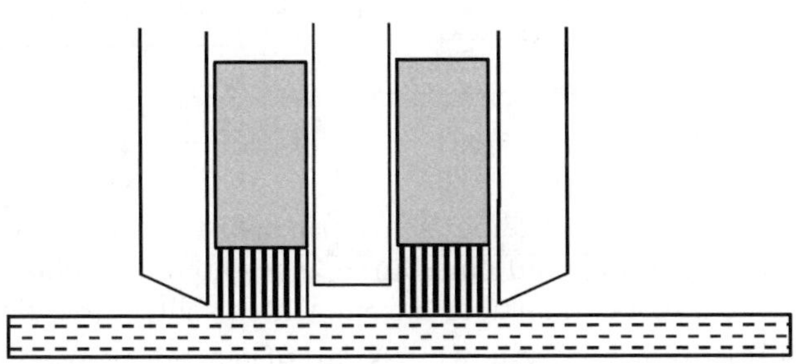

***Abbildung 2.23:*** *Kombiniertes System (Saugdüse/Bürste/Saugdüse/Bürste/Saugdüse).*

Außer mittels feststehender Bürsten kann Schmutz und Staub auch mit einer rotierenden Bürste aufgenommen werden. Das Prinzip ist schon sehr alt und in den 60er Jahren waren rein durch Muskelkraft betriebene einfache Kehrmaschinen weit verbreitet. Der Aufbau dieser für Teppiche und glatte Böden gleichermaßen geeigneter Maschinen ist einfach und dennoch effizient. Kernstück ist eine rotierende Bürste mit verhältnissmäßig harten Borsten, die Schmutz und Staubpartikel in einen Auffangbehälter schleudern (siehe Abbildung 2.24). Durch eine kleine Barriere sind die Partikel gegen unbeabsichtigtes Herausfallen gesichert. Zur Funktion des Gerätes ist es notwendig, dass die Bürste schneller rotiert als die Vorschubgeschwindigkeit des Gerätes ist. Bei den mechanischen Systemen wurde dies mittels einer Übersetzung gewährleistet, die die Bürste immer etwas schneller rotieren lassen als die mitlaufenden Räder.

***Abbildung 2.24:*** *Mechanische Kehrmaschine mit rotierender Bürste.*

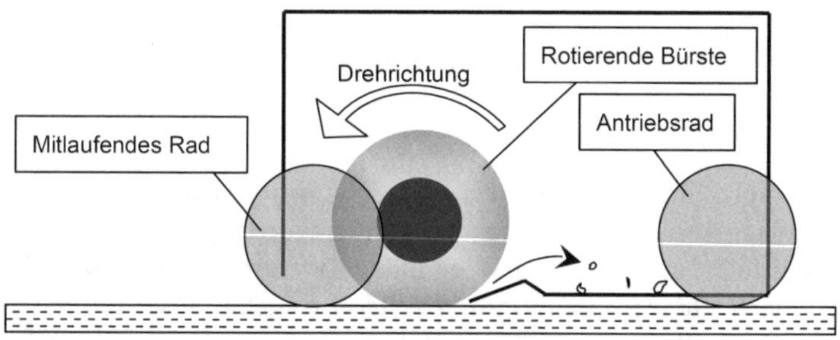


Dieses Prinzip ist, wie bereits erwähnt, gut zur Aufnahme von (groben) Partikeln geeignet. Feine Staubpartikel, leichte Fasern etc. werden aber nur schlecht aufgenommen und aufgrund des fehlenden Filters kaum wieder abgeschieden. Daher liegt es nahe, das Prinzip der rotierenden Bürste mit einem Saugsystem zu kombinieren (siehe Abbildung 2.25).

***Abbildung 2.25:*** *Mechanische Vorbehandlung mittels rotierender Bürste.*

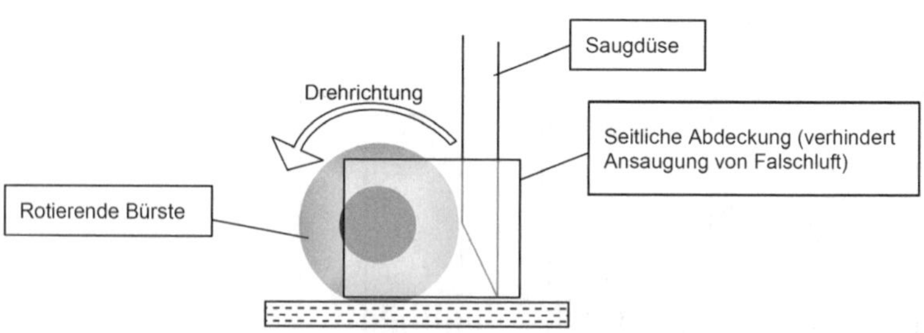


Auch bei einem solchen System muss darauf geachtet werden, dass die Rotationsgeschwindigkeit der Bürste deutlich größer ist, als die Vorschubgeschwindigkeit des Roboters. Außerdem darf die Bürste keinen zu großen Widerstand bieten, damit einerseits der Energieverbrauch zum Antrieb der Bürste nicht zu groß wird und andererseits der Roboter nicht von der Bürste über den Boden gezogen wird. Um dies zu gewährleisten, werden in kommerziellen Systemen Bürsten mit speziellem Borstenbesatz verwendet (siehe Abbildung 2.26).

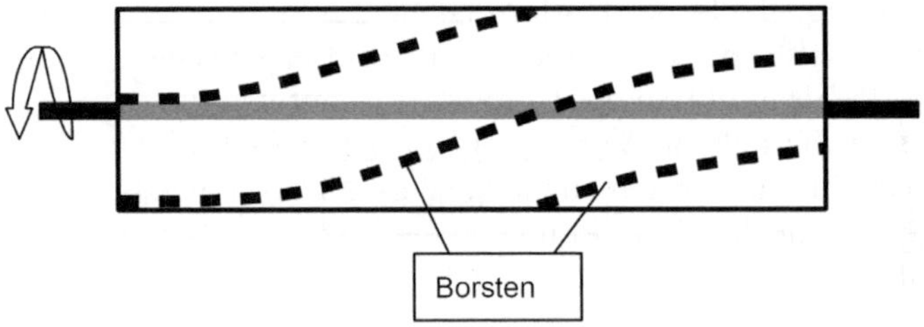


***Abbildung 2.26:*** *Borstenbesatz einer rotierenden Bürste (Vorderansicht).*

Da fertige Bürsten in dieser Form kaum erhältlich sind, bietet sich die Eigenherstellung durch Zuschneiden einer runden Haarbürste an (siehe auch Abbildung 2.27).

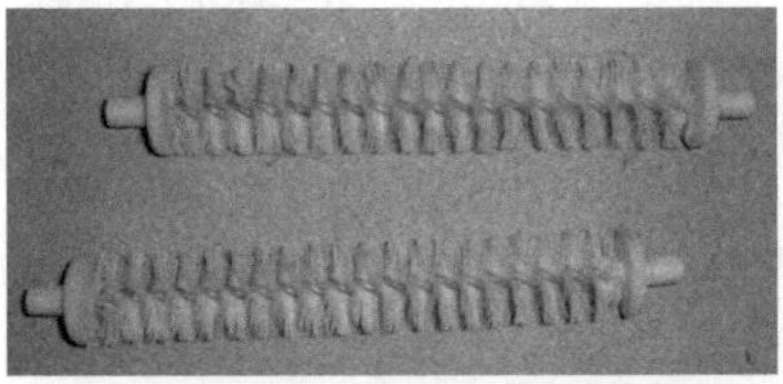

Einfache Bürsten aus einem Handkehrer

Modifizierte, ausgedünnte Haarbürste

***Abbildung 2.27:*** *Verschiedene runde Bürsten.*

Eine andere Einsatzmöglichkeit rotierender Bürsten in Verbindung mit einer zentralen Saugöffnung wird bei vielen fahrbaren Kehrmaschinen genutzt. Dort wird Schmutz über zwei gegenläufig auf dem Boden rotierende Bürsten, wie in Abbildung 2.28 gezeigt, in Richtung Saugdüse befördert.

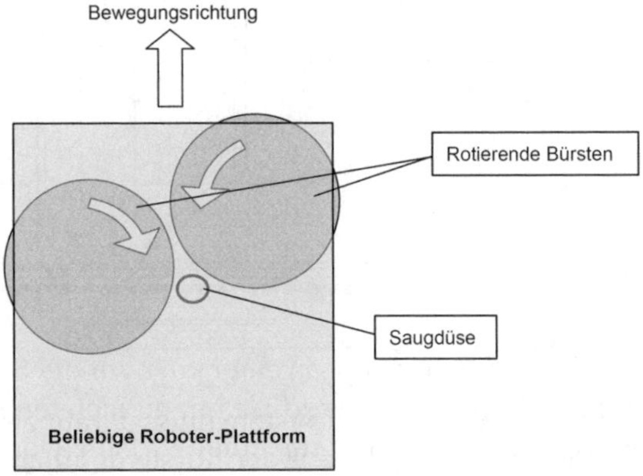


***Abbildung 2.28:*** *Reinigungsroboter mit gegenläufig rotierenden Bürsten.*

Auch kleine rotierende Bürsten können Schmutz und Staub von unzugänglichen Stellen, die von der Saugeinheit des Robotsaugers nicht direkt ab-

*Abbildung 2.29: Zusatzbürste zur Reinigung bis zur Wand.*

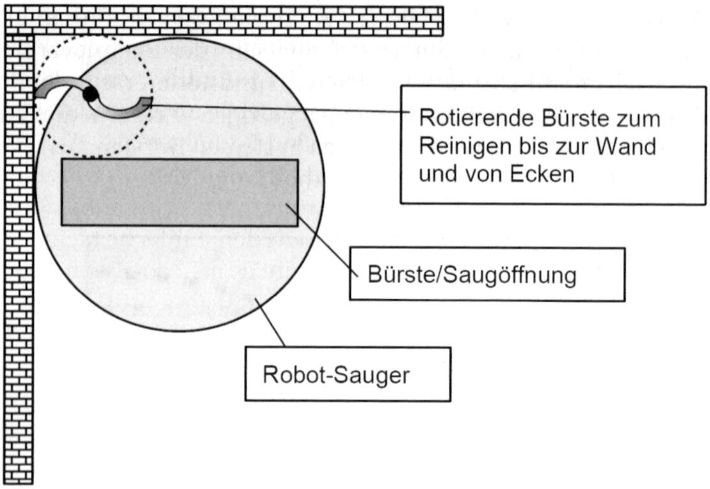


gesaugt werden können, in Richtung Saugöffnung befördern. Die Skizze in Abbildung 2.29 soll dies verdeutlichen.

Die rotierende Bürste kann direkt über einen kleinen DC-Motor angetrieben werden. Da die Möglichkeit besteht, dass sich die Bürste öfters einmal verklemmt, sollte der Antriebsmotor so klein als möglich dimensioniert werden, um den Blockierstom gering zu halten. Auf eine zusätzliche Regelung kann in diesem Fall verzichtet werden.

**Kombinierte Druck-Saugdüsen**

Wie in der folgenden Abbildung 2.30 dargestellt kann eine Saugdüse zur punktuellen Erhöhung der Luftgeschwindigkeit am Boden zusätzlich mit einer Druckdüse kombiniert werden.

*Abbildung 2.30: Kombinierte Druck-Saugdüse.*

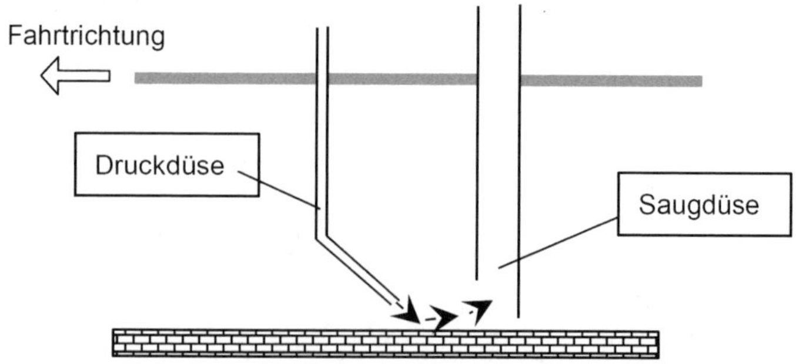


Die Druckdüse erzeugt an einer kurz vor der Saugdüse liegenden Stelle einen hohen, zur Saugdüse hin gerichteten Luftstrom. Dieser Luftstrom ist in der Lage Staub aufzuwirbeln. Damit dieser aufgewirbelte

Staub auch anschließend von der Saugdüse eingesaugt wird, sollte der Volumenstrom der Druckdüse mindestens um den Faktor 10 kleiner sein als der abgesaugte Volumenstrom der Saugdüse. Zur Luftversorgung der Druckdüse kann ein separates Gebläse verwendet werden. Besonders geeignet für diesen Zweck sind Radialgebläse, da diese einen höheren Druck erzeugen können als Axialgebläse. Zur Erzeugung eines Luftstrahls mit noch höherer Strömungsgeschwindigkeit kann auch eine Membranpumpe verwendet werden. Einfache kleine Membranpumpen, auch für Batteriebetrieb, gibt es im Zoo-Fachhandel zur Belüftung von Aquarien (siehe Abbildung 2.31).

***Abbildung 2.31:*** *Kleine Membranluftpumpe (Gehäuse entfernt).*

Weiterhin ist es möglich, sich eine kleine Membran-Luftpumpe mit einfachen Mitteln selbst zu bauen, wie die folgende Abbildung 2.32 zeigt.

Wer kein separates Gebläse verwenden möchte, kann auch einen Teil des Abluftstroms des Sauggebläses zur Versorgung der Druckdüse verwenden (siehe Abbildung 2.33). Der so erzeugte Luftstrahl ist allerdings recht schwach. Allzu viel Abluft darf man nämlich nicht abzweigen, da dadurch ein Gegendruck erzeugt wird, der die Leistungsfähigkeit des Sauggebläses deutlich vermindert.

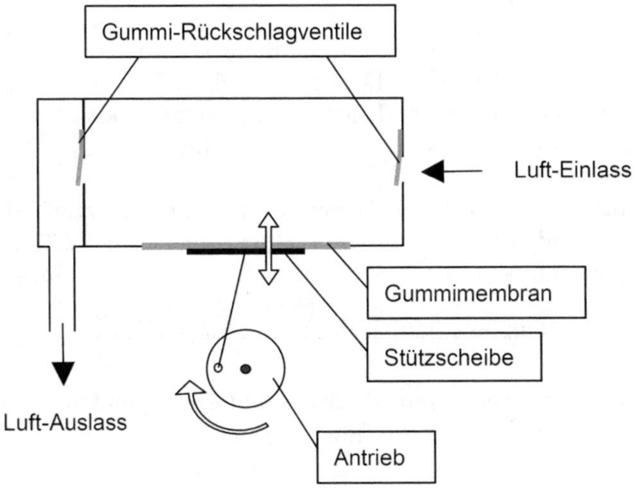


***Abbildung 2.32:*** *Selbstbau Membran-Luftpumpe.*

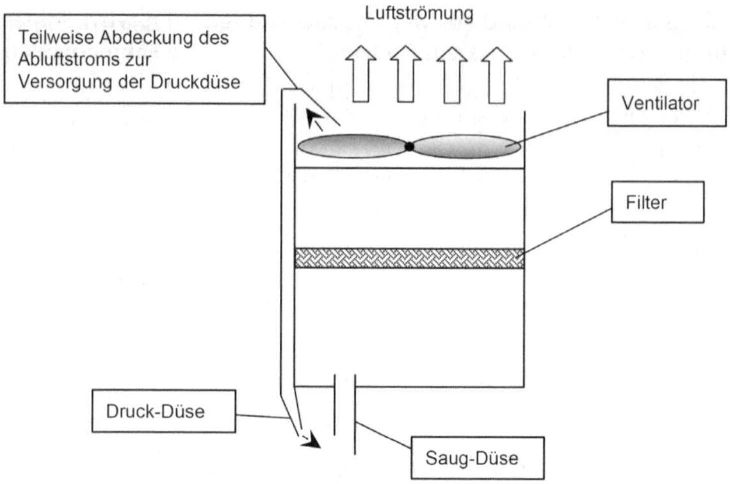


***Abbildung 2.33:*** *Versorgung der Druckdüse durch das Sauggebläse.*

Eine weitere Anwendung von Druckdüsen ist das Herausblasen von Staub aus schwer zugänglichen Stellen (Ecken etc.), die der Roboter aufgrund seiner Abmessungen nicht direkt erreicht. Der herausgeblasene Staub muss entweder sofort oder in einem separaten Arbeitsgang aufgesaugt werden. Ein solches Procedere erfordert allerdings einen beachtlichen mechanischen und elektronischen Aufwand und ist nur bei wenigen Sonderfällen sinnvoll. Daher soll diese Variante hier nicht weiter beschrieben werden.

*Vergleich und Einsatzmöglichkeiten verschiedener Saugdüsen*

Nach den ausführlichen und detaillierten Ausführungen zu den verschiedenen Saugdüsen folgt nun eine kurze Zusammenfassung der wichtigsten Eigenschaften und Anwendungen.

Für glatte Böden wie Fliesen oder Parkett ist prinzipiell das gesamte Spektrum der vorgestellten Düsen einsetzbar. Dies beinhaltet insbesondere auch einfach zu realisierende Konstruktionen ohne direkten Bodenkontakt (einfaches Saugrohr oder schlitzförmige Düsen).

Aufgrund der hohen Strömungsgeschwindigkeiten zum Absaugen von Staub und Schmutz von Teppichen (vgl. Tabelle 2.3 „Mindest-Luftgeschwindigkeiten zur Aufnahme von Partikeln“) müssen dagegen für Teppiche spezielle Saugdüsen, vorzugsweise kombiniert mit einer mechanischen Vorbehandlung, verwendet werden.

Einen zusammenfassenden Überblick gibt die folgenden Tabelle:

| Verweis auf Kapitel | Bemerkungen zur Anwendung auf glatten Böden | Bemerkungen zur Anwendung auf Teppichböden |
|---|---|---|
| **Abstand der Saugdüsen vom Boden** | Bodenabstand bei runden Saugdüsen: $h = \frac{1}{2} \cdot r$ Bodenabstand bei rechteckigen Saugdüsen: $h = \frac{1}{2} \cdot \left(\frac{l \cdot b}{l + B}\right)$ | Möglichst gering, so dass der eingesetzte (Radial-)Ventilator eine genügend hohe Druckdifferenz erzeugt. |
| **Form der Saugdüsen** | Rund oder besser rechteckig. Länge der Düsenfläche so, dass eine Mindest-Verweilzeit über dem Boden von 0,1 s nicht unterschritten wird (abhängig von der Vorschubgeschwindikgeit des Roboters). Breite so, dass Mindest-Luftgeschwindigkeit nicht unter einen kritischen Wert (ca. 5 m/s) fällt (abhängig vom verwendeten Ventilator). | Rund oder besser rechteckig. Länge der Düsenfläche so, dass eine Mindest-Verweilzeit über dem Boden von 0,1 s nicht unterschritten wird (abhängig von der Vorschubgeschwindikgeit des Roboters). Breite so, dass Mindest-Luftgeschwindigkeit nicht unter einen kritischen Wert (ca. 15 m/s) fällt (abhängig vom verwendeten Ventilator). |
| **Abdeckung der Saugdüsen** | Vorteilhaft: Fläche der Abdeckung ca. 5...10 fache Saugdüsenfläche. | Vorteilhaft, sofern Saugdüse nicht aufliegt. |
| **Saugdüsen mit mechanischer Vorbehandlung** | Vorteilhaft, besonders für am Boden anhaftenden Schmutz. | Notwendig, da ansonsten Teppiche nicht ausreichend gereinigt werden können. |
| **Kombinierte Druck-Saugdüsen** | Weniger effektiv als mechanische Vorbehandlung. Evt. günstig in Sonderfällen, wie dem Herausblasen von Staub aus schwer zugänglichen Stellen. | Wenig effektiv. |

***Tabelle 2.4:*** *Anwendung der Saugdüsenvarianten im Überblick.*

## *Abscheidung*

Nachdem nun im vorangegangenen Kapitel die Möglichkeiten des Aufsaugens von Staub und Schmutz einigermaßen geklärt sind, ist jetzt zu überlegen, wie denn der mühevoll eingefangene Staub auch wieder abgeschieden werden kann. Schließlich soll er ja nicht am „Auspuff" des Staubsauger-Roboters wieder herausgeblasen werden.

Staub besteht, wie bereits in Kapitel 1.1 und 1.2 erwähnt, aus zahlreichen Partikeln stark unterschiedlicher Größe. Große (sichtbare) Partikel stellen in der Regel eher ein ästhetisches, kleine (unsichtbare) Partikel eher ein gesundheitliches Problem dar.

Leider ist gerade das Abscheiden von kleinen Partikeln besonders schwierig, da die dazu notwendigen, sehr feinen Filter, einen hohen Druckabfall verursachen. Das bedeutet, sie lassen bei der (von dem

Ventilator) gegebenen Druckdifferenz nur wenig Luft durch. Dies wiederum bewirkt, dass die Luftströmung in der verwendeten Saugdüse zum Aufsaugen von Schmutz zu klein wird (siehe Abschnitt „Aufsaugen"). Zur Verdeutlichung der Problematik ist in der folgenden Abbildung 2.34 eine Saugeinheit skizziert.

*Abbildung 2.34: Prinzipskizze Staubsauger.*

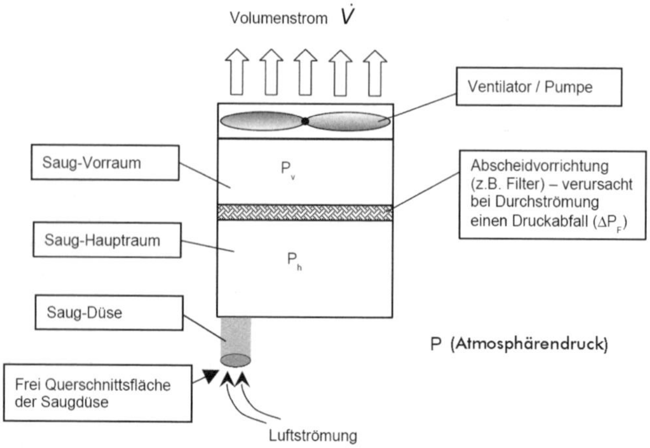


Hier die Verhältnisse nochmals im Überblick :

- Zum Aufsaugen von Schmutz ist eine bestimmte Mindest-Luftgeschwindigkeit in der Saugdüse notwendig (vgl. Tabelle 2.3 „Mindest-Luftgeschwindigkeiten zur Aufnahme von Partikeln").
- Die Luftgeschwindigkeit in der Saugdüse ist abhängig vom Druck $P_h$ im Saug-Hauptraum (je geringer der Druck, desto höher die Strömungsgeschwindigkeit – Berechnung siehe Abschnitt „Aufsaugen").
- Der Druck im Saug-Hauptraum wird vom verwendeten Ventilator erniedrigt (der Maximalwert wird in der Regel bei geschlossener Saugdüse erreicht).
- Der Druck im Saug-Hauptraum $P_h$ wird durch zwei Faktoren erhöht:

  Mit zunehmender Fläche der Saugdüse und mit zunehmendem Druckabfall im verwendeten Filter steigt der Druck im Saug-Hauptraum $P_h$ (und die Strömungsgeschwindigkeit erniedrigt sich in der Folge).
- Der Druckabfall im Filter ist antiproportional zu Fläche des Filters (doppelte Fläche = halber Druckabfall).

Für eine effektiv wirkende Saugeinheit ist man also auf eine Abscheidvorrichtung mit möglichst geringem Strömungswiderstand und größtmöglicher Fläche angewiesen. Nun stehen zum Abscheiden von

Staub und Schmutz aus einer Gasströmung verschiedene Methoden zu Verfügung, die sich hinsichtlich der Wirkungsweise und Leistungsfähigkeit unterscheiden (vgl. Abbildung 2.35 „Staub- und Partikelfilter im Vergleich").

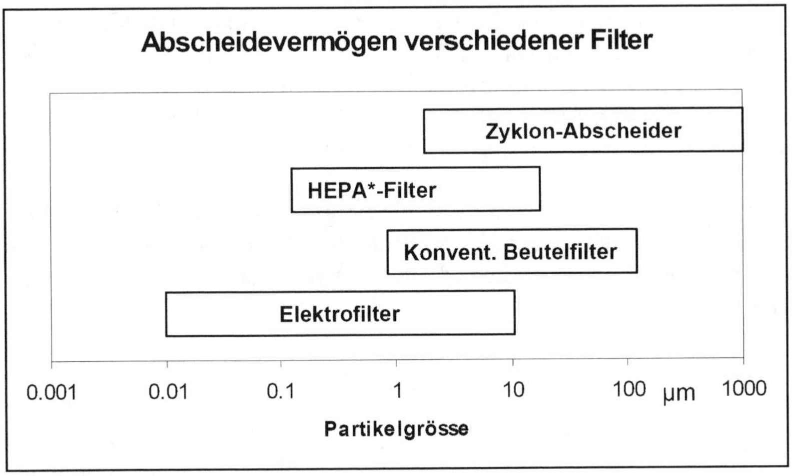


*(High Efficiency Particle Arrestance)

***Abbildung 2.35:*** *Staub- und Partikelfilter im Vergleich.*

*Elektrofilter*

Wie in der obigen Abbildung 2.35 zu erkennen ist, besitzen Elektrofilter besonders auch bei kleinen Partikel ein sehr gutes Abscheidevermögen. Bei einem Elektrofilter werden Staubpartikel durch eine Corona-Entladung (ca. 10.000 ... 20.000 V) ionisiert und auf nachfolgend installierten, elektrisch geladenen Platten (ca. 5.000 ... 10.000 V) abgeschieden.

Aufgrund ihrer Komplexität werden solche Elektrofilter fast nur in größeren Anlagen (Kraftwerken etc.) eingesetzt. In kleiner, für einen mobilen Roboter geeigneten Bauweise, sind Elektrofilter nicht erhältlich. Besonders aufgrund der zum Betrieb notwendigen hohen Spannungen wird der Selbstbau eines Elektrofilters hier nicht in Erwägung gezogen.

*Zyklon-Abscheider*

Eine weitere Abscheidevorrichtung, die ohne Filtertücher etc. auskommt, stellt ein Zyklon dar. Im Zyklon wird eine partikelbeladene Luftströmung in einer speziellen Apparatur (siehe Abbildung 2.36 „Wirkungsweise eines Zyklons") im Kreis geführt. Durch die Zentrifugalkraft werden Partikel nach außen an die Wandung des Apparates geschleudert, wo sie letztendlich nach unten in einen Auffangbehälter fallen. Da die Zentrifugalkraft mit sinkender Teilchengröße immer kleiner wird, können Zyklone nur Partikel bis zu einer Minimalgröße von einigen Mikrometern abscheiden. Zudem wird die Abscheidrate bei kleinen Partikeln immer schlechter. Die Gesamtabscheidrate liegt, je nach Partikelgrößenverteilung daher nur bei etwa 80 ...98 %. Zyklone werden daher in der Regel mit einem nachgeschalteten Zusatzfilter (Gewebefilter) betrieben. Dies ist auch bei den auf dem Zyklonprinzip basierenden Staubsaugern (z.B. Dyson® etc.) der Fall. Dort wird dem Zyklon noch ein Feinstaubfilter (HEPA-Filter) nachgeschaltet. Somit wird der günstige (geringe) Druckabfall im Zyklon durch den nachgeschalteten Feinfilter wieder wettgemacht.

Wen der emittierte Feinstaub nicht weiter stört oder dort, wo größere Mengen grober Partikel aufgenommen werden müssen, ist der Einsatz eines Zyklons ohne nachgeschalteten Feinstaubfilter aber durchaus eine Alternative.

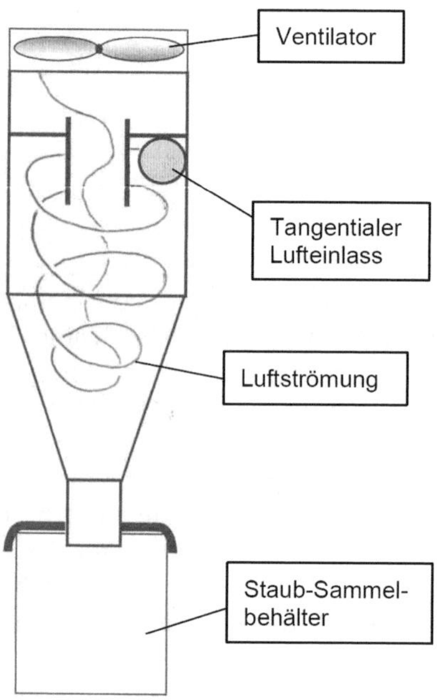


***Abbildung 2.36:*** *Wirkungsweise eines Zyklons.*

Das es im Handel keine Kleinst-Zyklone gibt, ist hier Selbstbau notwendig. Dies ist durchaus ohne allzu großem Aufwand möglich, wie die folgenden Beispiele zeigen. Auf detaillierte Berechnungen zur Auslegung des Zyklons, wie sie in der Technik üblich sind, wird hier jedoch verzichtet. Die angegebenen Abmessungen basieren auf selbst gefertigten und getesteten Zyklonen. Dabei ist es durchaus möglich und sogar wahrscheinlich, dass das Optimum des Wirkungsgrades bei weitem nicht erzielt wurde. Im einfachsten Fall lässt sich zum Selbstbau eines Zyklons eine Kunststofflasche verwenden, die wie in der nachfolgenden Skizze beschrieben, umgebaut wird.

Auch ein etwas größeres und solideres Zyklon lässt sich aus preiswerten Baumark Teilen zusammenbauen. Dazu werden die in der folgenden Abbildung skizzierten Teile mit Silikonkitt zusammengeklebt.

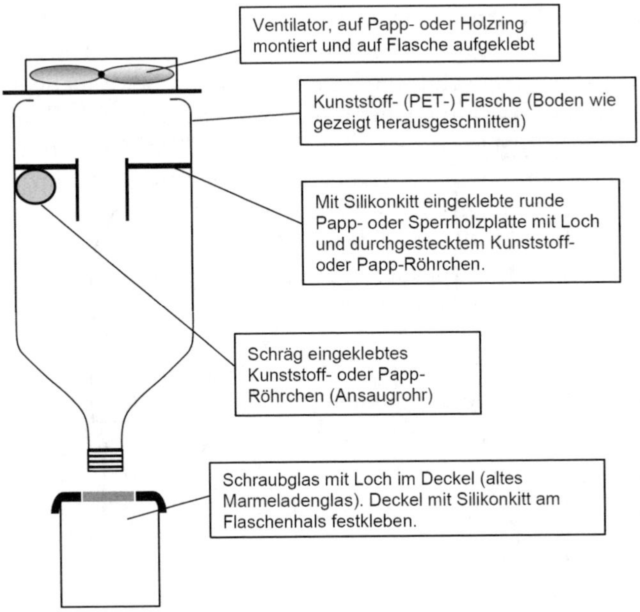


***Abbildung 2.37:*** *Einfaches Zyklon aus einer Kunststoffflasche (Prinzipskizze).*

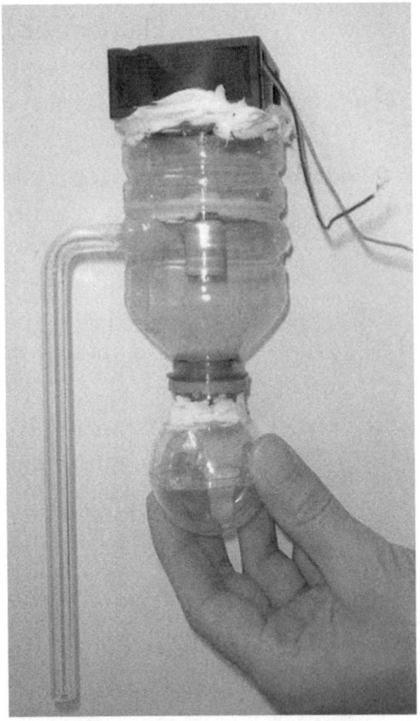

***Abbildung 2.38:*** *Einfaches Zyklon aus einer Kunststoffflasche (praktische Ausführung).*

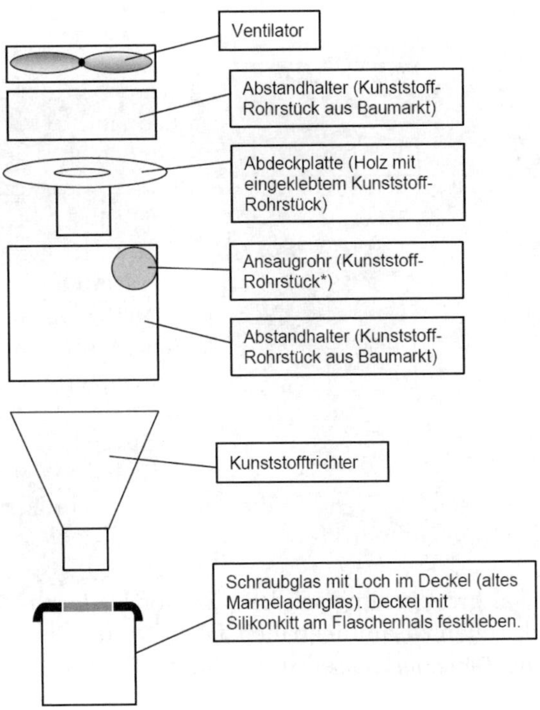


***Abbildung 2.39:*** *Aufbau eines Zyklons aus einfachen Bauteilen.*

* Günstige Kunststoffrohre inkl. Winkel, T-Stücke etc. gibt es in der Elektroabteilung von Baumärkten zum Einziehen von elektrischen Leitungen. Diese Rohre können (nach dem Einfüllen von Sand oder Kochsalz) mit dem Heißluftfön gebogen werden, ohne dass sie abknicken.

Das fertige Zyklon sieht dann so aus:

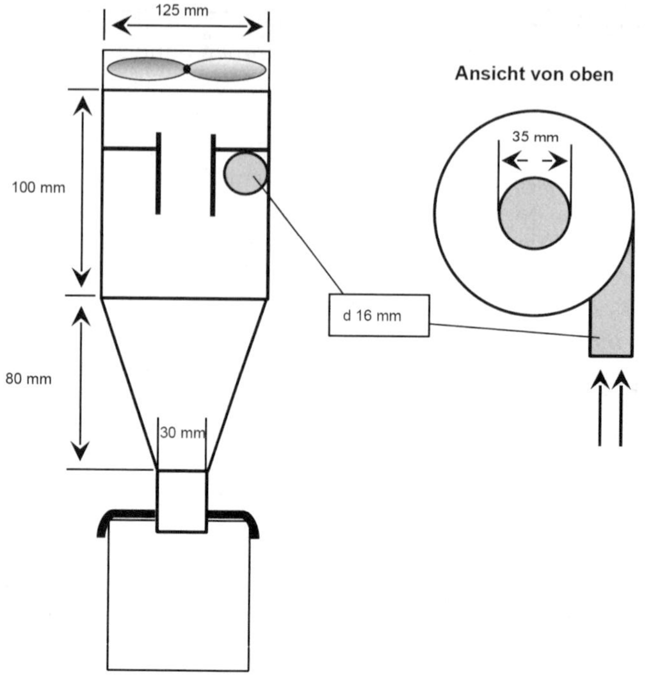


***Abbildung 2.40:*** *Fertiges Zyklon mit genauen Abmessungen.*

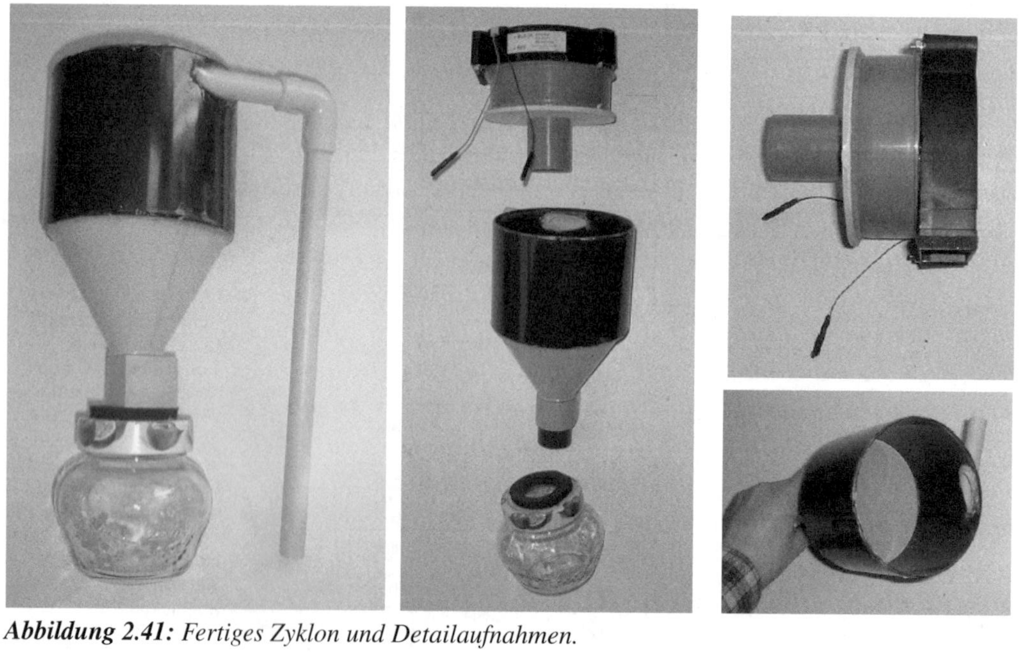

***Abbildung 2.41:*** *Fertiges Zyklon und Detailaufnahmen.*

*Gewebefilter*

Die bisher beschriebenen Filter (Elektrofilter, Zyklon) beruhen auf der Ablenkung von Partikeln im elektrischen Feld (Elektrofilter) oder durch Zentrifugalkraft (Zyklon). Sie kommen ohne ein spezielles Filterhilfsmittel aus, welches die Partikel direkt zurückhält.

Im Gegensatz dazu wirken Gewebefilter (ähnlich wie ein Sieb) dadurch, dass sie Partikel zurückhalten, die nicht durch die Gewebeöffnungen (Poren) passen. Je kleiner also die Poren in einem Gewebe sind, desto feineren Staub halten sie zurück. Leider setzen feine Gewebe mit engen Poren der durchströmenden Luft einen hohen Widerstand entgegen. Dieser Widerstand äußert sich als Druckabfall (Druckdifferenz vor und hinter dem Filter). Besonders feine Filter benötigen daher in der Regel auch besonders leistungsfähige Ventilatoren, die den Druckabfall im Filter überwinden und zusätzlich noch einen genügend hohen Differenzdruck zum Aufsaugen von Staub und Schmutz in der Saugdüse erzeugen. Weiterhin können sich Gewebefilter durch Partikel, die in die Poren eindringen oder Partikel, die auf der Gewebeoberfläche eine dichte Schicht bilden, mit der Zeit verstopfen und erzeugen dann einen immer höheren Druckabfall. In der Technik (und auch bei handelsüblichen Staubsaugern) bevorzugt man daher glatte Filtergewebe, auf deren Oberfläche die abgeschiedenen Partikel nicht haften. Zum Einsatz in einem mobilen Saugroboter sind aber die meisten kommerziell erhältlichen Staubsaugerfilter nicht geeignet, da sie einen zu hohen Druckabfall erzeugen, der von Lüftern in der Leistungsklasse 5...50 W kaum überwunden werden kann.

Betrachtet man die Verhältnisse beim Durchströmen eines Filters quantitativ, so stellt sich der Sachverhalt folgendermaßen dar: Der Druckverlust (Druckabfall) $\Delta P$ eines Filters ist direkt antiproportional seiner Fläche und eine (oft nahezu lineare) Funktion des Volumenstroms. Somit gilt:

$$\Delta P = K \cdot \frac{1}{F} \cdot f(\dot{V})$$

| | |
|---|---|
| $\Delta P$ | Druckverlusst [Pa] |
| K | Filterspezifische Konstante $\left[\frac{kg}{m^2 \cdot s}\right]$ |
| F | Filterflächе $[m^2]$ |
| $\dot{V}$ | Volumenstrom in $\left[\frac{m^3}{s}\right]$ |

Je größer die Filterkonstante K, desto stärker ist also der Druckabfall im Filter. Die Konstante K kann mit einigen Einschränkungen mit dem nachfolgend beschriebenen Ventilatoren und Filterprüfstand ermittelt werden. Dazu muss die Luftmenge bei völlig geöffneter Ansaugklappe, durch Variation der Drehzahl des Ventilators variiert werden. Zum Extrapolieren der Kurve (näherungsweise eine Gerade) sollten möglichst 2, nicht allzu nahe beieinander liegende Wertepaare (Volumenstrom / Druckabfall) gemessen werden. Dazu wird der Druckabfall durch Subtraktion der Drücke vor und hinter dem Filter ermittelt. Der Volumenstrom berechnet sich aus der Strömungsgeschwindigkeit multipliziert mit der Filterfläche.

Allerdings erzeugen die meisten Filter einen so hohen Druckverlust, dass die Strömungsgeschwindigkeit zum Messen mit einfachen Anemometern (Windgeschwindigkeitsmessern) zu gering ist und damit auch der Volumenstrom nicht ermittelt werden kann.

Daher sind in der folgenden Tabelle einige (linearisierte) K-Werte einiger Filtermaterialien zusammengefasst.

| Filtermaterial | K-Wert | Bemerkungen |
|---|---|---|
| Filtergaze | $30 \frac{kg}{m^2 \cdot s}$ | Fettfilter für Küchendunst-Abzugshaube (Baumarkt) |
| Kfz-Luftfilter | $1500 \frac{kg}{m^2 \cdot s}$ | Runder Kfz-Luftfilter |
| Luftfilter aus Akku-Handstaubsauger | $100 \frac{kg}{m^2 \cdot s}$ | Keine |
| Dekor-Stoff | $5 \frac{kg}{m^2 \cdot s}$ | Feiner, weißer Dekor-Stoff (Textilabteilung Kaufhaus) Maschenweite: 200 um, Fadendicke 100 um |
| Staubsaugerfilter | $6500 \frac{kg}{m^2 \cdot s}$ | Zweilagiger Standard-Staubsaugerfilter |
| Staubmaskenfilter | $1500 \frac{kg}{m^2 \cdot s}$ | Einfache Staubmaske (Baumarkt) |
| HEPA-Filter | $4000 \frac{kg}{m^2 \cdot s}$ | HEPA-Zusatzfilter für Staubsauger (teuer) |

***Tabelle 2.5:*** *Filterkonstanten K verschiedener Luftfilter.*

Die K-Werte von Filtermaterialien können, wie bereits erwähnt, im beschriebenen Ventilatoren und Filterprüfstand bestimmt werden. Die Berechnung erfolgt gemäß der nach K aufgelösten Gleichung:

$$K = \frac{\Delta P \cdot F_{Filter}}{\dot{V}}$$

| | |
|---|---|
| $\Delta P$ | Druckverlust [Pa] |
| K | Filterspezifische Konstante $\left[\frac{kg}{m^2 \cdot s}\right]$ |
| F | Filterfläche [$m^2$] |
| $\dot{V}$ | Volumenstrom in $\left[\frac{m^3}{s}\right]$ |

Zur Berechnung der Filterkonstante K werden also folgende Daten benötigt:

- Druckdifferenz $\Delta P$ vor und hinter dem Filter (an den Manometer-Röhrchen ablesen)
- Filterfläche $F_{Filter}$ (direkt ausmessen)
- Volumenstrom $\dot{V}$ durch den Filter.

Der Volumenstrom durch den Filter ist identisch mit dem Volumenstrom in den Prüfstand und kann durch Multiplikation der Fläche der Einsaugöffnung mit der Einsauggeschwindigkeit (muss mit Anemometer gemessen werden) berechnet werden.
Bei allen Berechnungen muss natürlich auf die Verwendung der passenden Einheiten (am besten SI-Einheiten – siehe oben) geachtet werden. Zur Ermittlung brauchbarer K-Werte werden die Messungen und Berechnungen bei verschiedenen Ansaugklappenöffnung durchgeführt und der Mittelwert der erhaltenen K-Werte gebildet.
Unter Zuhilfenahme der ermittelten K-Werte kann dann beispielsweise der zu erwartende Druckabfall in einem Filter (unter der Annahme einer linearen Abhängigkeit vom Volumenstrom) direkt gemäß folgender Formel berechnet werden:

$$\Delta P = K \cdot \frac{1}{F} \cdot \dot{V}$$

Nach Umstellung der Gleichung ergibt sich die notwenige Filterfläche bei gegebener Druckdifferenz mit:

$$F = \frac{K \cdot \dot{V}}{\Delta P}$$

Wie man sieht, erzeugen die unterschiedlichen Filtergewebe sehr unterschiedliche Druckdifferenzen, was die Auswahl des notwendigen

Ventilators oder die notwendige Filterfläche stark beeinflusst. Allerdings ist auch das Abscheidevermögen der verschiedenen Filter sehr unterschiedlich. Dies ist in der folgenden Tabelle kurz zusammengefasst.

| | **Grober Hausstaub (Fasern, Haare, Krümel etc. Partikelgröße: > 100 µm** | **Feinstaub (Hautpartikel, Pollen, Milbenkot Partikelgröße: 10 ... 100 µm** | **Feinst-Staub (Zigarettenrauch etc.)** |
|---|---|---|---|
| **Filtervlies für Dunstabzugshauben, Dekor-Stoff-Gewebe** (siehe Abbildung 2.43) | gut geeignet | ungeeignet | ungeeignet |
| **Filter aus Akku-Staubsauger** | gut geeignet | bedingt geeignet | ungeeignet |
| **Metallgewebe** | gut geeignet | bedingt geeignet | ungeeignet |
| **Staubmaskenfilter** | gut geeignet | bedingt geeignet | ungeeignet |
| **Kfz-Luftfilter** (siehe Abbildung 2.42) | gut geeignet | bedingt geeignet | ungeeignet |
| **Normaler Staubsauger-Filterbeutel** (siehe Abbildung 2.42) | gut geeignet | bedingt geeignet | ungeeignet |
| **HEPA-Filter** | gut geeignet | gut geeignet | bedingt geeignet |
| **Zyklon** | gut geeignet | ungeeignet | ungeeignet |
| **Elektrofilter** | gut geeignet | gut geeignet | gut geeignet |

***Tabelle 2.6:*** *Eignung von Gewebefiltern zur Abscheidung unterschiedlicher Partikel.*

***Abbildung 2.42:*** *Kommerzielle Luftfilter.*

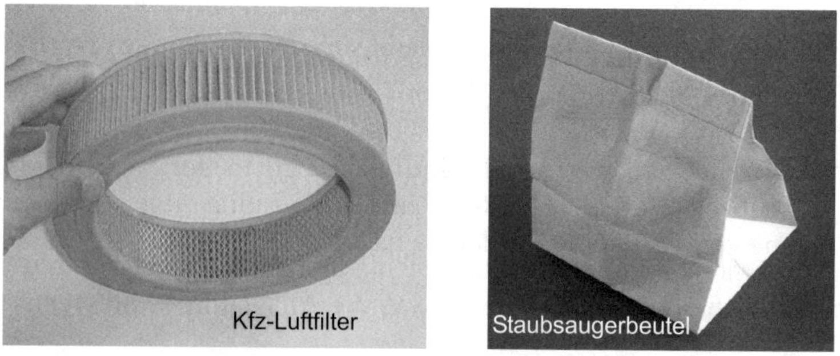

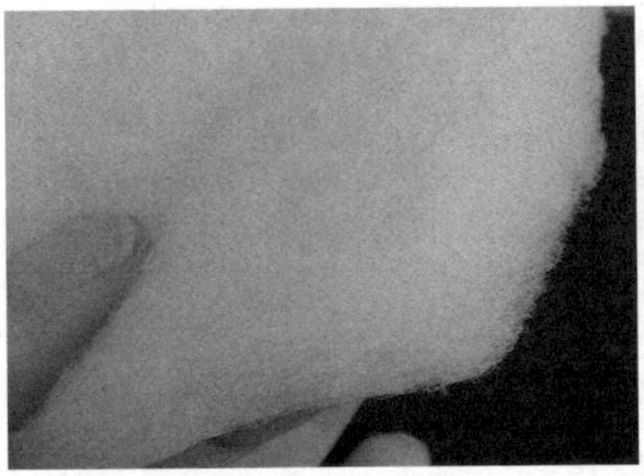

Fettfilter aus Dunstabzugshaube

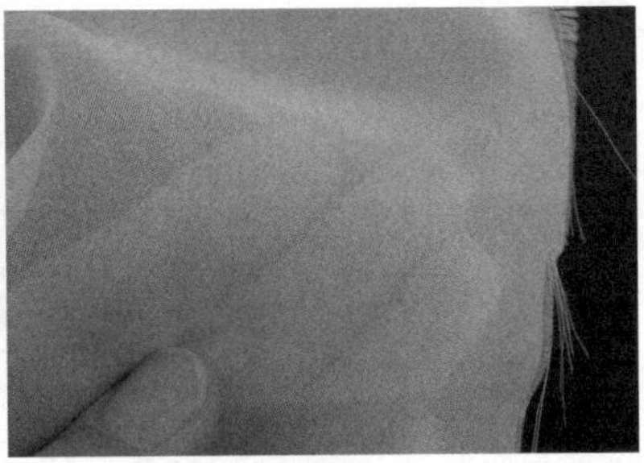

Dekor-Stoff-Gewebe

***Abbildung 2.43:*** *Verschiedene Filtergewebe.*

*Vorgehensweise bei der Konstruktion eines Saugsystems*

Sofern man sich bei der Auslegung eines Roboter-Saugsystems nicht auf rein empirische Werte verlassen möchte, stellt das folgende Beispiel eine Möglichkeit dar, wie bei der Konstruktion und Auslegung vorgegangen werden kann. Jeder Schritt ist unter Angabe eines Beispielrechnung genau erläutert.

Allerdings muss dazu vom eingesetzten Ventilator im (selbstgebauten) Prüfstand eine Druck/Saugflächenkennlinie aufgenommen werden. Sofern dies nicht möglich ist, kann basierend auf einer üblicherweise vom Hersteller angegebenen Druck/Volumenstrom Kurve und der Abmessung des Ventilators eine angenäherte Druck/Saugflächenkennlinie abgeschätzt werden. Eine Anleitung dazu findet sich am Ende der folgenden Checkliste.

**Checkliste zur Auslegung eines Roboter-Saugsystems**

1. Auswahl des zu Verfügung stehenden Ventilators.

2. Aufnahme der Ventilatorenkennlinie (Differenzdruck in Abhängigkeit von der Einsaugfläche/Einsaugdüse F) – siehe Abbildung 2.44 „Arbeiten mit der Ventilatorenkennlinie".

3. Gewünschte Saugdüsenfläche $F_{Saugdüse}$ festlegen – z.B. $F_{Saugdüse}$=20 $cm^2$ (siehe Abbildung 2.44).

4. Zugehörige maximale Druckdifferenz des $P_{max}$ ablesen - z.B. $P_{max}$= 45 Pa (Abbildung 2.44).

5. Mindest-Einströmgeschwindigkeit $v_{saug}$ in der Saugdüse (gemäß Tabelle 2.3 „. Mindest-Luftgeschwindigkeiten zur Aufnahme von Partikeln") festlegen: z.B. $v_{saug}$ = 5 m/s.

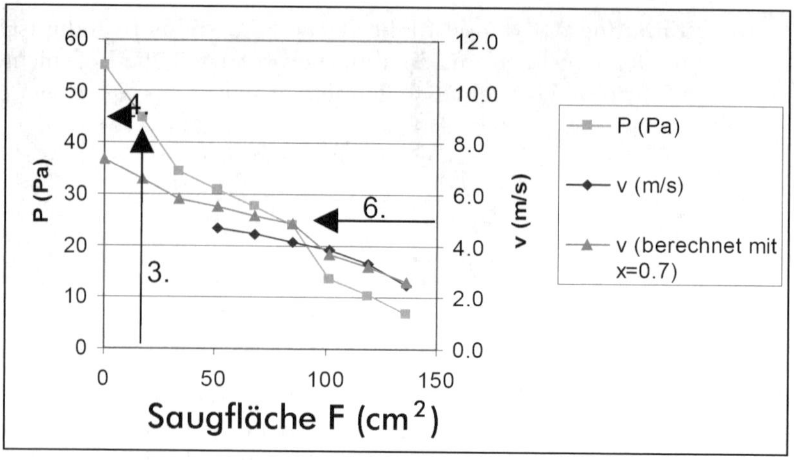


***Abbildung 2.44:*** *Arbeiten mit der Ventilatorenkennlinie.*

6. Den zum Erreichung der festgelegten Einströmgeschwindigkeit in die Saugdüse (hier: $v_{saug} = 5\ m/s$) notwendigen Druck $P_{Saug}$ im Diagramm ablesen (hier 25 Pa) oder, sofern nicht möglich, gemäß folgender Formel berechnen:

$$P_{Saug} = \frac{\rho}{2} \cdot \left(\frac{v_D}{x}\right)^2$$

$v_D$ Strömungsgeschwindigkeit innerhalb der Düse (m/s)

$P_{Saug}$ Differenzdruck in der Saugdüse (Pa)

$\rho$ Gasdichte (für Luft etwa 1 $kg/m^3$)

$X$ Formfaktor der Düse (maximal 1, in der Regel um 0,5 bis 0,8 – hier mit 0,7 gerechnet)

Mit den aufgeführten Beispielwerten ($v_D = 5\ m/s, \rho = 1\ kg/m^3, x = 0{,}7$) ergibt sich eine Druckdifferenz in der Saugdüse von $P_{Saug} = 25{,}5$ Pa

7. Berechnung des Differenzdruckes, der maximal im Filter abfallen darf durch Subtraktion des Saugdüsendruckes $P_{Saug}$ (siehe Punkt 6) von der maximalen Druckdifferenz des Ventilators $P_{max}$ (siehe Punkt 4):

$P_{Filter} = P_{max} - P_{Saug}$ im Beispiel also: $P_{Filter} = 45\ Pa - 25{,}5\ Pa = 19{,}5\ Pa$

8. Auswahl des Filters: Hier Filtergaze (Fettfilter aus Küchenabzugshaube) mit einer Filterkonstante $K = 30 \frac{kg}{m^2 \cdot s}$

9. Bestimmung der Mindest-Filterfläche $F_{Filter}$, die notwendig ist, damit der berechnete, maximale Druckabfall im Filter $P_{Filter}$ nicht überschritten wird gemäß folgender Formel:

$$F_{Filter} = \frac{K \cdot \dot{V}}{P_{Filter}}$$

$P_{Filter}$ Druckverlust im Filter [Pa]

K Filterspezifische Konstante $\left[\frac{kg}{m^2 \cdot s}\right]$

$F_{Filter}$ Filterfläche [$m^2$]

$\dot{V}_{Filter}$ Volumenstrom in $\left[\frac{m^3}{s}\right]$

Zur Berechnung der Filterfläche wird also der Druckabfall im Filter $P_{Filter}$ (siehe Punkt 7), die Filterkonstante K (vgl. Tabelle 2.5 „Filterkonstanten K verschiedener Luftfilter") und der Volumenstrom durch das Filter $\dot{V}_{Filter}$ benötigt. Letzterer ist identisch mit dem Volumenstrom durch die Saugdüse $\dot{V}_{Saugdüse}$, welcher sich wiederum einfach durch Multiplikation der Saugdüsenfläche (siehe Punkt 3) mit der Einströmgeschwindigkeit (siehe Punkt 5) berechnen lässt.

$$\dot{V}_{Filter} = \dot{V}_{Saugdüse} = F_{Saugdüse} \cdot v_{saug}$$

Mit den aufgeführten Beispielwerten ($F_{Saugdüse}$=20 $cm^2$ = 0,002 $m^2$, : $v_{saug}$ = 5 m/s) ergibt sich somit ein Volumenstrom von

$$\dot{V}_{Filter} = 5 \cdot \frac{m}{s} \cdot 0{,}002\, m^2 = 0{,}01 \cdot \frac{m^3}{s} = 10 \frac{l}{s}$$

Eingesetzt in die Gleichung für die Filterfläche $F_{Filter} = \frac{K \cdot \dot{V}_{Filter}}{P_{Filter}}$ ergibt sich also:

$$F_{Filter} = \frac{30 \cdot \frac{kg}{m^2 \cdot s} \cdot 0{,}01 \frac{m^3}{s}}{19{,}5 \frac{kg}{m \cdot s^2}} = 0{,}015\, m^2 = 150\, cm$$

Eine Filterfläche von 150 $cm^2$ ist also bei Verwendung Gazefilters ausreichend.

Zum Vergleich müsste ein Staubsauger-Filterbeutel mit einem K-Wert von 6500 $\frac{kg}{m^2 \cdot s}$ schon eine Fläche von 3,3 $m^2$ besitzen, um die geforderte Druckdifferenz von 19,5 Pa nicht zu überschreiten!

Wer die beschriebene, doch recht aufwendige Vorgehensweise scheut, dem sei hier nochmals die Verwendung des bereits mehrfach erwähnten Ventilatoren- und Filter-Prüfstand nahe gelegt. Damit ist es möglich, eine ganz konkrete Ventilatoren - Filter - Düsenkombination zu testen, ohne dass irgendwelche Berechnungen angestellt werden müssen. Das Saugverhalten kann unter Zuhilfenahme von „Teststaub“ sofort direkt beobachtet werden. Die Optimierung der Anordnung geschieht dann gemäß dem Verfahren „Versuch und Irrtum“.
Wie bereits erwähnt, folgt hier noch eine Beschreibung zur näherungsweisen Umwandeln einer „konventionellen“ Ventilatoren-Kennlinie (Druck/Volumenstrom-Kurve) in eine Druck/Saugflächenkennlinie. Es wird aber besonders darauf hingewiesen, dass diese Vorgehensweise nur eine grobe Abschätzung der wirklichen Verhältnisse liefert. Insbesondere wird nur bei Axialventilatoren und bei Radialventilatoren bei nicht zu enger Saugdüsenfläche eine gute Annäherung an die wirklichen Verhältnisse erreicht.
Zur Umwandlung einer Druck-Volumenstrom-Kurve wird die Volumenstrom Achse umskaliert. Dazu wird zuerst die effektive Saugfläche des Ventilators bestimmt.

Beispiel: Ein Axialventilator mit einem Innendurchmesser von 10,7 cm ergibt eine Fläche von:

$F = \pi r^2 = 90 \text{ cm}^2$

Über die vorhandene Volumenstrom-Achse wird nun eine Flächenachse so gelegt, dass die oben berechnete Ventilatorenfläche beim höchsten Durchfluss zu liegen kommt (siehe Abbildung 2.45). Dies entspricht dem Betrieb ohne verengende Einbauten. Zum Ablesen der Drücke bei bestimmten Flächen kann nun der Einfachheit halber ein linearer Zusammenhang zwischen Druck und Saugdüsenfläche angenommen werden. Auch diese Linie (gestrichelt) ist in der folgenden Abbildung eingezeichnet.

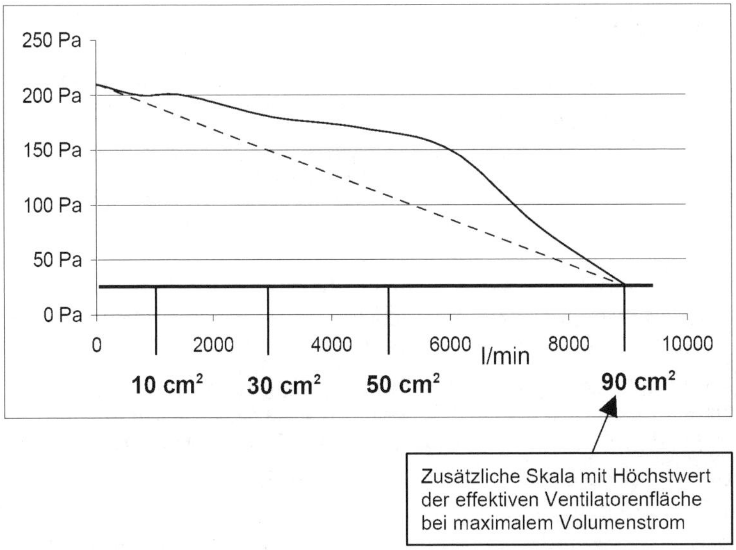


***Abbildung 2.45:*** *Überskalierung einer Ventilatorenkennlinie mit einer Flächenachse.*

## *Praktischer Aufbau saugender Reinigungsroboter*

Nachdem nun Ventilatoren, Saugdüsen und Filter eingehend behandelt wurden, stellt sich die Frage, wie denn ein saugender Reinigungsroboter in der Praxis aussehen sollte. Der allgemeine Aufbau von Robotern inklusive der Möglichkeiten zum Antrieb, Orientierung oder Hinderniserkennung ist beispielsweise im Buch „Grundlagen der Robotertechnik“ eingehend beschrieben. Daher soll hier nur auf die für Reinigungsroboter spezifischen Konstruktionsmerkmale wie Anordnung und Ausführung von Saugdüsen, Filtern und Ventilatoren eingegangen werden.

Für einen saugenden Reinigungsroboter benötigt man eine Saugdüse, eine Abscheidvorrichtung (Filter) und einen Ventilator. In der folgenden Tabelle sind bewährte Kombinationen dieser grundlegenden Komponenten zusammengestellt.

In den folgenden Kapiteln ist die praktische Ausführung einiger wichtiger Kombinationen detailliert beschrieben. Dabei ist besonders dem Größenverhältnis der eingesetzten Filter Rechnung getragen. Auch auf Details, wie die notwenige Vorrichtung zur Staub-Entleerung, Abblendung der Saugdüse etc. wird eingegangen.

| Ventilatoren | Abscheidvorrichtungen* (Filter) | Saugdüsen* |
|---|---|---|
| **Radiallüfter** | **Luftfilter aus Akku-Staubsauger**<br>**Filtergaze**<br>**Zyklon** (in Verbindung mit zusätzlichem Filter)<br>**Metallgewebe**<br>**Kfz-Luftfilter**<br>Staubsaugerfilter<br>Staubmaskenfilter<br>HEPA-Filter | **Saugdüse mit feststehender Bürste**<br>Rechteckige Saugdüse (mit Abdeckung)<br>**Mitlaufende Saugdüse**<br>Saugdüse mit rotierender Bürste kombinierte Druck-/Saugdüse<br>Runde Saugdüse (mit Abdeckung) |
| **Axiallüfter** | **Zyklon** (ohne zusätzliches Filter)<br>**Filtergaze**<br>**Metallgewebe**<br>Luftfilter aus Akku-Staubsauger<br>**Kfz-Luftfilter**<br>~~Staubsaugerfilter~~<br>~~Staubmaskenfilter~~<br>~~HEPA-Filter~~ | Saugdüse mit rotierender Bürste<br>Rechteckige Saugdüse (mit Abdeckung)<br>**Mitlaufende Saugdüse**<br>**Runde Saugdüse** (mit Abdeckung)<br>**Saugdüse mit feststehender Bürste**<br>kombinierte Druck-/Saugdüse |

* Die Abscheidvorrichtungen und Düsen sind gemäß ihrer Effektivität absteigend geordnet und unterschiedlich groß und fett gedruckt. Besonders günstige Varianten stehen daher in großer Fettschrift am Anfang. Definitiv unbrauchbare Varianten stehen am Ende der Tabelle und sind durchgestrichen.

***Tabelle 2.7:*** *Basiskombinationen saugender Reinigungsroboter.*

### *Aufbau saugender Reinigungsroboter mit Filtern*

Die einfachste Möglichkeit zur Konstruktion des Saugteils eines Reinigungsroboters besteht in der Verwendung eines runden oder eckigen Kastens mit eingeklebtem Gewebefilter (siehe Abbildung 2.46 „Einfache Saugvariante mit Gewebefilter“). Diese Bauvariante entspricht dem im Folgekapitel beschriebenen Ventilatoren- und Filterprüfstand. Als Baumaterialien eignen sich Holz oder Plexiglas. Ausführungen aus Plexiglas haben den Vorteil, dass man den aufgesaugten Staub und Schmutz von außen sieht und somit schnell erkennt, ob der Sammelbehälter entleert werden muss.

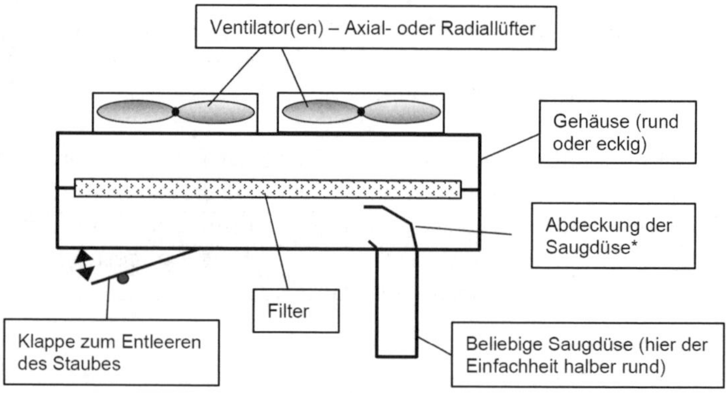


***Abbildung 2.46:*** *Einfache Saugvariante mit Gewebefilter.*

* Die Saugdüse sollte immer etwas in den Staub-Sammelbehälter hineinragen, um zu verhindern, dass (z.B. beim Umhertragen des Saugers) Staub durch die Saugdüse herausfällt.

Ein runder Saugroboter gemäß der obigen Skizze kann relativ leicht aus 3 Scheiben mit identischem Durchmesser hergestellt werden, die mit flexiblem, durchsichtigem Polystyrol (ca. 1 mm dick, Meterware aus dem Baumarkt) umklebt werden (siehe Abbildung 2.47). Zur praktischen Herstellung der Anordnung spannt man zuerst das flexible Polystyrol um zwei benachbarte Scheiben (mit großem Gummiring oder Klebeband fixieren) und klebt dann diese beiden Scheiben mit Silikonkitt fest. Sobald dies ausgehärtet ist, kann die fehlende Scheibe ebenso eingeklebt werden. Danach ist logischerweise die mittlere Scheibe (mit dem Filter) nicht mehr zugänglich, was allerdings auch nicht notwendig ist.

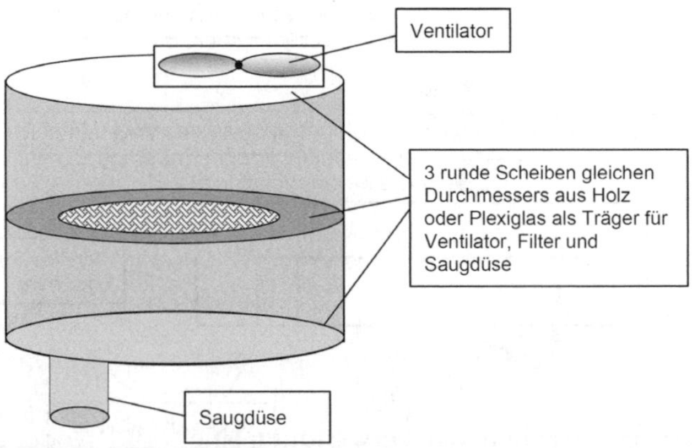


***Abbildung 2.47:*** *Runde Sauganordnung (umspannt mit flexiblem Polystyrol).*

Soll anstatt eines einfachen eingeklebten Filters beispielsweise ein Kfz-Luftfilter (siehe Abbildung 2.48) verwendet werden, bieten sich die in Abbildung 2.49 und Abbildung 2.50 skizzierten Konstruktionsvarianten an.

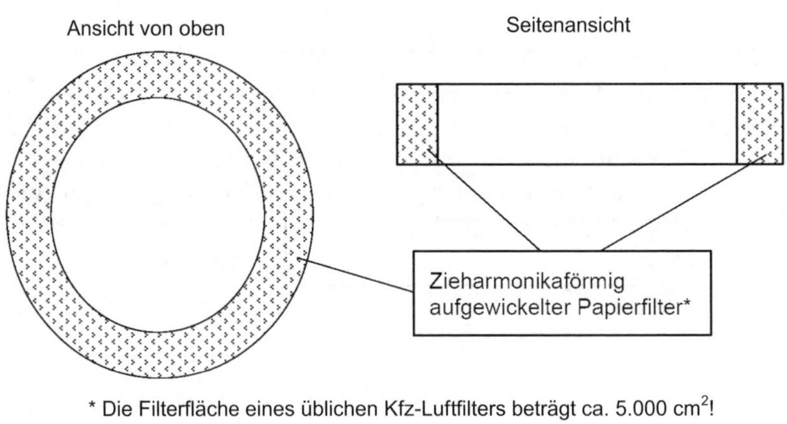


***Abbildung 2.48:*** *Kfz-Luftfilter (rund).*

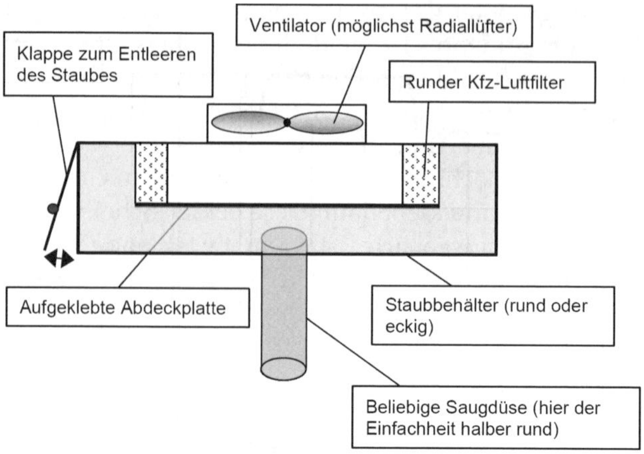


***Abbildung 2.49:*** *Sauger mit Auto-Luftfilter (Variante A).*

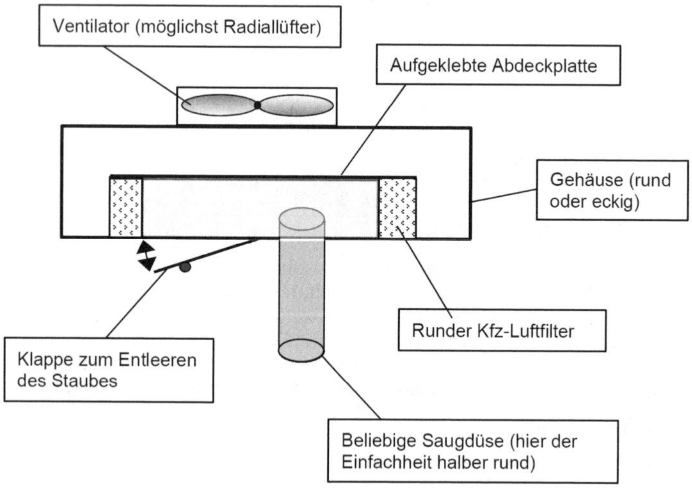


***Abbildung 2.50:*** *Sauger mit Auto-Luftfilter (Variante B).*

### *Aufbau saugender Reinigungsroboter mit einem Zyklon*

Zyklone weisen lediglich für gröbere Partikel gute Abscheidraten auf. Daher werden Zyklone meistens mit einem nachgeschalteten Filter betrieben. Wer eine solche Anordnung einsetzen möchte kann dies beispielsweise mit der folgenden Konstruktion realisieren (der Bau eines Zyklons als solches ist bereits in Abschnitt „Zyklon-Abscheider" beschrieben).

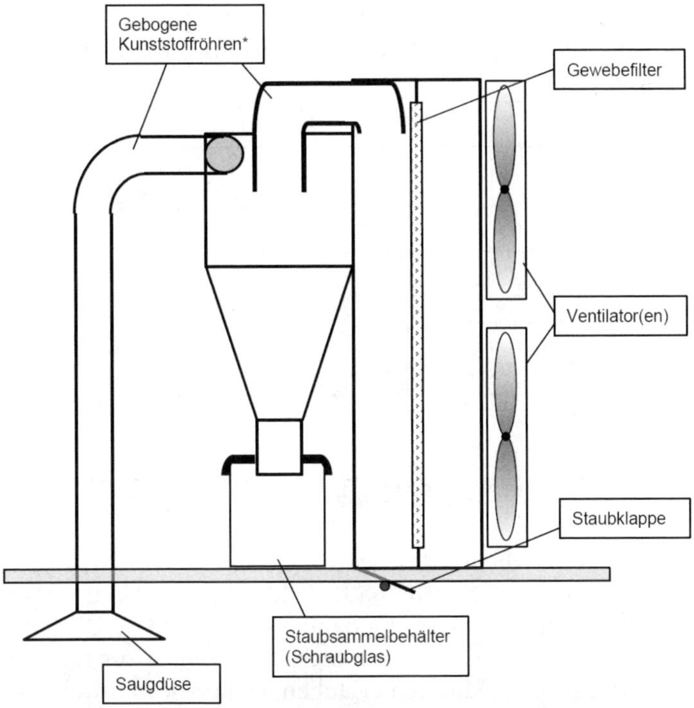


*Abbildung 2.51:* *Zyklon mit nachgeschaltetem Feinfilter.*

* Kunststoffrohre (aus Thermoplasten wie Plexiglas, Polystyrol, PVC) lassen sich nach gleichmäßiger Erwärmung mit einem Heißluftgebläse biegen. Die Temperatur sollte dabei langsam gesteigert werden! Wenn der Kunststoff beginnt Blasen zu werfen, ist es definitiv zu heiß! Um zu vermeiden, dass das Rohr an der Biegestelle abknickt, muss das Rohr vorher mit feinem, trockenen Sand oder notfalls Kochsalz (kein Zucker) gefüllt und eine Länge von mindestens 3...5 Rohrdurchmessern erhitzt werden.

### *Aufbau saugender Reinigungsroboter mittels eines Akku-Saugers*

Wer den nicht unerheblichen Aufwand zum Selbstbaus eines kompletten Saugsystems scheut, kann als Alternative auf einen handelsüblichen Akku-Staubsauger zurückgreifen. Diese Sauger sind relativ günstig erhältlich und beinhalten bereits ein komplettes, mehr oder weniger optimiertes Saugsystem. Der Aufbau der Geräte entspricht in der Regel der in Abbildung 2.52 gezeigten Skizze.

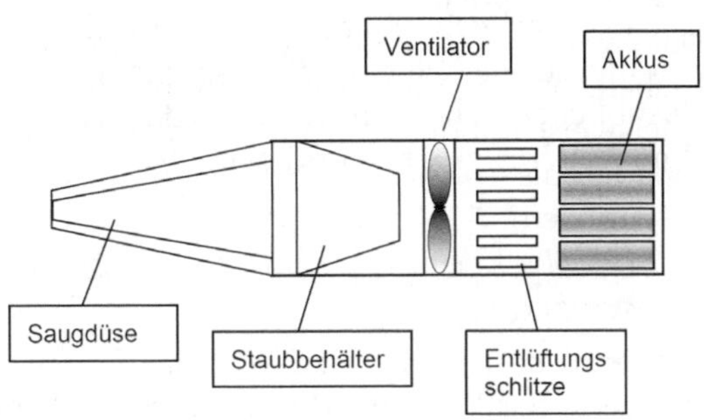


*Abbildung 2.52:* *Akku-Handstaubsauger (Prinzipskizze).*

Prinzipiell kann nun ein vorhandener Akkusauger ohne weitere Veränderungen auf einer mobilen Roboterplattform montiert werden (siehe Abbildung 2.53).

*Abbildung 2.53:* *Akkusauger auf mobiler Robotplattform montiert.*

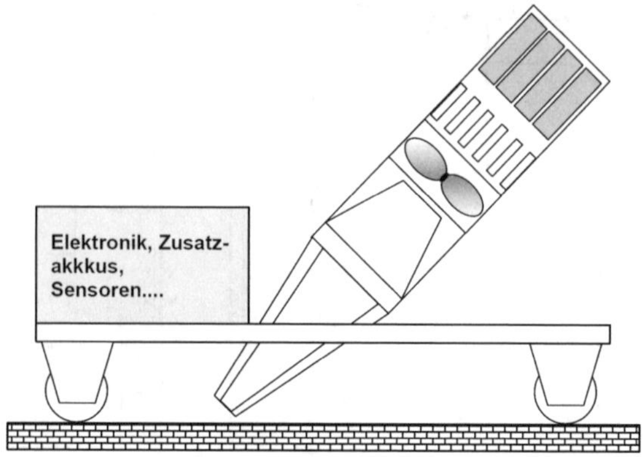


Zum effektiveren Arbeiten des Systems erweisen sich allerdings einige Veränderungen als sehr vorteilhaft. In den meisten Akkusaugern befinden sich zur Stromversorgung nämlich NiCd-Akkus, die aufgrund des hohen Stromverbrauchs des integrierten Ventilators nur eine Betriebszeit von einigen Minuten erlauben. Daher ist es durchaus sinnvoll, zur Stromversorgung einen auf der Roboterplattform montierten Bleiakku, der auch die weiteren Robotersysteme versorgen kann, zu montieren. Die Betriebsspannung des Saugventilators kann dann noch mittels eines einstellbaren Spannungsreglers ausreichender Leistung auf einen optimalen Wert eingestellt werden.

***Anmerkung:*** Wer dennoch die Originalakkus zum Betrieb des Saugers verwenden will, sollte sich die Schaltung des Gerätes einmal genauer ansehen. Viele Akkusauger besitzen 2 Leistungsstufen. Die niedrigere Leistungsstufe wird bei einigen Geräten dadurch erreicht, dass nur beispielsweise 3 von 4 vorhandenen NiCd-Zellen auf den Ventilator geschaltet werden. Beim anschließenden Laden bleiben aber alle 4 Zellen in Reihe geschaltet. Somit ist bereits nach wenigen Ladezyklen (nach vorherigem Teillastbetrieb) eine Zerstörung der Akkus vorprogrammiert. Selbstverständlich sind in diesen Geräten auch keine handelsüblichen Zellen eingebaut, so dass ein Ersatz defekter Zellen nicht ohne weiteres möglich und baulich auch nicht vorgesehen ist.

*Aufbau eines saugenden Reinigungsroboters mit mechanischer Vorbehandlung*

Hier nun ein spezieller Bauvorschlag für einen Reinigungsroboter mit mechanischer Vorbehandlung durch trockenes Wischen und Absaugen der Reinigungswalze (siehe auch Abschnitt „Saugdüsen mit mechanischer Vorbehandlung“). In diesem Beispiel (siehe Abbildung 2.54) nimmt eine sich langsam, entgegen der Fahrtrichtung drehende Reinigungswalze den Schmutz auf und transportiert ihn zu einer Saugdüse, die ihn von der Reinigungswalze absaugt.

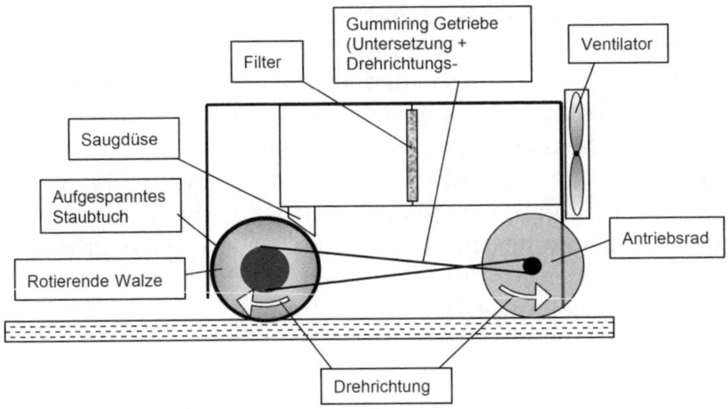


***Abbildung 2.54:*** *Saugender Roboter mit mechanischer Vorbehandlung durch trockenes Wischen (Seitenansicht).*

Die Reinigungswalze kann beispielsweise aus einer Schaumgummiwalze (aus dem Baumarkt – zum Aufrollen von Farbe) hergestellt werden, die mit einem gut wirkenden Staubtuch überzogen wird. Der Antrieb der Reinigungswalze erfolgt beispielsweise über eines der Antriebsräder mittels eines einfachen Gummiring-Getriebes. Als Gummiring eignet sich ein stabiler O-Ring. Normale Büro-Gummiringe sind wegen ihrer zu hohen Dehnbarkeit und zu geringen Stabilität nicht gut geeignet. Das Andruckverhältnis zwischen den Antriebsrädern und der Reinigungswalze kann durch ein verschiebbares Gewicht eingestellt werden (siehe Abbildung 2.55). Die Einstellung erfolgt so, dass sich der Roboter leicht über die, sich entgegengesetzt drehende Reinigungswalze, schiebt. Der Andruck auf den Antriebsrädern (die mög-

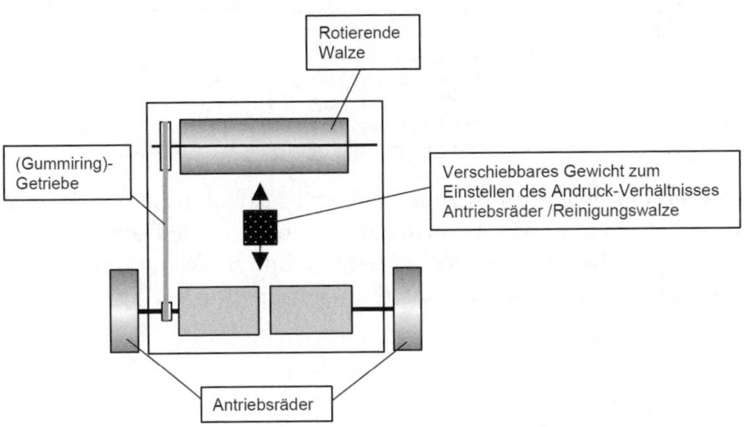


***Abbildung 2.55:*** *Saugender Roboter mit mechanischer Vorbehandlung durch trockenes Wischen (Ansicht von oben).*

licht haftfähig sein sollten) ist also größer als auf der Reinigungswalze. Unter dieser Bedingung bleibt der Roboter sogar noch manövrierfähig, wobei er bei einer Richtungsänderung über die sich drehende Reinigungswalze schiebt.

Außer dem direkten Absaugen einer Reinigungswalze kann Staub und Schmutz auch mittels einer wischenden/bürstenden Einrichtung zu einer nachgeschalteten Saugdüse hintransportiert werden. Diese Variante hat den großen Vorteil, dass mit einer verhältnismäßig kleinen Saugdüse und somit auch mit einem kleinen (stromsparenden) Lüfter eine große Fläche gereinigt werden kann. Als wischende Hilfsmittel eigen sich drehende Wischräder, wie in der folgenden Abbildung 2.56 „Saugender Reinigungsroboter mit wischender Staubzuführung“ gezeigt. Diese Reinigungsvariante wird übrigens auch bei größeren Reinigungsfahrzeugen für Produktionshallen oder gar für Straßenreinigungsfahrzeuge eingesetzt.

*Abbildung 2.56: Saugender Reinigungsroboter mit wischender Staubzuführung.*

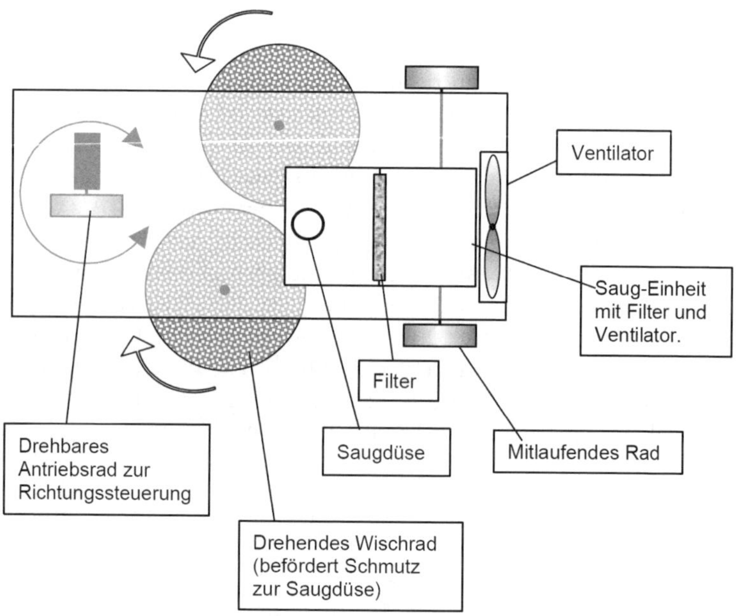


Selbstverständlich kann für einen solchen Roboter auch eine andere Antriebsvariante gewählt werden. Eine umfassende Darstellung verschiedenster Roboter-Antriebsvarianten findet sich in „Grundlagen der Robotertechnik“ von H. Katzenmeier, Elektor-Verlag.

**Zuletzt sind hier nochmals einige grundlegende Fakten zusammengefasst:**

- Radiallüfter erzeugen eine hohe Druckdifferenz bei kleinem Volumenstrom. Sie sind daher bei Verwendung einer kleinen Saugdüse auch für Teppichböden geeignet. Außerdem ist der Einsatz von dichteren Filtermaterialien (hoher K-Wert) möglich. Leider haben Radiallüfter meistens einen hohen Energieverbrauch.

- Axiallüfter erzeugen eine geringe Druckdifferenz bei hohem Volumenstrom. Es können daher größere Saugdüsen eingesetzt werden. Allerdings darf der verwendete Filter nur einen relativ geringen Strömungswiderstand erzeugen (kleiner K-Wert). Axiallüfter sind daher sehr gut zum Absaugen großer glatter Flächen geeignet.

- Zu geringe Saugleistungen können folgendermaßen verbessert werden:

  - Einsatz eines stärkeren oder zusätzlichen Ventilators
  - Optimierung (Verringerung) des Abstands der Saugdüse zum Boden
  - Verringerung der Saugdüsenfläche
  - Vergrößerung der Filterfläche

### *Bau eines Ventilatoren- und Filter-Prüfstandes*

Wie bereits in den vorangehenden Kapiteln mehrfach erwähnt, ist ein kleiner Prüfstand zum Bestimmen der Leistungsdaten von Ventilatoren und Filtern äußerst hilfreich. Besonders die Möglichkeit den Luft-Zustrom durch kontinuierliches Schließen einer Zuluftklappe einzustellen, erlaubt die Strömungsgeschwindigkeit im Verhältnis zur Saugdüsenfläche direkt zu messen. Andererseits können auch verschiedene Saugdüsen eingesetzt werden und deren Saugleistung unter Verwendung unterschiedlicher Filter und Ventilatoren bestimmt werden.
Der Prüfstand besteht im Wesentlichen aus zwei (Holz-)Kästen. Als Deckel des oberen Kastens dient ein Holzbrett, auf dem der zu testende Ventilator montiert ist. Die Trennplatte zwischen beiden Kästen trägt den zu prüfenden Filter und die untere Abschlussplatte des unteren Kastens beinhaltet eine verschiebbare Luftklappe zur Reduktion der einströmenden Luft oder eine zu testende Saugdüse. Der obere und

untere Deckel muss einige cm größer als die Kästen ausgeführt sein, und hält mittels jeweils einer Gewindestange auf jeder Seite die Anordnung zusammen (siehe Abbildung 2.57).

Zum Messen der Druckdifferenz zwischen Innen und Außen werden beide Kästen mit einfachen hydrodynamischen Druckanzeigern ausgerüstet, deren Herstellung im Folgenden noch genau beschrieben wird. Die Einströmgeschwindigkeit in den unteren Kasten kann bei Bedarf (bei nicht zu kleiner Luftklappenöffnung) mit einem kleinen Hand-Windmessgerät (Anemometer) gemessen werden.

***Abbildung 2.57:***
*Ventilatoren- und Filter Prüfstand.*

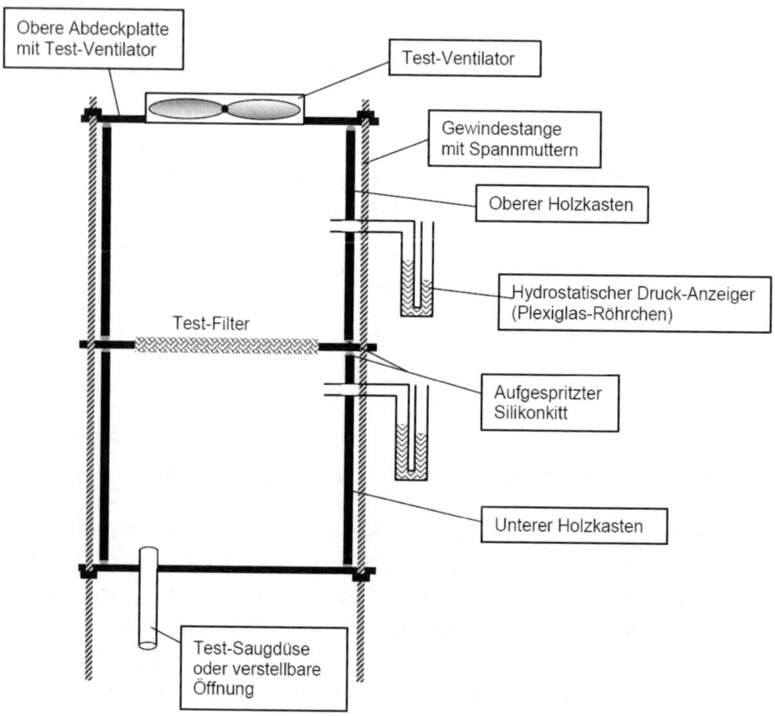


Die genauen Maße des Prüfstandes richten sich nach den Abmessungen der zu testenden Ventilatoren.

***Abbildung 2.58:*** *Bau des Ventilatorenprüfstandes Schritt für Schritt in Bildern.*

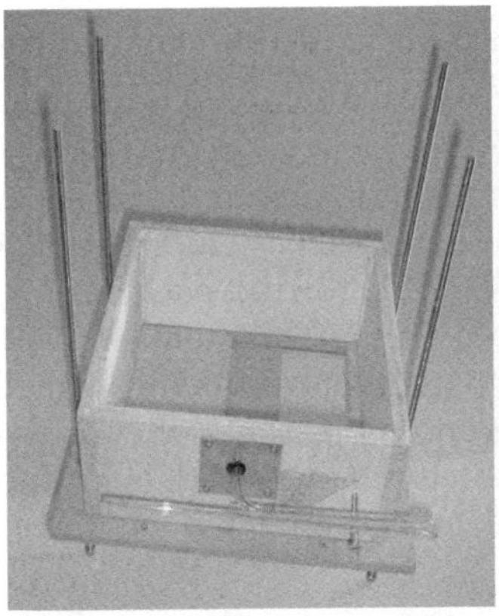

1

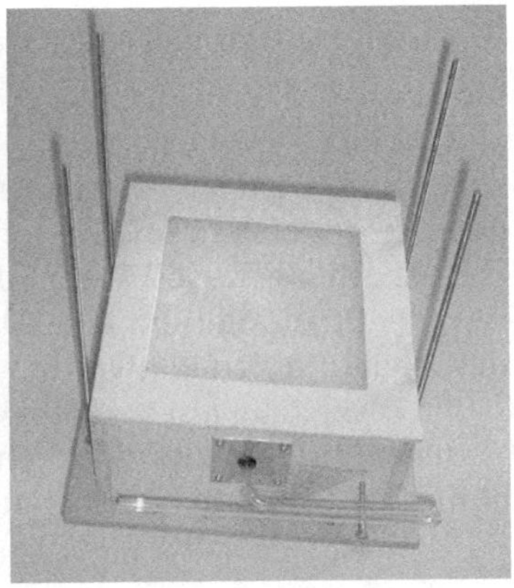

2

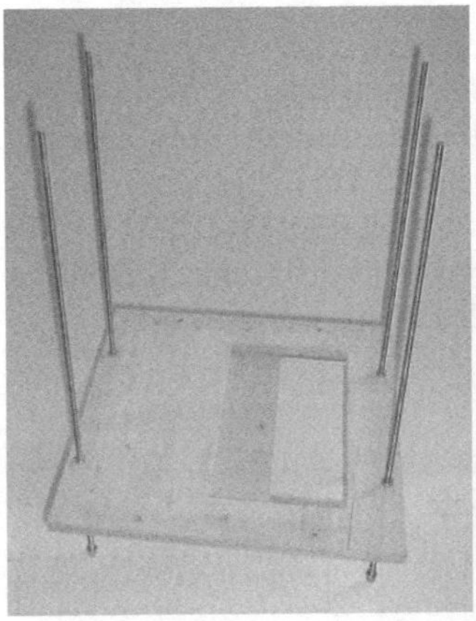

3

4

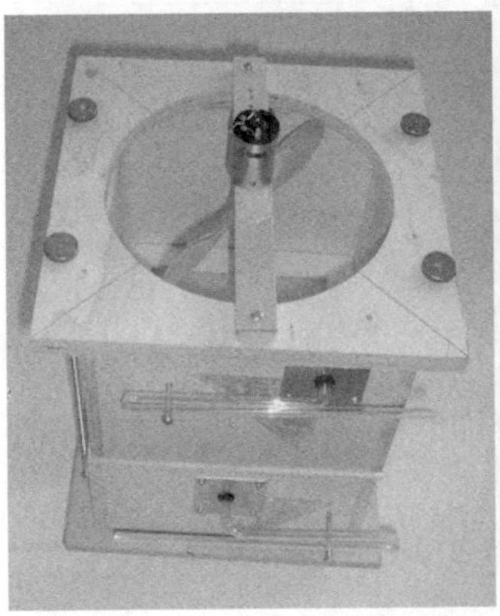

5

6

Beim Bau des Prüfstandes sollte noch auf folgende Punkte geachtet werden:

- Als Dichtung wird jeweils ein Ring Silikonkitt auf die Ober- und Unterseite des oberen und des unteren Holzkastens aufgetragen und Aushärten gelassen. Der Silikonring bewirkt nach dem Anziehen der Spannmuttern eine Abdichtung zwischen den beiden Holzkästen und den Platten für Düse, Filter und Ventilator, ohne dass die Einzelteile fest verklebt werden müssen. Zum Testen verschiedener Düsen, Filter und Ventilatoren müssen daher nur die entsprechenden Platten ausgetauscht werden.

- Verschiedene Filtermaterialien werden am einfachsten auf die entsprechende Holzplatte geklebt, nachdem man in diese eine Öffnung definierter Fläche gesägt hat.

- In die Bodenplatte können einzelne Saugdüsen verschiedener Formen und Größen eingeklebt werden. Zur ungefähren Bestimmung des Maximalquerschnittes der zu verwendenden Düse kann auch ein verstellbarer Schieber installiert werden. Mittels dieses Schiebers kann die erreichte Druckdifferenz in Abhängigkeit des Saugquerschnittes stufenlos bestimmt werden.

***Abbildung 2.59:*** *Bodenplatte mit stufenlos einstellbarer Saugöffnung (Prinsipskizze).*

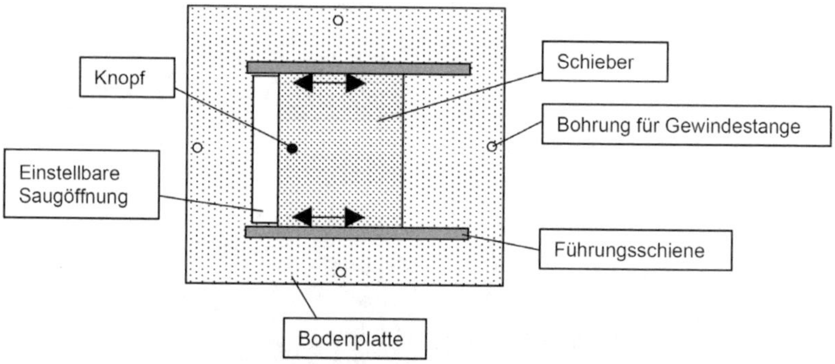


***Abbildung 2.60:*** *Bodenplatte mit stufenlos einstellbarer Saugöffnung (praktische Ausführung).*

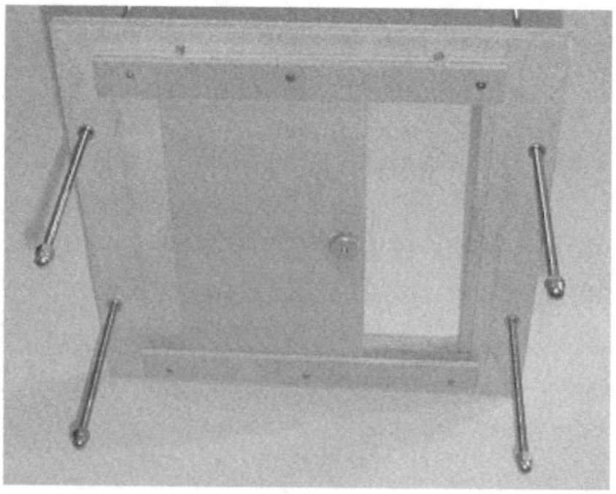

Der hydrostatische Druckanzeiger kann beispielsweise aus einem Plexiglasröhrchen mit einem Innendurchmesser von 4...5 mm gefertigt werden. Dazu wird das Röhrchen mit feinem Sand oder notfalls Salz gefüllt und mit einem Heißluftgebläse vorsichtig wie in Abbildung 2.61 gezeigt gebogen. Die Sand- oder Salzfüllung verhindert dabei ein Abknicken des Röhrchens.

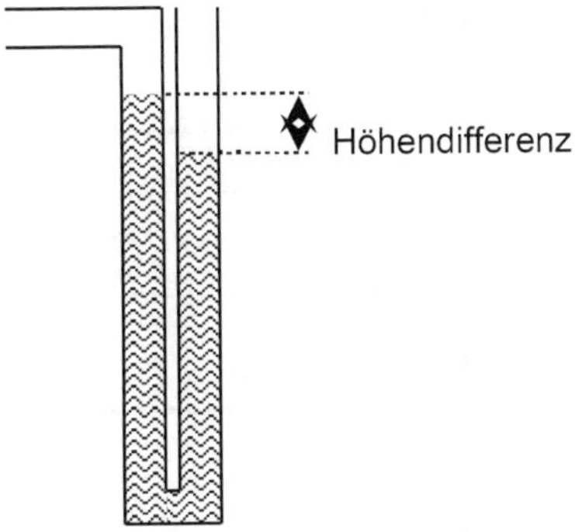


***Abbildung 2.61:*** *Hydrostatischer Druckanzeiger.*

Wer Zugang zu Glasröhren hat (Laborfachgeschäft) kann sich den Druckanzeiger auch aus einem Glasrohr (Innendurchmesser 4...5 mm) unter Zuhilfenahme eines Gasbrenners (z.B. Lötlampe) aus einem Stück selbst biegen (siehe Abbildung 2.62). Beim Biegen von Glasröhren muss darauf geachtet werden, dass ein längeres Stück des Rohres (ca. 2...3 cm) bis zur beginnenden Rotglut erhitzt und dann langsam gebogen wird. Bei zu engen Radien besteht die Gefahr, dass das Rohr abknickt und dann an dieser Stelle abdichtet.

Die Länge des Messröhrchens richtet sich nach der zu messenden Druckdifferenz. Radialventilatoren erzeugen beispielsweise Druckdifferenzen von einigen 1000 Pa. Wer also eine Druckdifferenz von 1000 Pa messen möchte muss ein mindestens 10 cm langes Messröhrchen vorsehen.

***Abbildung 2.62:*** *Hydrodynamischer Druckanzeiger aus gebogenem Glasröhrchen.*

Die Füllung des Druckmessröhrchens erfolgt am einfachsten mit Wasser, welchem zur Erniedrigung der Oberflächenspannung ein Tropfen Spülmittel zugesetzt wurde. Die Höhendifferenz der Wassersäule in den beiden Schenkeln entspricht (bei senkrechtem Einbau) direkt der Druckdifferenz in mm Wassersäule. Zur Verbesserung der Empfindlichkeit kann die Füllung auch mit Ethanol (Ethylalkohol, Brennspiritus – Brennspiritus ist 96%iger Ethylalkohol) erfolgen. Ethanol hat eine Dichte von 0,79 $g/cm^3$. Dann entspricht 1 mm Höhendifferenz nur noch 7,9 Pa.

*1 mm senkrechter Wassersäule entspricht 10 Pa (bei Füllung mit Ethanol 7,9 Pa).*

Unter Umständen ist aber die Empfindlichkeit des Anzeigers, auch nach Füllung mit Ethanol immer noch zu gering. Ein einfacher Computerlüfter (Axiallüfter) erzeugt nämlich eine Druckdifferenz von etwa 50...100 Pa. Das entspricht einer Wassersäule von nur 5 bis 10 mm.

Eine weitere Möglichkeit zur Steigerung der Empfindlichkeit besteht dann darin, das Messröhrchen, wie in der folgenden Abbildung gezeigt, schräg zu stellen.

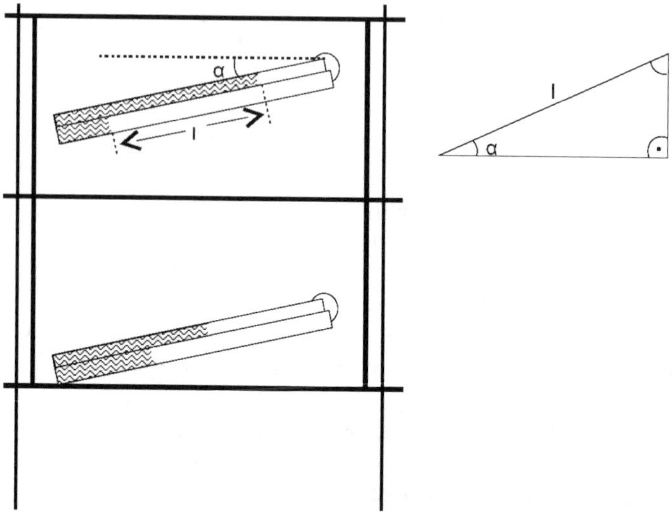


***Abbildung 2.63:*** *Ventilatoren-Prüfstand mit schräg gestelltem Druckmessröhrchen.*

Die Berechnung der gesuchten Höhendifferenz h erfolgt dann unter Zuhilfenahme des Sinussatzes:

$$\sin\alpha = \frac{h}{l} \quad \text{oder umgestellt} \quad h = \sin\alpha \cdot l$$

Die endgültige Berechnungsformel für die Druckdifferenz bei schräg gestelltem Druckmessröhrchen lautet also:

$$\Delta P = \sin\alpha \cdot l \cdot \rho \cdot 10$$

| | |
|---|---|
| ΔP | Druckdifferenz in Pa |
| $l$ | Abstand der beiden Wassersäulen in mm |
| $\alpha$ | Winkel des Messröhrchens von der Waagrechten |
| $\rho$ | Dichte des Messmedium (Wasser = 1 g/cm$^3$; Ethanol = 0,79 g/cm$^3$) |

Zum Ablesen des Winkels $\alpha$ kann ein halbiertes Geo-Dreieck als Winkelmesser wie folgt an die Außenseite der Mess-Box geklebt werden.

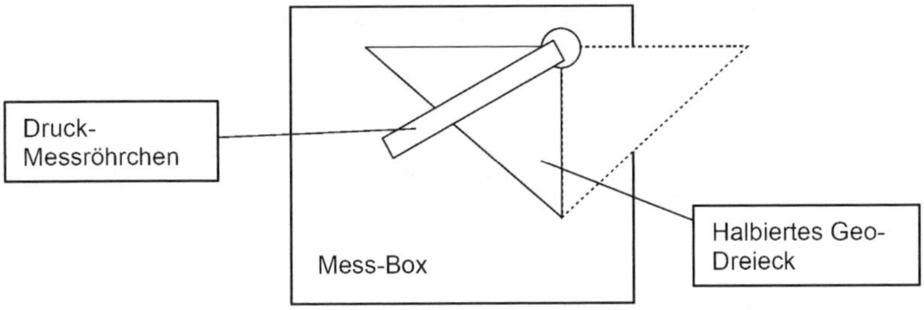


***Abbildung 2.64:*** *Winkelmesser für Druckmessröhrchen.*

## *Messungen mit dem Ventilatoren und Filter Prüfstand*

Für Messungen mit dem beschriebenen Ventilatoren und Filterprüfstand können nahezu beliebige Ventilatoren-, Filter- und Saugdüsen-Kombinationen eingesetzt werden. Zum Vergleich der Leistungen verschiedener Ventilatoren wird die Filtereinheit weggelassen und anstatt einer Düse die in Abbildung 2.59 beschriebene, verstellbare Bodenplatte eingesetzt. Man misst dann die erreichten Drücke in Abhängigkeit von der Fläche der Bodenöffnung (Saugöffnung). Da kein Filter eingesetzt ist müssen beide Druckanzeigen den gleichen Wert liefern.

Unter Zuhilfenahme eines kleinen Hand-Windmessers kann zudem noch die Strömungsgeschwindigkeit an der Bodenöffnung gemessen werden. Diese ist abhängig vom Druck und kann näherungsweise gemäß der folgenden Formel berechnet werden (vgl. Abschnitt Aufsaugen):

$$v_D = x \cdot \sqrt{2 \cdot \frac{\Delta P_h}{\rho}}$$

| | |
|---|---|
| $v_D$ | Strömungsgeschwindigkeit innerhalb der Düse (m/s) |
| $\Delta P_h$ | Druckdifferenz (Pa) |
| $\rho$ | Gasdichte (für Luft etwa 1 kg/m$^3$) |
| $X$ | Formfaktor der Düse (maximal 1, in der Regel um 0,5 bis 0,8) |

Die Anwendung dieser Berechnungsformel liefert recht brauchbare Werte, was die folgende Grafik (Abbildung 2.65) deutlich macht. In dieser Grafik sind zahlreiche mit dem Ventilatorenprüfstand gemessenen Werte verschiedenster Ventilatoren eingetragen. Man erkennt gut, dass der Zusammenhang zwischen erreichter Strömungsgeschwindigkeit (gemessen an der Bodenöffnung) direkt von der Druckdifferenz abhängig ist und nahezu unabhängig vom verwendeten Ventilator ist. Die berechnete Kurve wurde mit dem Düsen-Formfaktor $x = 0{,}65$ erhalten.

***Abbildung 2.65:*** *Gemessene und berechnete Strömungsgeschwindigkeiten im Verhältnis zur treibenden Druckdifferenz.*

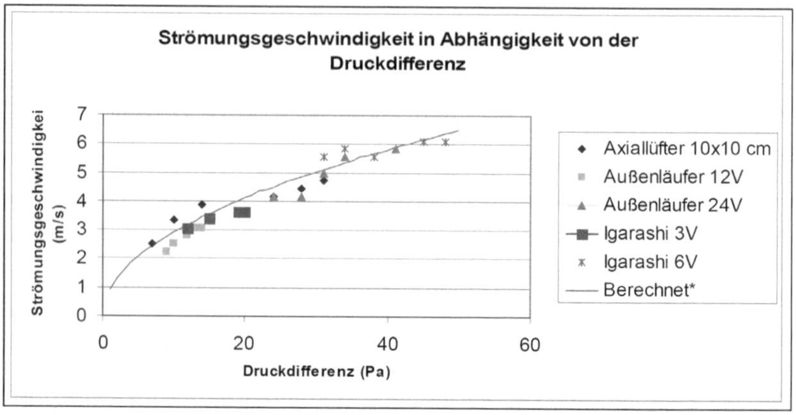


Die folgenden Grafiken zeigen einige Messkurven mit verschiedenen Ventilatoren. Die ersten beiden Messungen (Abbildung 2.66 und Abbildung 2.67) wurden mit handelsüblichen Computerlüftern (Axiallüftern) durchgeführt. Bei diesen Grafiken ist zu erkennen, dass der Innendruck mit kleiner werdender Saugöffnung bis zu einem Höchstwert ansteigt. Die Einströmgeschwindigkeit steigt dabei ebenfalls, konnte aber aus technischen Gründen bei Saugöffnungsflächen kleiner 50 $cm^2$ nicht mehr gemessen werden. Die Einströmgeschwindigkeiten für kleinere Saugdüsenöffnungen müssen gemäß der vorhergehend aufgeführten Formel näherungsweise berechnet werden. In der folgenden Grafiken sind diese Kurven zusätzlich eingetragen. Der Düsen-Formfaktor x (hier 0,7) wurde dabei so gewählt, dass die berechneten Werte möglichst nahe an den gemessenen Werten im unteren Teil der Kurven zu liegen kommen.

Man erkennt, dass die maximal erreichbare Strömungsgeschwindigkeit, auch bei sehr kleinen Saugdüsen, einen Wert von etwa 7 m/s nicht übersteigen wird.

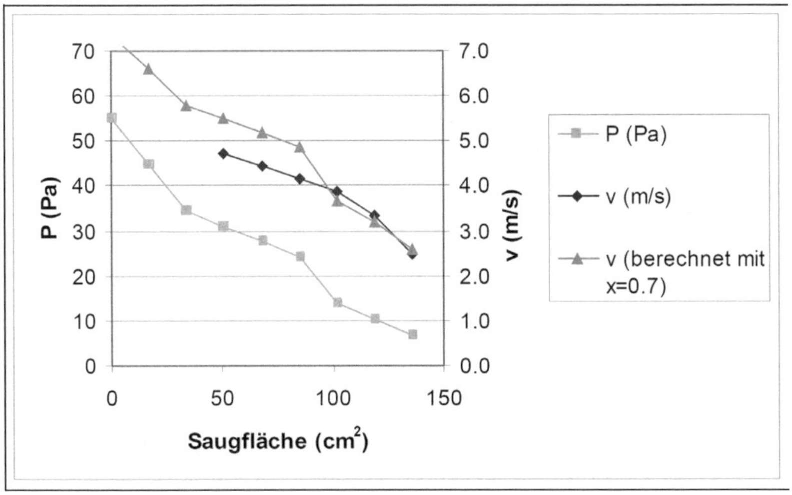


*Abbildung 2.66:* *Leistungskurve eines 12 V-Axiallüfters (2,5 W), 10 x 10 cm.*

Die Einströmgeschwindigkeit (v) wurde an der einstellbaren Bodenöffnung gemessen (aus technischen Gründen konnte nur bis zu einer Mindest-Öffnung von 50 $cm^2$ gemessen werden). Dies gilt gleichermaßen für alle folgenden Grafiken.

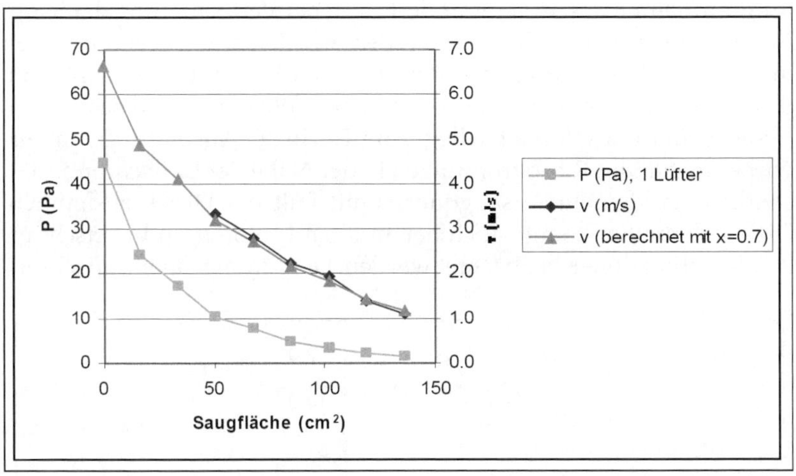


*Abbildung 2.67:* *Leistungskurve eines 12 V-Axiallüfters (3,6 W), 8 x 8 cm.*

Auch beim Einsatz eines zweiten Lüfters im Parallelbetrieb ändert sich die maximal erreichbare Druckdifferenz und damit auch die maximal erreichbare Einsauggeschwindigkeit nicht. Allerdings werden gleiche Druckdifferenzen und damit gleiche Einsauggeschwindigkeiten bereits bei wesentlich größeren Saugöffnungen erreicht (siehe Abbildung 2.68). Somit können bei gleichbleibender Saugleistung größere Saugdüsen eingesetzt werden.

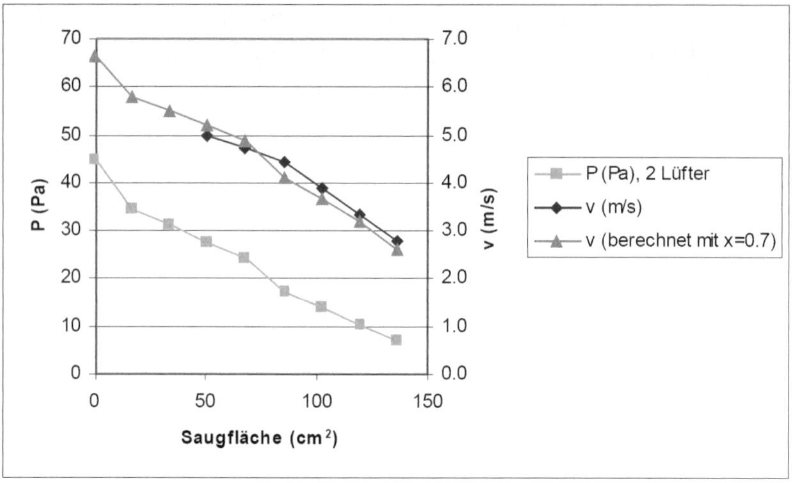


***Abbildung 2.68:*** *Leistungskurve von 2 Stück 12 V-Axiallüftern (je 3,6 W), 8 x 8 cm im Parallelbetrieb.*

Das folgende Beispiel (Abbildung 2.69) zeigt die entsprechenden Messkurven für einen selbstgebauten Ventilator, bestehend aus einem 24 V DC-Außenläufermotor (5 W) und einer 14 cm Luftschraube aus dem Flugzeug-Modellbau. Die Leistungsaufnahme des Systems wurde unter den angegebenen Bedingungen mit 5 W gemessen. Die Leistungsaufnahme des Systems änderte sich bei Verkleinerung der Saugöffnung nur unwesentlich. Durch den Vergleich der Leistungsdaten mit den vorher beschriebenen Ventilatoren (Axiallüfter) erkennt man, dass ein solches Systems einen schlechteren Wirkungsgrad besitzt. Die Ursache für dieses Verhalten liegt zum Teil in der Ausbildung von Verwirbelungen und Rückströmungen in der Nähe der Luftschraube. Besonders bei kleinem Ansaugquerschnitt fällt der Druck zusammen. Dieses Verhalten konnte auch bei anderen Motoren und Luftschrauben-Kombinationen beobachtet werden. Der Einsatz einer Luftschrau-

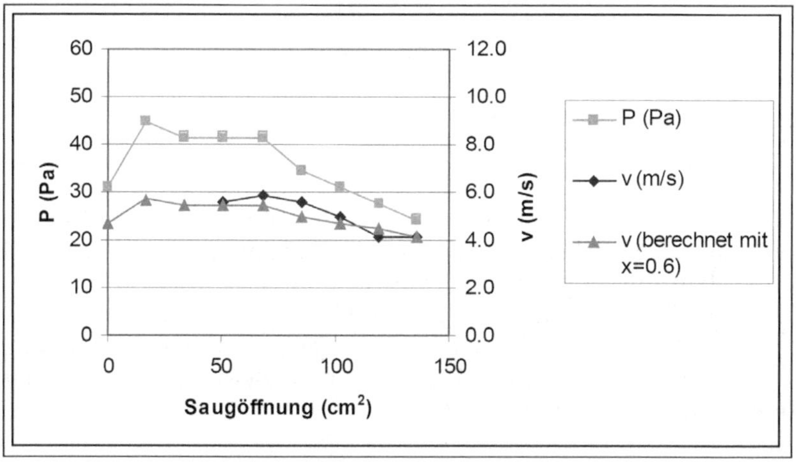


***Abbildung 2.69:*** *Leistungskurve eines 24 V-Außenläufer-Motors (5 W) mit 14 cm Luftschraube.*

be bleibt daher allenfalls auf Anwendungen beschränkt, bei denen die Lufteinströmgeschwindigkeit gering sein kann, die Saugöffnung aber möglicht groß sein soll (Saugen von glatten Böden).

Als letztes Beispiel folgt die Leistungskurve eines 4,8-V Radiallüfters aus einem kleinen Akku-Handstaubsauger (Abbildung 2.70). Um die Unterschiede zu den vorangegangenen Grafiken besser zu erkennen, wurde die Skalierung in dieser Grafik vorerst beibehalten.

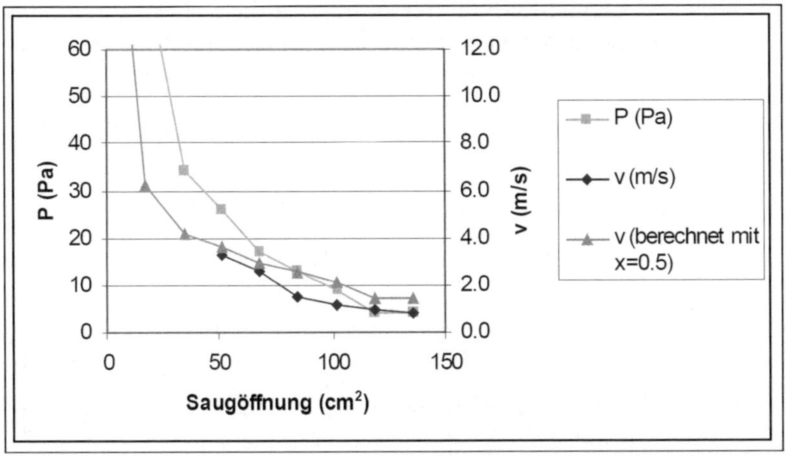


***Abbildung 2.70:*** *Leistungskurve eines 4,8 V-Radiallüfters (Akku-Handstaubsauger) (35 W).*

Mit geänderter Skalierung (Abbildung 2.71) wird nun sichtbar, dass der Druck beim Radiallüfter beim vollständigen Schließen der Saugöffnung auf einen Höchstwert von 1200 Pa ansteigt. Dies entspricht einer maximal möglichen Einströmgeschwindigkeit von etwa 20 m/s Ein Wert, der um Größenordnungen über der mittels Axiallüftern erzielbaren Druckdifferenz liegt. Diese hohe Druckdifferenz fällt aber

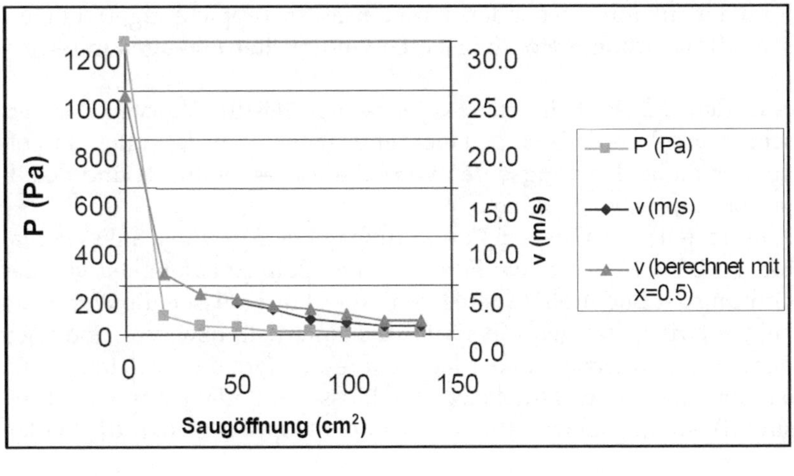


***Abbildung 2.71:*** *Leistungskurve eines 4,8 V-Radiallüfters (Akku-Handstaubsauger, 35 W), mit geändertet Skalierung!*

mit steigender Fläche der Saugöffnung schnell wieder ab. Der getestete Akku-Handstaubsauger besitzt beispielsweise eine Saugöffnung von etwa 10 $cm^2$ und die Einströmgeschwindigkeit wurde mit etwa 10 m/s gemessen. Ein Wert, der in guter Übereinstimmung mit den im Teststand ermittelten Daten steht.

Die Leistungsaufnahme des ausgemessenen Radiallüfters beträgt stolze 35 W, was beim Einsatz in einem mobilen Roboter recht große und schwere Akkus notwendig machen würde. Leider sind energiesparende (und leise) Kleinst-Radiallüfter kaum erhältlich. Hier die Kennlinie eines solchen Gerätes, welches ursprünglich zur Belüftung einer Verstärkeranlage eingesetzt wurde.

***Abbildung 2.72:*** *Leistungskurve eines 24 V-Radiallüfters (5 W).*

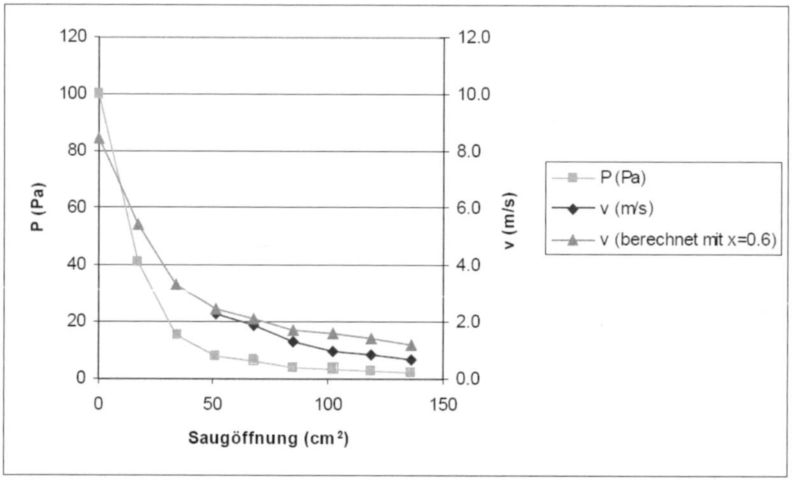


Man erkennt gut die Tendenz des Radialventilators, bei kleinen Saugöffnungen einen hohen Druck aufzubauen. Diese Eigenschaft macht Radialventilatoren besonders zum Einsatz in Teppichsaugern interessant, die sehr hohe Strömungsgeschwindigkeiten erzeugen müssen.

Nachdem nun auf die charakteristischen Leistungskurven der verschiedenen Ventilatoren genauer eingegangen wurde, sollen im Folgenden einige Leistungsdaten von Filtern aufgenommen und detaillierter besprochen werden.
Zum Testen eines Filters in Verbindung mit dem gewünschten Ventilator wird, bei eingesetztem Filter, der Druck in Abhängigkeit von der Öffnung der Bodenplatte gemessen. Allerdings müssen die Werte von beiden Druckanzeigen (oberhalb und unterhalb bzw. vor und nach dem Filter) notiert werden. Man stellt fest (sofern der Prüfstand dicht ist), dass die beiden Drücke bei geschlossener Bodenklappe identisch sind. Beim langsamen Öffnen der Bodenklappe weichen die beiden

Werte aber immer stärker voneinander ab. Die Ursache für dieses Verhalten liegt in der strömungsgeschwindigkeitsabhängigen Zunahme der Druckdifferenz am Filter (siehe Abschnitt „Abscheidung“). In der folgenden Abbildung sind die entsprechenden Messwerte eines einfachen Filters aus Dekor-Stoff, gemessen mit einem Axialventilator, graphisch dargestellt.

***Anmerkung:*** Bei den folgenden Grafiken ist jeweils der Differenzdruck (zum äußeren Luftdruck) der oberen, dem Ventilator zugewandten Seite des Filters mit „$P_{oben}$“ und der untere, der Saugdüse zugewandten Seite des Filters mit „$P_{unten}$“ bezeichnet.

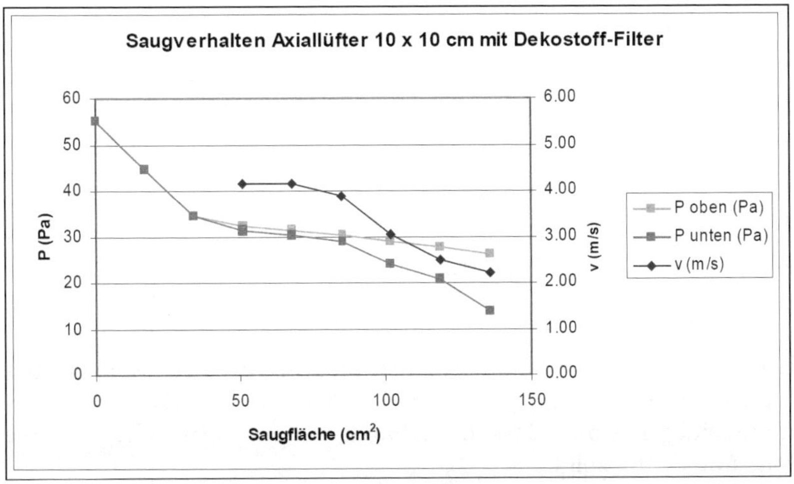


***Abbildung 2.73:*** *Saugleistungskurve eines 12 V-Axiallüfters (2,5 W) mit Dekostoff-Filter (Saugkurve ohne Filter siehe Abbildung 2.66).*

Auch bei Verwendung eines etwas dichteren Gaze-Filters ergeben sich noch brauchbare Strömungsgeschwindigkeiten bei nicht allzu kleinen Saugöffnungsflächen, wie die folgende Grafik zeigt.

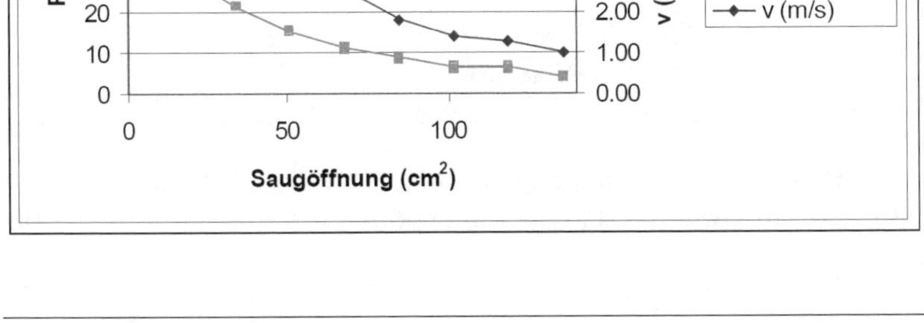


***Abbildung 2.74:*** *Saugleistungskurve eines 12 V-Axiallüfters (2,5 W) mit Gaze-Filter* (Saugkurve ohne Filter siehe Abbildung 2.66).*

* Gaze-Filter: Fettfilter für Dunst-Abzugshaube, Filterfläche 196 $cm^2$

Setzt man bei gleich bleibendem Ventilator einen handelsüblichen Staubsaugerfilterbeutel in die Anordnung ein, so machen die gemessenen Werte schnell die Grenzen des verwendeten kleinen Axiallüfters deutlich. Bereits bei einer kleinen Saugöffnung fällt der Druck im Saugraum stark ab (siehe Abbildung 2.75). Bei größeren Saugöffnungen, die eine direkte Messung der Luftgeschwindigkeit erlauben würden ist die Geschwindigkeit bereits so gering, dass sie vom Anemometer nicht mehr angezeigt wird (< 0,3 m/s).

***Abbildung 2.75:*** *Saugleistungskurve eines 12 V-Axiallüfters (2,5 W) mit einem handelsüblichen Staubsauger-Filter* (Saugkurve ohne Filter siehe Abbildung 2.66).*

* Ausschnitt aus 2-lagigem Staubsauger-Filterbeutel, Fläche: 196 $cm^2$.

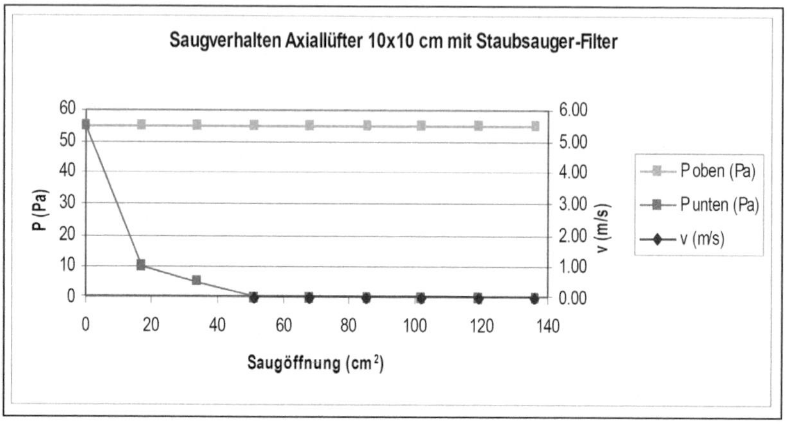


Um bei Verwendung eines solchen Staubsauger-Filterbeutels noch brauchbare Strömungsgeschwindigkeiten zu erreichen ist die Verwendung eines leistungsstarken Radialventilators notwendig, wie die folgende Grafik zeigt.

***Abbildung 2.76:*** *Saugleistungskurve eines 4,8 V-Radiallüfters (Akku-Handstaubsauger) (35 W), mit einem handelsüblichen Staubsauger-Filter (Saugkurve ohne Filter siehe Abbildung 2.66).*

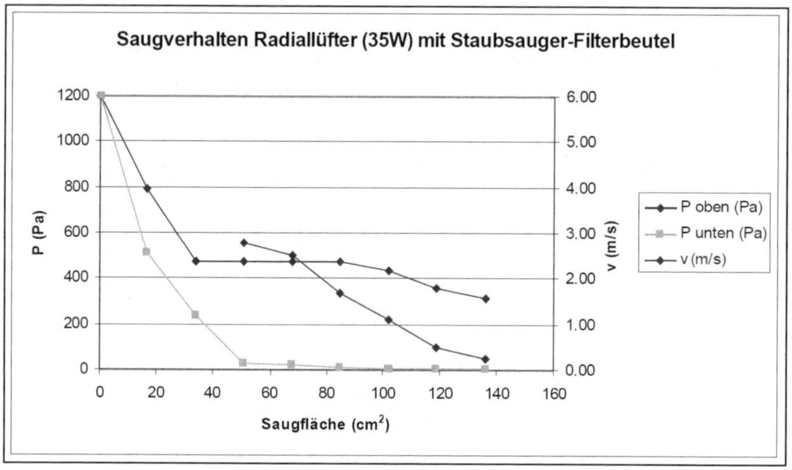


Man erkennt, dass bei kleinen Düsenflächen (Saugflächen) die Druckdifferenz zur Düse hin ($P_{unten}$) mit exponentieller Steigung Werte bis zu 1200 Pa annimmt. Die mit diesen Druckdifferenzen erreichbaren Strömungsgeschwindigkeiten in der Saugdüse sind durchaus zum Saugen eines Teppichs ausreichend.

## 2.2 Wischende Reinigungsroboter

Nachdem nun in den vorangegangenen Kapiteln das Aufsaugen von Staub und Schmutz ausgiebig behandelt wurde, soll hier auf verschiedene Wischtechniken näher eingegangen werden. Im Unterschied zum Saugen können mit Wischen nur glatte Böden, wie Fliesen, Parkett oder Laminat gereinigt werden. Das Wischen selbst kann wiederum nass oder trocken erfolgen. Da sich trocken- und nass-wischende Reinigungskonzepte in einigen Punkten unterscheiden, wird auf diese beiden Wischtechniken in den folgenden beiden Kapiteln separat eingegangen. Weiterhin bestehen noch die Möglichkeiten, entweder ein Einweg-Reinigungsmedium (z.B. Reinigungstuch) zu verwenden oder das Reinigungsmedium während des Reinigungsvorgangs permanent zu säubern. Bei aufwendigeren Systemen kann diese Möglichkeit durchaus in Erwägung gezogen werden. Das Reinigen des Wischmediums kann trocken oder feucht erfolgen. Auch dies wird in den folgenden Kapiteln separat behandelt.

### *Trocken wischende Reinigungsroboter*

Unter einer trocken wischenden Reinigungstechnik ist im einfachsten Fall das altbekannte „Staubwischen" zu verstehen. Dabei wird lose aufliegender Staub durch Überstreichen mit einem Tuch entfernt. Um den Staub nicht einfach vor dem Tuch herzuschieben ist in der Regel eine spezielle Wischtechnik und öfters Ausschütteln des Tuches (im Freien) notwendig. Heutige moderne Wischtücher versuchen dieses Problem durch Verwendung von speziellen staubbindenden Mikrofasern zu beheben. Diese Tücher binden in ihren Fasern größere Mengen Staub und werden nach Gebrauch zusammen mit dem anhaftenden Staub über den Hausmüll entsorgt. Als Alternative besteht die Möglichkeit das Wischtuch während oder nach dem Gebrauch zu reinigen. Da die automatische Reinigung des verschmutzten Tuches nicht einfach zu realisieren ist, stellt die Verwendung von Einweg-Wischtüchern für einfache Reinigungsroboter eine durchaus praktikable Lösung dar.

*Trocken wischende Reinigungsroboter ohne Wischtuch-Reinigung*

Hier stellt sich die Frage, wie ein trocken wischender Reinigungsroboter ohne Wischtuch-Reinigung am effektivsten realisiert werden kann.

Eine wichtige Grundvoraussetzung ist die Verwendung eines guten (Microfaser-) Wischtuches. Ein weiterer wichtiger Punkt ist die Robotergeometrie. Idealerweise reicht das Wischtuch bis an der Peripherie des Roboters, damit es auch bis zum Rand wischen kann. Eine einfache, aber dennoch gute und zudem sehr preisgünstige Ausführung eines solchen Roboters stellt der kommerziell erhältlich Robomop® (siehe http://www.robomop.net/) dar. Bei diesem Gerät schiebt eine rollende Kugel in einem Korb das an dessen Unterseite befestigte Staubtuch über den Boden.

***Abbildung 2.77:*** *Prinzipskizze Robomop®.*

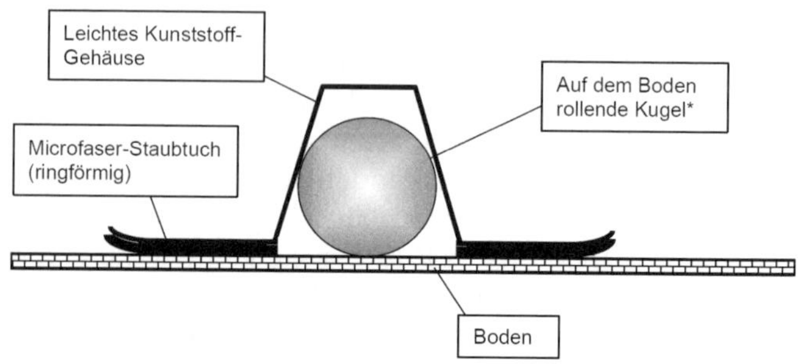


***Abbildung 2.78:*** *Der Robomop®.*

Die Besonderheit des Robomops besteht in der Antriebskugel. Diese enthält eine um eine zentrale Welle umlaufende schwere Masse, die aus dem Antriebsmotor und den Akkus gebildet wird. Der außen um die Kugel umlaufende Gummiring dient der Verbesserung der Bodenhaftung. Die über den Boden rollende Kugel ist dadurch in der Lage den sehr leicht gebauten Kunststoffträger mit dem ringförmigen Microfaser-Staubtuch problemlos vor sich herzuschieben. Trifft der Kunststoffträger auf ein Hindernis bewirkt die sich im Inneren der Kugel überschlagende Masse eine ruckartige Bewegung der Kugel. Diese wiederum resultiert darin, dass sich die Kugel danach in einer zufälligen Richtung vom Hindernis weg weiterbewegt.

Für ein reibungsloses Funktionieren des gesamten Systems ist, obwohl das Grundprinzip auf den ersten Blick sehr einfach anmutet, eine sehr gute Abstimmung aller Komponenten erforderlich. Allein die notwendige, sehr leichte Ausführung des Tuch-Trägerkörpers ist mit eigenen Mitteln kaum zu realisieren.

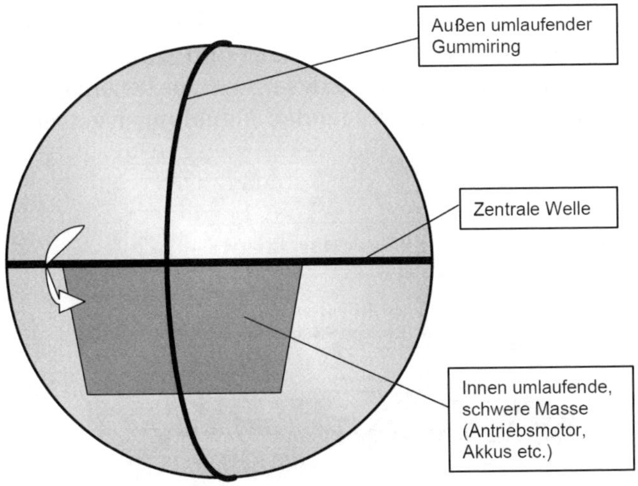


***Abbildung 2.79:*** *Prinzipskizze der Robomob®-Antriebskugel.*

Nicht unerwähnt bleiben soll in diesem Zusammenhang aber noch eine weitere potenzielle Antriebsart einer Roboter-Kugel. Dieses besteht aus einem Fahrzeug, das innerhalb der Kugel fährt und die Kugel dadurch vor sich herschiebt. Beim Auftreffen auf ein Hindernis fährt das Fahrzeug die innere Kugelwandung hoch, kippt um und erzeugt so die zufällige Richtungsänderung. Gegebenenfalls kann das System noch optimiert werden, indem der Antriebsmotor nach dem Umkippen umgepolt wird. Für weitere Ausführungen zu diesem Thema wird auf die grundlegende Literatur wie „Grundlagen der Robotertechnik" verwiesen.

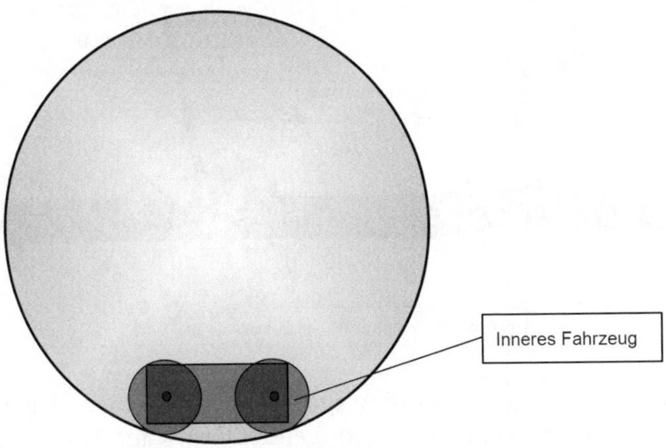


***Abbildung 2.80:*** *Mögliches Antriebsprinzip eines Kugelroboters.*

Ein weiterer wichtiger Punkt ist, dass beim beschriebenen Robomop® das Staubtuch an der Außenseite etwas nach oben gewölbt ist. Dadurch schiebt sich der Staub unter das Tuch und wird dort verhältnismäßig gut festgehalten. Problematisch ist nämlich bei einfachen Staubwisch-Robotern oft, dass ein einfaches über-den-Boden-Schieben eines Reinigungstuches dazu führt, dass Staub und Schmutz vor dem Tuch her geschoben wird und beim Richtungswechsel wieder auf dem Boden liegen bleibt, wie in die folgenden Abbildungen zeigen.

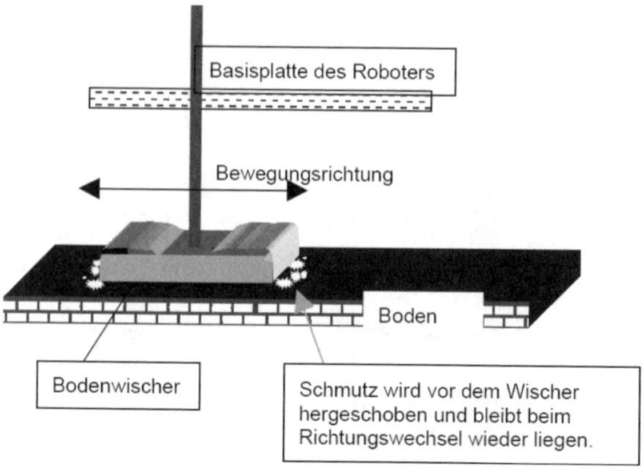


***Abbildung 2.81:*** *Bodenwischen durch einfaches Hin- und Herbewegen des Wischers.*

Außer dem einfachen Hochwölben des Wischtuches am Rand der Wischeinheit kann hier eine Reinigungstechnik, bei der das Reinigungstuch bei jedem Richtungswechsel über den Schmutz gelegt wird Abhilfe schaffen. Dieser Effekt kann durch eine bewegungsrichtungsabhängige Kippbewegung realisiert werden, wie die folgende Abbildung zeigt:

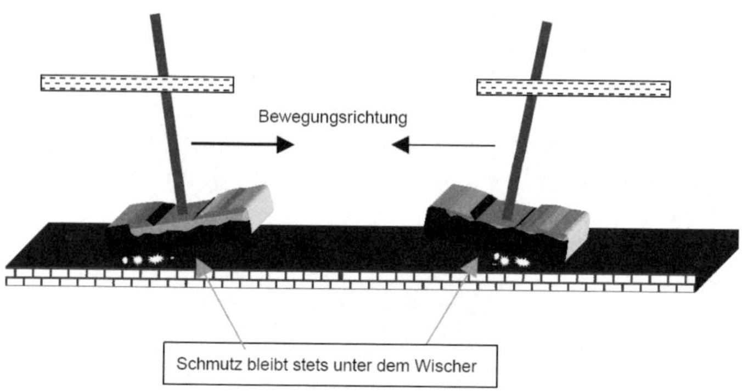


***Abbildung 2.82:*** *Bodenwischen mit überlagertem Kippen des Wischers.*

Nun gilt es noch eine gewisse Beweglichkeit des Wischers sicherzustellen, damit einerseits immer ein genügender Druck auf den Untergrund ausgeübt wird, andererseits der Wischer aber nicht den ganzen Roboter vom Boden abhebt. Diese Beweglichkeit kann mittels einer Feder realisiert werden. Je nachdem, ob die Feder freistehend installiert oder mit einer Führungshülse umgeben wird, erreicht man eine ein- oder dreidimensionale Beweglichkeit (siehe Abbildung 2.83). Die verwendete Feder muss im Fall B allerdings recht „steif" sein, das heißt, sie muss eine hohe Federkonstante besitzen. Wer keine solche Feder zu Verfügung hat, kann sie sich prinzipiell auch selbst herstellen. Zahlreiche gute Tipps zur mechanischen Bearbeitung verschiedenster Materialen inklusive der Eigenherstellung von Federn sind im PROXXON „Handbuch für kreative Modellbauer" beschrieben (siehe Kapitel 10.1 „Literatur"). Anstatt einer Feder kann im Fall B auch ein flexibler Kunststoffstab verwendet werden.

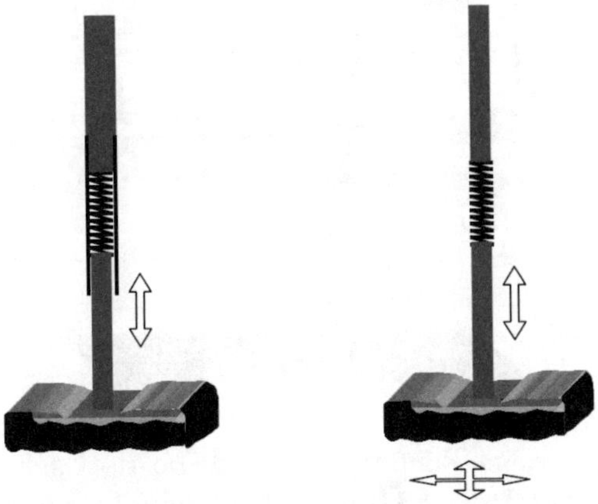


***Abbildung 2.83:*** *Bewegliche Bodenwischer mit einem und drei Freiheitsgraden.*

Welche Lösung für das konkrete Reinigungsproblem am besten geeignet ist, hängt von zahlreichen Faktoren ab: dem verwendetem Wischtuch, den Abmessungen, der Federkonstante und dem Gewicht des Roboters. Dies muss im Einzelfall experimentell ermittelt werden. In eigenen Experimenten wurden mit einfachen Federn ohne eine seitliche Führung gute Ergebnisse erzielt. Der Schmutz wird dann wie in der folgenden Abbildung gezeigt zwischen Boden und Wischer sozusagen eingeklemmt.

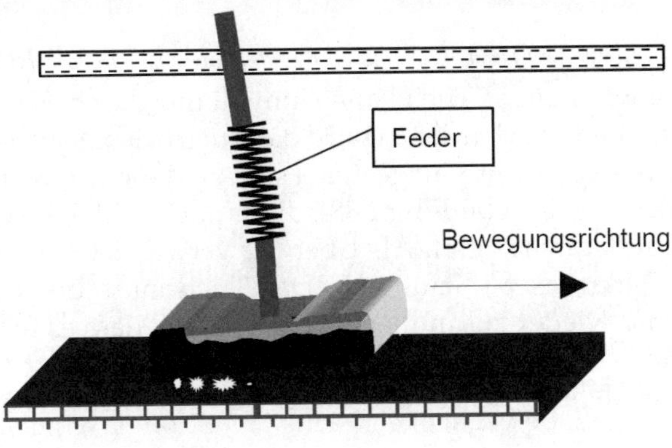


***Abbildung 2.84:*** *Wischtechnik eines beweglichen Bodenwischers.*

Damit der Bodenwischer den Schmutz beim Richtungswechsel nicht wieder verliert, ist eine Kippbewegung des Wischers notwendig. Diese Kippbewegung muss jeweils beim Richtungswechsel, beispielsweise mittels eines Elektromagneten (siehe Abbildung 2.85) oder durch eine sich drehende Scheibe (siehe Abbildung 2.86), ausgelöst werden.

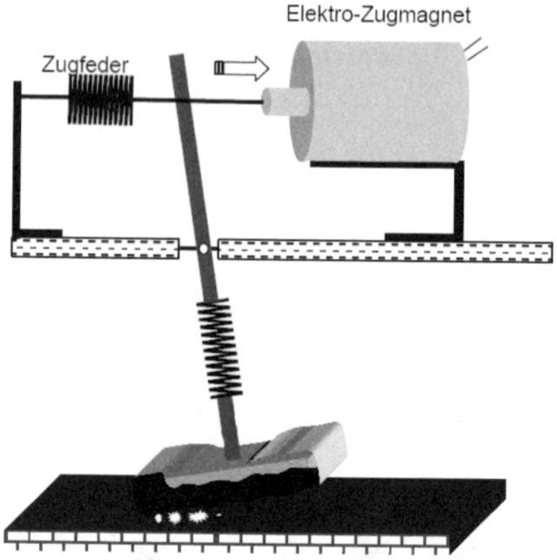


***Abbildung 2.85:*** *Auslösung der Kippbewegung mittels eines Elektromagneten.*

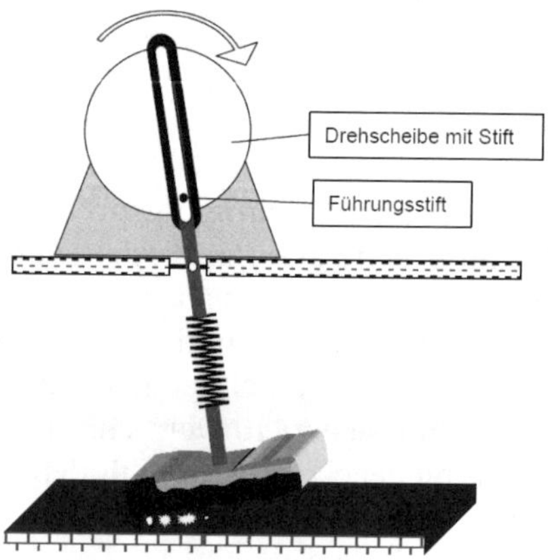


***Abbildung 2.86:*** *Auslösung der Kippbewegung mittels einer Drehscheibe.*

### *Trocken wischende Reinigungsroboter mit Wischtuch-Reinigung*

Ein trocken wischendes Tuch kann sinnvoll nur durch Absaugen des Staubes gereinigt werden. Dazu wird das Tuch beispielsweise auf eine drehbare Rolle gespannt. Gut geeignet sind zu diesem Zweck Schaumgummirollen (siehe Abbildung 2.88), die es auch in kleinen Größen als Farbrolle im Baumarkt gibt. Als Überzug verwendet man am Besten ein gutes (Mikrofaser-) Staubtuch. Das Tuch muss dazu so ausgeschnitten und wieder zusammengenäht werden, dass es fest über die verwendete Schaumstoffrolle gezogen werden kann. Zur Reinigung des staubbeladenen Tuches wird dieses bei sehr kleinem Saugdüsenabstand wie in Abbildung 2.87 skizziert abgesaugt. Alternativ besteht die Möglichkeit eine fellbezogene Farbrolle (siehe Abbildung 2.88) ohne zusätzlichen Überzug direkt zu verwenden. Der Saugdüsenabstand muss in diesem Fall etwas vergrößert werden, damit sich die Saugdüse nicht in der Rolle verhakt.

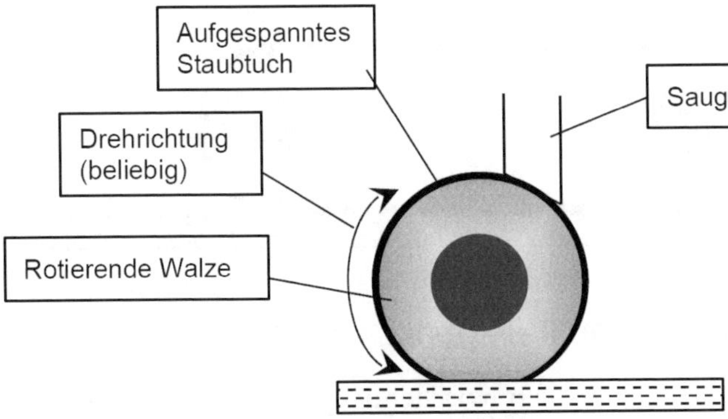


***Abbildung 2.87:*** *Rotierende Walze mit Staubtuch.*

Bezüglich des Antriebs der Walze sind mehrere Varianten möglich. In eigenen Versuchen erwies sich eine langsame Rotation entgegen der Fahrtrichtung des Roboters als die günstigste Variante. Als Antriebsquelle können dabei auch die Antriebsräder (über eine Untersetzung) herangezogen werden. Wichtig ist, dass sich die Reinigungsrolle mit deutlich kleinerer Drehzahl entgegengesetzt zu den Antriebsrädern dreht. Bei Verwendung eines gut wirkenden Staubtuches kann sogar auf einen aktiven Antrieb der Rolle gänzlich verzichtet werden. Allerdings ist dann das Ablösevermögen von fest am Boden anhaftenden Schmutz eingeschränkt.

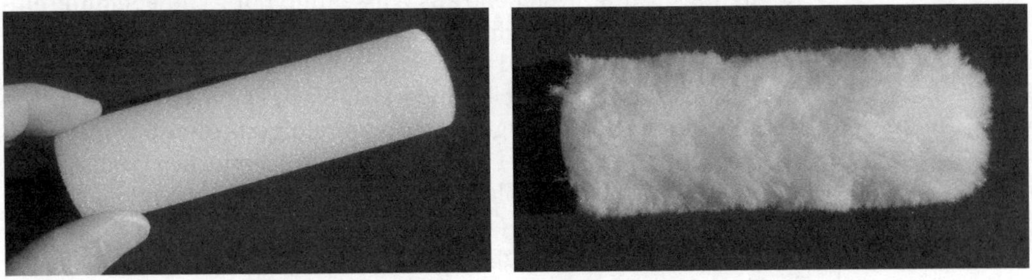

***Abbildung 2.88:*** *Schaumgummi- oder Fell-Walze/Rolle.*

Anstatt direkt von der drehenden Walze kann der Staub auch von einem Tuch, welches über zwei Walzen läuft, abgesaugt werden, wie auf der folgenden Skizze gezeigt.

***Abbildung 2.89:***
*Staubtuch, über 2 Walzen gespannt.*

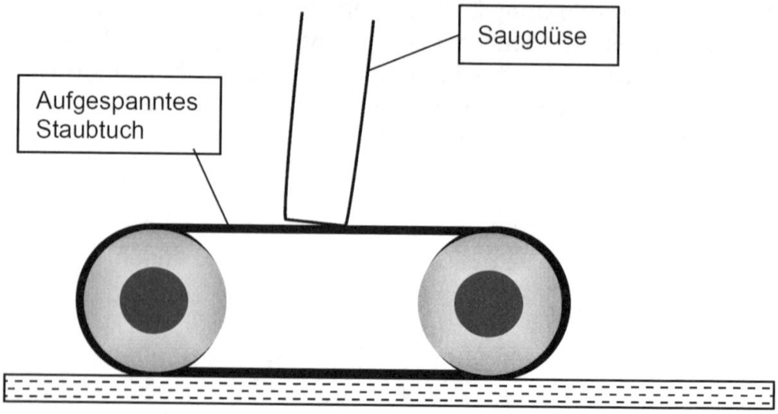


## Feucht wischende Reinigungsroboter

Im Gegensatz zu trocken wischenden Reinigungsrobotern haben feucht wischende Systeme den Vorteil, dass sie auch festhaftende und klebrige Rückstände entfernen können. Zudem können mit dem Wischtuch auch pflegende Substanzen auf den Boden aufgebracht werden.
Ein Nachteil von feucht wischenden Systemen besteht allerdings darin, dass sie für Teppichböden in der Regel nicht geeignet sind. Außerdem ist der zur Realisierung eines feucht wischenden autonomen Reinigungsroboters notwendige Aufwand im Vergleich zu den trocken wischenden Systemen deutlich höher. Nicht zuletzt sind feucht wischende Systeme in der Regel wartungsintensiver als trocken wischende. Das heißt, dass zur Vorbereitung des Reinigungsvorganges eine Reinigungslösung, bestehend aus Wasser und Putz- / Pflegemittel eingefüllt wird und nach erfolgter Reinigung wieder entsorgt werden muss. Es sei denn, es wird nur wenig Reinigungslösung aufgebracht, die auf dem Boden verbleibt und verdunstet. Diese Variante wird in den folgenden Ausführungen als „Bodenreinigung ohne Schmutzwasser-Aufnahme" bezeichnet und aufgrund ihrer einfachen Realisierbarkeit zuerst beschrieben. Allerdings ist zu bedenken, dass der mit dieser Variante erzielbare Reinigungseffekt zu einem großen Teil auf der gleichmäßigen Verteilung des Schmutzes auf der gereinigten Fläche beruht.

### *Feucht wischende Reinigungsroboter ohne Schmutzwasser Aufnahme*

Einfache feucht wischende Reinigungsroboter unter Verwendung von feuchten Einweg-Wischtüchern können prinzipiell gleich aufgebaut werden, wie ihre trocken wischenden Vertreter (siehe Abschnitt „Trocken wischende Reinigungsroboter ohne Wischtuch-Reinigung"). Daher wird auf diese Variante hier nicht weiter eingegangen.

Der einfachste, feucht wischende Reinigungsroboter mit einer wiederverwendbaren Reinigungseinheit, aber ohne Schmutzwasser-Aufnahme, besteht im Prinzip aus einem Roboterfahrzeug, das einen feuchten Schwamm über den Boden schiebt (siehe Abbildung 2.90 „Einfacher Reinigungsroboter mit Schwamm"). Ein solches System ist zwar sehr einfach zu realisieren, weist aber auch einige entscheidende Nachteile auf. So muss der Schwamm zu Beginn des Reinigungsvorganges manuell mit Wasser/Reinigungslösung getränkt werden. Während des Reinigungsvorganges trocknet er dann relativ schnell aus und muss gegebenenfalls wieder neu befeuchtet werden. Weiterhin schiebt er viele Schmutzpartikel vor sich her und lässt sie beim Richtungswechsel wieder liegen. Verschmutzte Reinigungslösung wird auch kaum wieder aufgesogen, sondern letztendlich nur gleichmäßig auf der zu reinigenden Fläche verteilt.

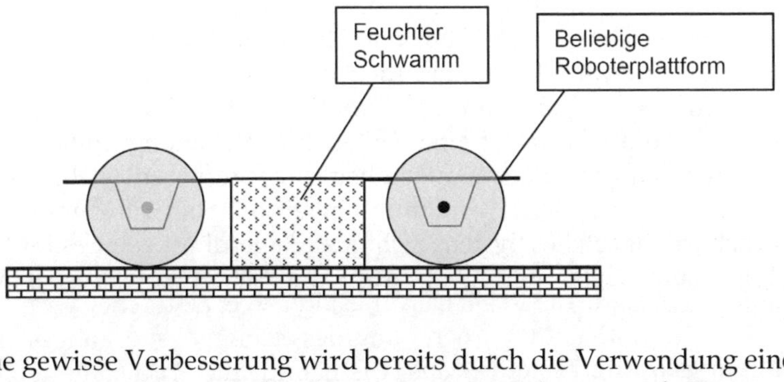


***Abbildung 2.90:*** *Einfacher Reinigungsroboter mit Schwamm.*

Eine gewisse Verbesserung wird bereits durch die Verwendung eines Reinigungstuches in Verbindung mit einem Schwamm als Reservoir für die Reinigungslösung erreicht (siehe Abbildung 2.91 „Reinigungseinheit mit Wischtuch und Schwamm"). Mit dieser Anordnung wird die Reinigungsflüssigkeit bereits wesentlich gleichmäßiger aufgetragen und eine Füllung der Schale ist für größere Flächen ausreichend. Wichtig ist, dass das Reinigungstuch so beschaffen ist, dass es stets genügend Reinigungslösung vom Schwamm nachsaugen kann. Ist dies nicht der Fall, muss entweder das Reinigungstuch gegen ein saugfähigeres ausgetauscht, oder die Fahrgeschwindigkeit des Roboters muss verringert werden. Wer den Aufwand nicht scheut, kann die ganze Reinigungseinheit auch noch mit einem Kippmechanismus, wie in Abbildung 2.85 oder Abbildung 2.86 gezeigt ausrüsten. Damit wäre auch das Problem des Liegenlassens von Staub und Schmutz beim Richtungswechsel deutlich reduziert.

*Abbildung 2.91:* *Reinigungseinheit mit Wischtuch und Schwamm.*

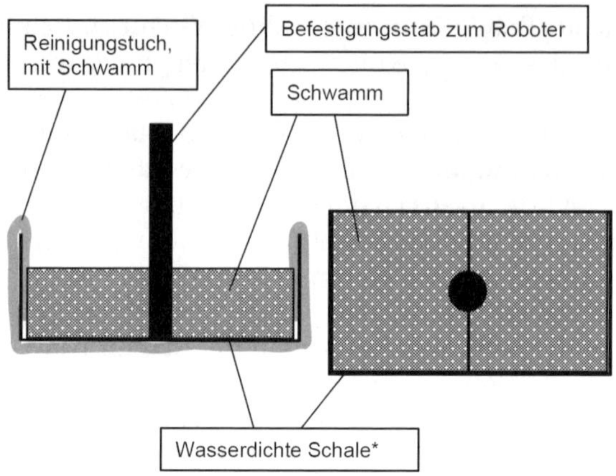


* Eine wasserdichte Schale kann beispielsweise aus Plexiglas selbst hergestellt werden. Aber auch einfache Haushalts-Plastikschalen, Deckel von Butterdosen etc. sind geeignet.

Allerdings verursacht auch ein solchermaßen ausgerüsteter Reinigungsroboter eine feuchte Spur aus potenziell verschmutzter Reinigungsflüssigkeit auf dem Boden. Ideal wäre es daher, diese gleich wieder aufzusaugen. Auch für dieses Problem gibt es eine recht einfache Lösung, die darin besteht, hinter der feuchten Reinigungseinheit einen trockenen Schwamm als „Saugeinheit" nachzuführen (siehe Abbildung 2.92 „Kombinierte Reinigungseinheit mit Saugschwamm"). Sicherlich ist ein solches System nicht ideal, allerdings zeigt es im Verhältnis zum (sehr geringen) Aufwand schon eine respektable Reinigungsleistung.

*Abbildung 2.92:* *Kombinierte Reinigungseinheit mit Saugschwamm.*

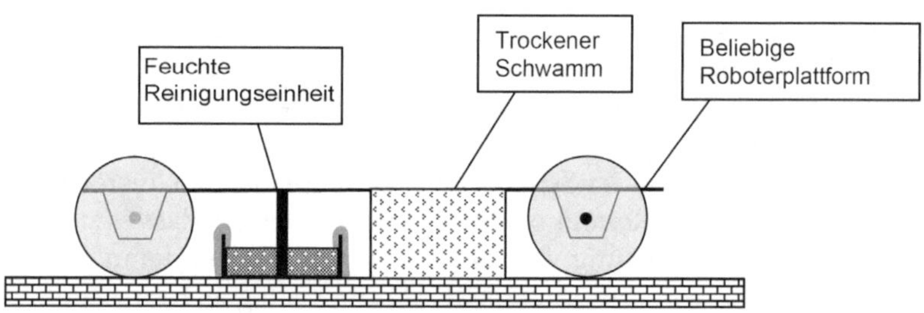


Für eine wirklich gute Feuchtreinigung größerer Flächen mit einem autonomen Robotersystem sind allerdings die bisher beschriebenen Systeme nur bedingt tauglich. Dazu ist eine Entfernung der verschmutzten Reinigungslösung erforderlich. Im folgenden Kapitel werden daher Systeme mit Schmutzwasser-Entfernung genauer beschrieben.

*Feucht wischende Reinigungsroboter mit Schmutzwasser-Entfernung*

Eine effektive Bodenreinigung bedingt, wie bereits erwähnt, eine Möglichkeit, die verschmutzte Reinigungslösung wieder vom Boden zu entfernen. Gleichzeitig muss auch eine Einrichtung vorhanden sein, die frische oder regenerierte Reinigungslösung auf den Boden aufbringt. Zudem benötigt man noch eine Vorrichtung, die die eigentliche Reinigung des Bodens ausführt. Somit lässt sich ein Bodenreinigungsvorgang mit Schmutzwasser-Entfernung in mehrere, aufeinander folgende Grundschritte unterteilen:

- Reinigungslösung aufbringen.
- Boden mechanisch reinigen.
- Verschmutze Reinigungslösung vom Boden aufnehmen.
- Reinigungslösung regenerieren.

Die ersten drei Schritte gehen dabei oftmals ineinander über und lassen sich räumlich nicht eindeutig trennen. Zum besseren Verständnis der einzelnen Teilschritte sind sie in Abbildung 2.93 getrennt gekennzeichnet. Auch wird jeder Teilschritt in den folgenden Kapiteln einzeln behandelt. Anschließend werden noch bewährte Kombinationen der einzelnen Teilschritte anhand konkreter Beispiele beschrieben.

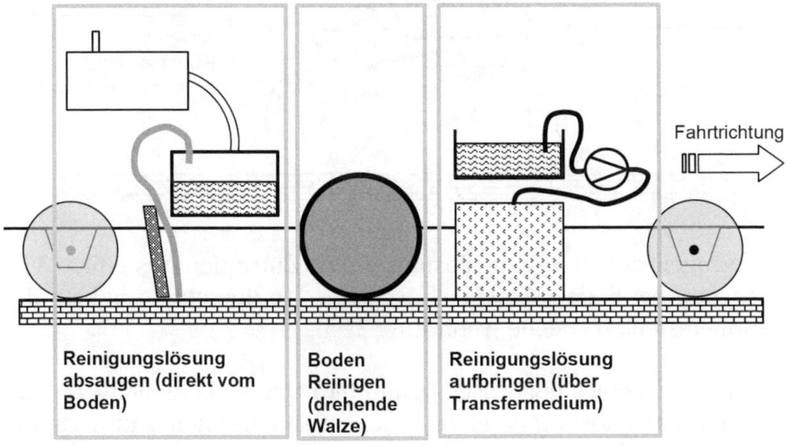


***Abbildung 2.93:** Reinigungs-Teilschritte separat ausgeführt (ohne Schmutzwasser-Aufbereitung).*

**Reinigungslösung aufbringen**

Der Auftrag der Reinigungslösung auf den Boden muss gleichmäßig und in definierter Menge erfolgen. Dabei ist es möglich, die Reinigungslösung direkt auf den Boden aufzubringen oder über ein zwischengeschaltetes „Transfer- oder Trägermedium". Das Transfermedium dient der gleichmäßigeren Verteilung der Reinigungsflüssigkeit auf dem Boden. Zusätzlich kann das Transfermedium auch bereits die Reinigung übernehmen. In den folgenden Ausführungen ist das Aufbringen der Reinigungslösung am Beispiel eines Schwamms als Transfermedium beschrieben.

- Aufbringen der Reinigungslösung mit einer mechanische (elektrische) Pumpe – siehe Abbildung 2.94 (eine Anleitung zum Selbstbau einer Schlauchquetschpumpe findet sich am Ende dieses Kapitels)

Das Aufbringen der Reinigungslösung mit einer Pumpe, beispielsweise mittels einer kleinen Tauchpumpe oder einer (selbstgebauten) Schlauchquetschpume hat den Vorteil, dass die Flüssigkeitszugabe definiert und elektronisch steuerbar erfolgen kann. Prinzipiell ist es möglich, die Menge an Reinigungslösung in Abhängigkeit von der Bodenbeschaffenheit, dem Verschmutzungsgrad und der Fahrgeschwindigkeit des Roboters zu dosieren. Dagegen steht der relativ hohe Konstruktionsaufwand, der die Vorteile teilweise aufwiegt.

***Abbildung 2.94:*** *Reinigungseinheit mit Pumpe und Schwamm.*

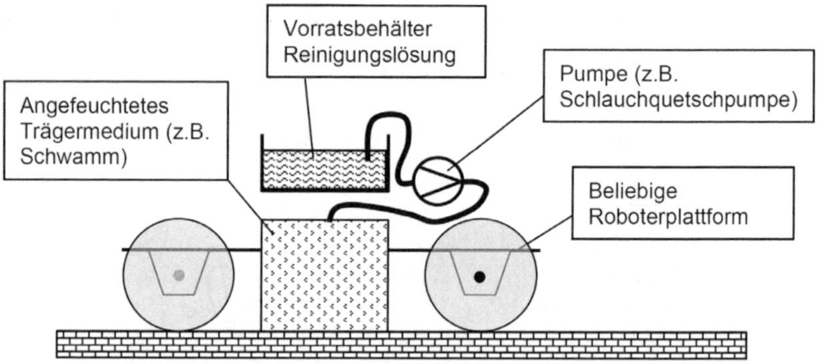


Aufbringen der Reinigungslösung durch Zutropfen aus einem Vorratsgefäß (bei Bedarf druckbeaufschlagt, Tropfgeschwindigkeit über Ventil einstellbar – siehe Abbildung 2.95).

Auch mittels eines (elektrisch betätigten) Ventils lässt sich der Fluss der Reinigungslösung in gewissen Grenzen einstellen. Zumindest ist ein An- und Abschalten der Dosierung möglich. Eine Anleitung zum Selbstbau eines elektrisch- und eines handbetätigten Ventils findet sich am Ende dieses Kapitels.

Eine zusätzliche Druckbeaufschlagung ist notwendig, wenn sich der Vorratsbehälter mit der Reinigungslösung unterhalb des Ventils befindet. Um einen sicheren Zufluss der Reinigungslösung zu gewährleisten, ist ein geringer Überdruck notwendig. Dieser lässt sich leicht mit einer kleinen Aquarien-Luftpumpe (Membranpumpe) erreichen. Das Vorratsgefäß für die Reinigungslösung muss in diesem Fall natürlich luftdicht verschlossen sein (z.B. Kunststoffdose für Lebensmittel mit dichtschließendem Deckel).

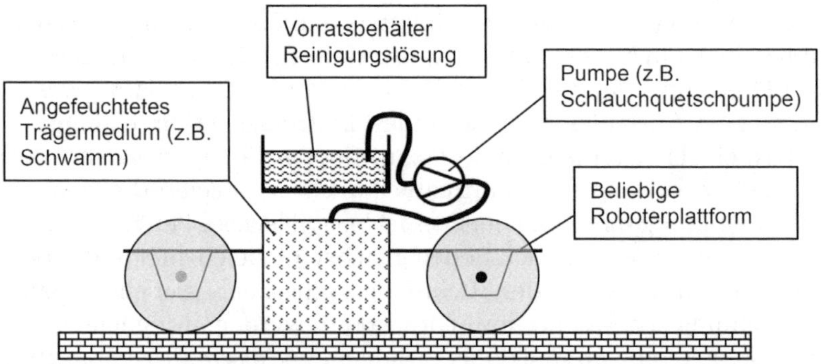


***Abbildung 2.95:*** *Reinigungslösung über Tropfdüse und/oder Ventil dosieren.*

Die geschilderten Möglichkeiten zum Auftrag der Reinigungslösung sind durchweg effektiv und ohne allzu großen Aufwand realisierbar. Bei Verwendung eines elektrisch betätigten Quetschventils (Bauanleitung siehe Ende dieses Kapitels) ist die Dosierung zudem jederzeit abstellbar, sodass insbesondere im Stand keine Flüssigkeit aus dem Roboter auf den Boden läuft.

- Aufbringen der Reinigungslösung durch Eintauchen des Trägermaterials in das Vorratsgefäss (Flüssigkeitstransport durch Kapillarkräfte) – siehe Abbildung 2.96.

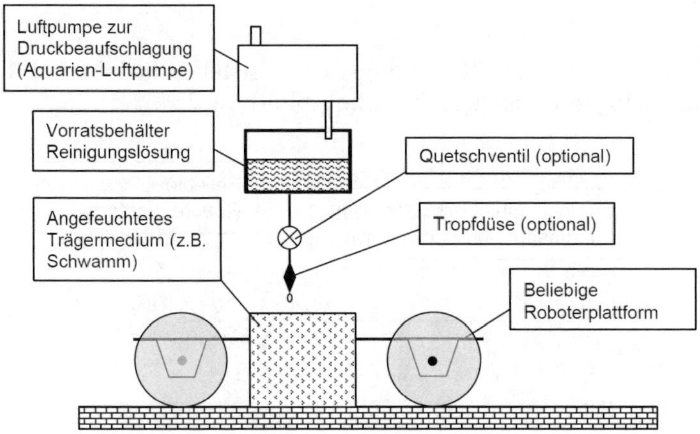


***Abbildung 2.96:*** *Reinigungslösung über Docht dosiert.*

Um eine aktive Flüssigkeitsdosierung unter Verwendung von Pumpen oder Überdruck zu umgehen, kann auch ein passives System vorgesehen werden. Dabei wird die Flüssigkeit durch Kapillarkräfte, beispielsweise mittels eines Dochtes (z.B. Wollfaden), permanent aus dem Vorratsbehälter gesaugt. Diese Variante ist allerdings nur bei gleichzeitiger Verwendung eines saugfähigen Transfermediums (z.B. eines Schwammes) anwendbar.
Bei der Auslegung des Dochtes beginnt man zweckmäßigerweise mit einem dünnen Docht und vergrößert diesen solange, bis der Schwamm auch bei längerer Fahrzeit des Roboters den Boden noch ausreichend anfeuchtet. Ein Nachteil dieser Konstruktion ist die Tatsache, dass sich die Dosierung der Reinigungslösung nicht abstellen lässt, was im Stand zum Auslaufen oder zumindest Eintrocknen führen kann.
Sofern ein Transfermedium zum Auftrag der Reinigungslösung verwendet wird, kann dieses prinzipiell auch gleichzeitig die mechanische Reinigung übernehmen. Dies ist beispielsweise bei Verwendung eines Schwammes, der den Boden gleichzeitig befeuchtet und reinigt, der Fall. Zur Erhöhung der Effektivität sollte aber besser eine separate Vorrichtung zur Reinigung vorgesehen werden. Mögliche Reinigungsvorrichtungen sind daher im folgenden Abschnitt separat aufgelistet.

**Boden mechanisch reinigen.**

Zur mechanischen Bodenreinigung sind Reinigungsmedien wie Tücher, Schwämme und dergleichen geeignet. Diese können dabei feststehend oder beweglich installiert sein. Eine bewegliche Anordnung hat den Vorteil, dass eine (evtl. kontinuierliche) Säuberung des Reinigungsmediums erfolgen kann. Nachteilig ist allerdings der hohe konstruktive Aufwand.
Verschiedene Varianten von Reinigungseinheiten mit feststehenden und beweglichen Reinigungsmedien sind in den folgenden Abbildungen skizziert:

- Bodenreinigung mit Reinigungstuch, feststehend (siehe Abbildung 2.97) oder beweglich (siehe Abbildung 2.98).

*Abbildung 2.97: Reinigungseinheit mit feststehendem Reinigungstuch.*

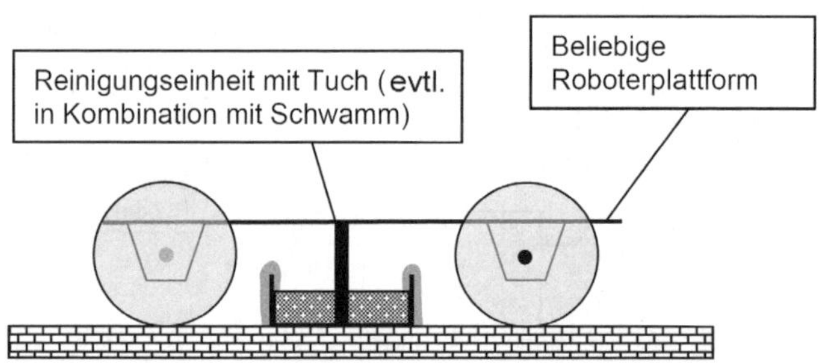

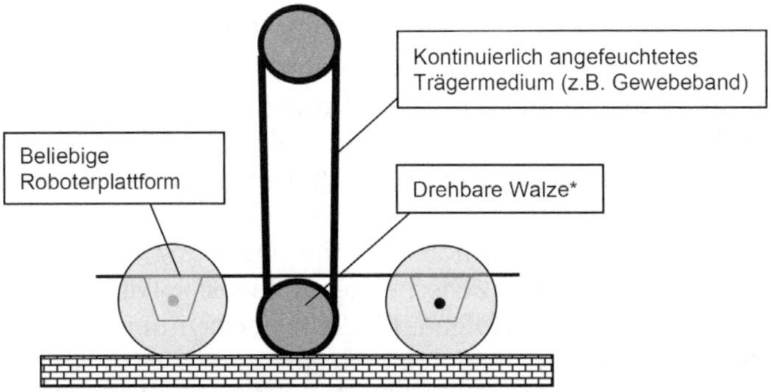


*Abbildung 2.98:* *Reinigungseinheit mit rotierendem Gewebeband.*

* Eine Anleitung zur Anfertigung von drehbaren Walzen mit seitlicher Führung findet sich im Anschluss an dieses Kapitel.

- Bodenreinigung mit Schwamm, in der Regel feststehend (siehe Abbildung 2.99)

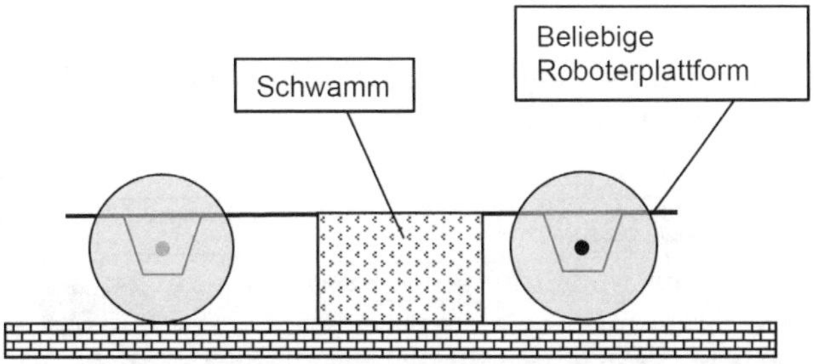


*Abbildung 2.99:* *Reinigungseinheit mit feststehendem Schwamm.*

- Bodenreinigung mittels Reinigungswalze, in der Regel aktiv rotierend (siehe Abbildung 2.100)

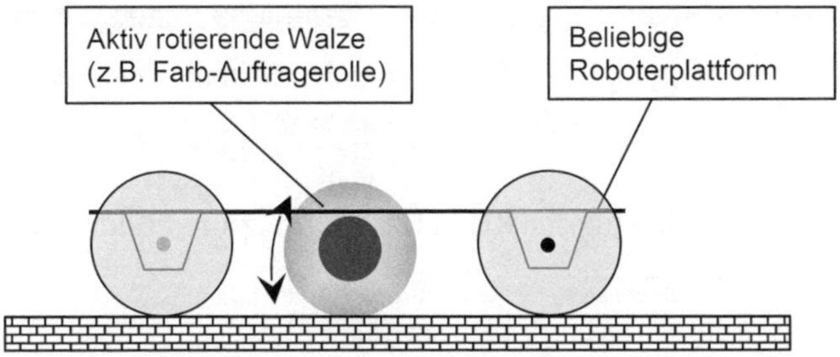


*Abbildung 2.100:* *Reinigungseinheit mit drehbarer Walze.*

Die Auswahl einer Anordnung zur mechanischen Bodenreinigung richtet sich nach den vorhandenen konstruktiven Möglichkeiten und dem Reinigungsproblem. Bezüglich konkreter Beispiele sei hier auf das Ende dieses Kapitels hingewiesen, wo einige komplette Reinigungssysteme vorgestellt werden.

**Verschmutze Reinigungslösung vom Boden aufnehmen**

Nachdem der Boden mittels eines Reinigungsmittels (Schwamm, Tuch etc.) gereinigt wurde, muss die verschmutzte Reinigungslösung wieder vom Boden entfernt werden. Andernfalls besteht die Gefahr, dass bereits aufgenommener Schmutz lediglich gleichmäßig auf dem Untergrund verteilt wird.

Die Aufnahme der verschmutzten Reinigungslösung vom Boden kann direkt oder über ein zwischengeschaltetes „Transfermedium" (Schwamm, Tuch, etc.) erfolgen. Ein Transfermedium bewirkt in bestimmten Fällen (sehr unebener Boden) eine Verbesserung der Flüssigkeitsaufnahme. Das Transfermedium kann dabei auch mit dem Reinigungsmedium identisch sein. Die Entfernung der verschmutzten Reinigungslösung kann dann durch Spülen oder Abpressen etc. des Reinigungsmediums (Schwamm, Gewebe, etc.) geschehen. Bei nicht zu unebenen Böden ist allerdings das Entfernen der Reinigungslösung direkt vom Boden effizienter und einfacher zu realisieren. Beide Varianten werden im Folgenden detailliert beschrieben:

- Reinigungstuch (beweglich) spülen (siehe Abbildung 2.101) oder abpressen (siehe Abbildung 2.102).

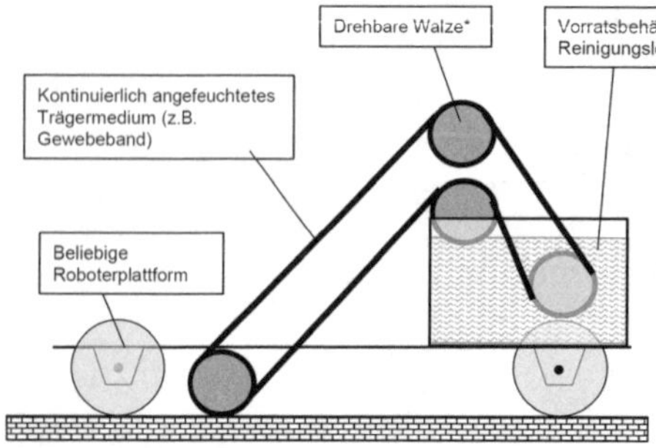


***Abbildung 2.101:** Reinigung eines beweglichen Tuches durch Spülen.*

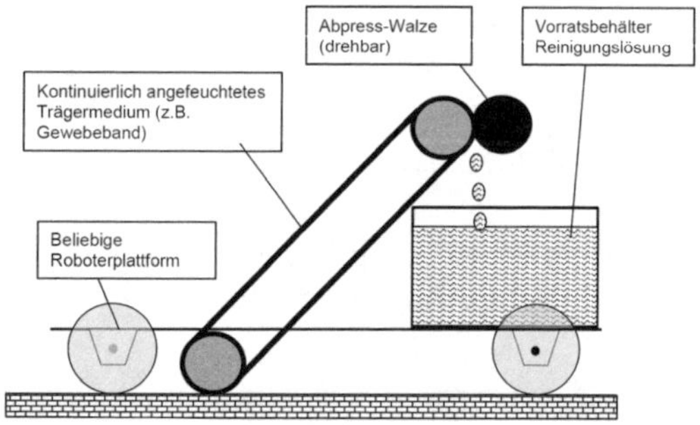


***Abbildung 2.102:** Reinigung eines beweglichen Tuches durch Abpressen.*

- Reinigungswalze (in der Regel rotierend) spülen oder abpressen

***Abbildung 2.103:** Reinigung einer drehbaren Walze durch Abpressen.*

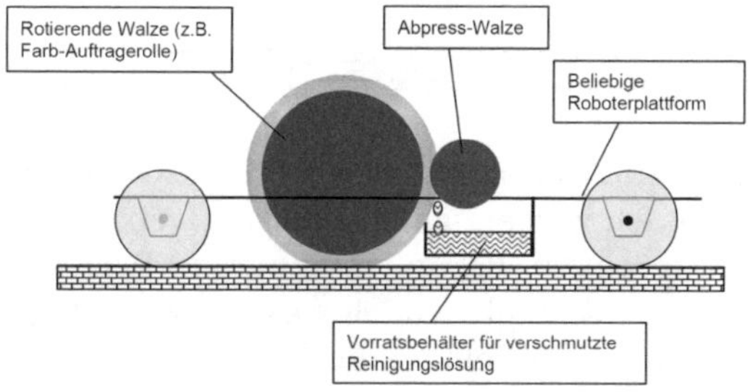

Als Reinigungswalze kann beispielsweise eine Rollwalze, wie sie zum Auftragen von Wandfarbe in jedem Baumarkt erhältlich ist, eingesetzt werden. Größere Walzen lassen sich nach eigenen Vorstellungen leicht durch Bekleben oder Bespannen eines Rohrstückes (z.B. PVC-Abflussrohr) mit Schwammstücken herstellen. Als Klebstoff eignet sich handelsüblicher Silikonkitt. Zur Herstellung verklebt man die einzelnen Schwammstücke an den Rändern miteinander zu einer größeren Fläche. Dann klebt man die Ränder zu einem Ring mit einem etwas kleineren Durchmesser wie die Rohr-Walze zusammen. Nach dem Trocknen des Klebstoffes lässt sich der Schwammring, wie in der folgenden Abbildung skizziert, über das Rohr ziehen (gegebenenfalls auf der Rolle mit wenig Silikonkitt fixieren).

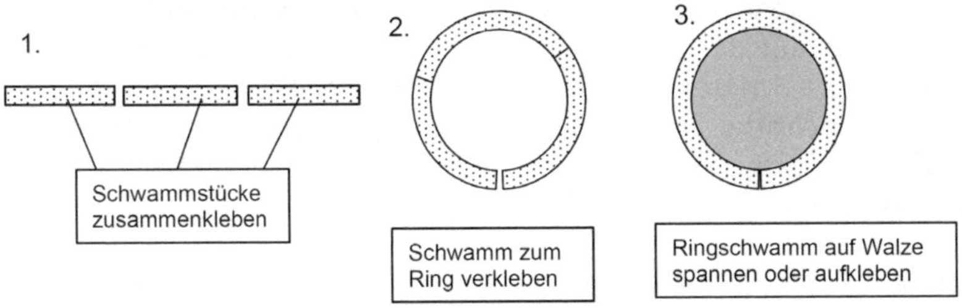


***Abbildung 2.104:*** *Herstellung einer schwammbeschichteten Walze.*

- Ringschwamm abpressen

Der im vorangegangenen Abschnitt vorgestellte Ringschwamm kann auch ohne Walze zur Aufnahme der Reinigungslösung vom Boden verwendet werden. Dazu wird der Schwamm, wie in der folgenden Abbildung 2.105 zu sehen, über mehrere Rollen zu einer Abpress-Rolle geführt. Die Anordnung besitzt im Vergleich zur vorangehend beschriebenen Variante mit Schwammrolle den Vorteil, dass zur Installation des Behälters mit Reinigungslösung unterhalb der Abpressrolle mehr Platz zu Verfügung steht.

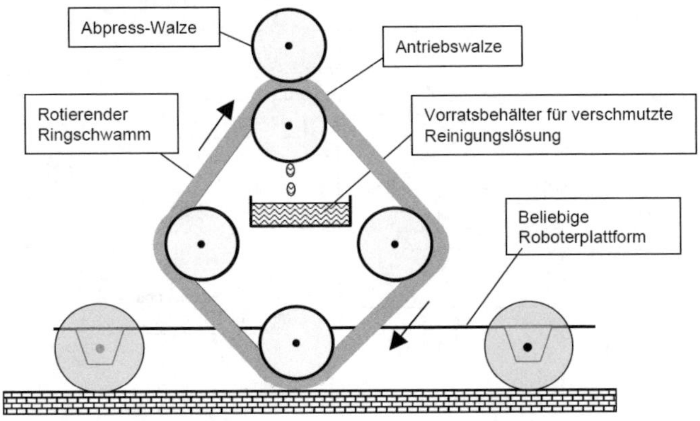


***Abbildung 2.105:*** *Kontinuierliche Reinigung eines Ringschwammes durch Abpressen.*

- Schwamm (beweglich) spülen oder abpressen

***Abbildung 2.106:*** *Mechanismus zum Abpressen eines Reinigungsschwamms.*

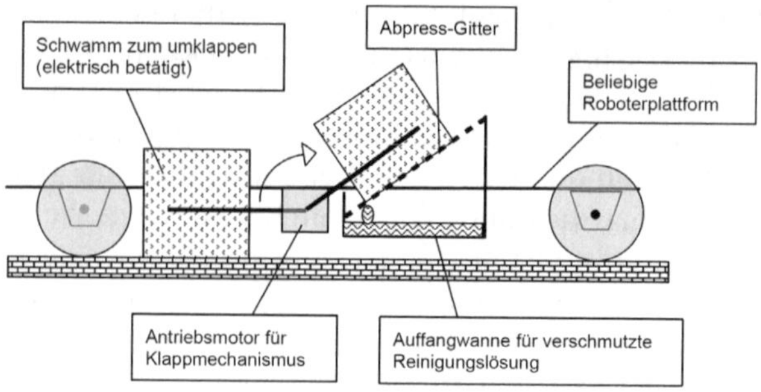


Wie man sieht, besitzt diese Anordnung den Nachteil, dass der Schwamm auf der dem Boden abgewandten Seite abgepresst wird. Unlöslicher Schmutz verbleibt somit auf der Schwamm-Unterseite. Eine Vorrichtung, die den Schwamm zum Abpressen noch um 180° dreht ist zwar möglich, konstruktiv aber sicher nicht einfach zu realisieren!

Zudem sind die bisher beschriebenen Varianten der Schmutzwasser-Aufnahme konstruktiv nicht gerade einfach zu realisieren und müssen an das Reinigungsmedium (Schwamm, Walze, etc.) angepasst werden. Aus diesem Grund ist es vorteilhaft, die Aufnahme der Reinigungslösung vom eigentlichen Reinigungsprozess zu entkoppeln. Am besten geschieht dies durch einen, der mechanischen Reinigungseinheit nachgeschalteten, Gummiwischer inkl. Saugpumpe (siehe Abbildung 2.107 und Abbildung 2.108).

- Reinigungseinheiten mit Gummiwischer und Saugpumpe

Bei diesen Reinigungseinheiten wird die Reinigungsflüssigkeit nach dem eigentlichen Reinigungsvorgang mittels eines Gummiwischers

***Abbildung 2.107:*** *Wischroboter mit Gummiwischer für eine Fahrtrichtung.*

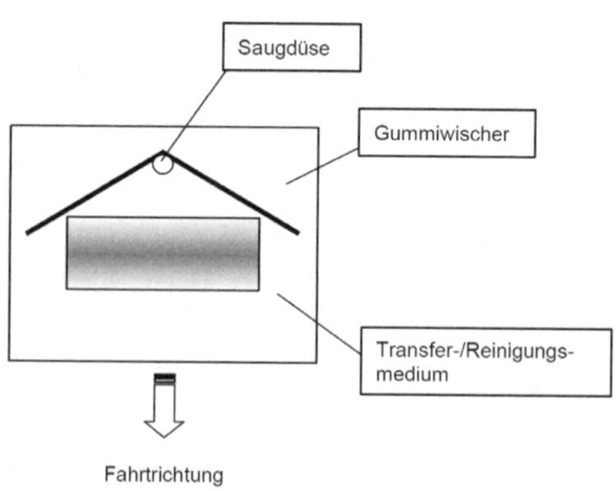

eingesammelt und durch eine Saugdüse in ein Vorratsgefäß eingesaugt. Als Gummiwischer können beispielsweise PKW-Scheibenwischerblätter (auf gewünschte Länge kürzen) oder handelsübliche Hand-Gummiwischer zur Fensterreinigung verwendet werden.

Sofern der Reinigungsroboter während des Betriebs die Fahrtrichtung ändert (z.B. beim Hindernis-Ausweichen), können auch zwei Gummiwischer vorgesehen werden. Hier ist jedoch zu beachten, dass der jeweils in Fahrtrichtung liegende, vordere, Gummiwischer lose aufliegenden Schmutz und Staub vor sich herschieben kann. Dies kann nur dadurch sicher verhindert werden, indem der jeweils in Fahrtrichtung liegende Wischer angehoben wird. Wahlweise kann dazu auch der Roboter gekippt werden. Der Bau eines so funktionierenden Reinigungsroboters ist in Kapitel 8.2 „Nass wischende Reinigungsroboter" detailliert beschrieben. Beim Saugsystem ist zu beachten, dass entweder 2 separate Saugsysteme inkl. 2 Saugpumpen (Vakuumpumpen) verwendet werden oder dass der jeweils nicht benützte Saugschlauch durch ein Ventil verschlossen wird. Andernfalls saugt immer nur der Schlauch, der gerade nicht in die Flüssigkeit eintaucht, Luft an und die Reinigungsflüssigkeit verbleibt auf dem Boden.

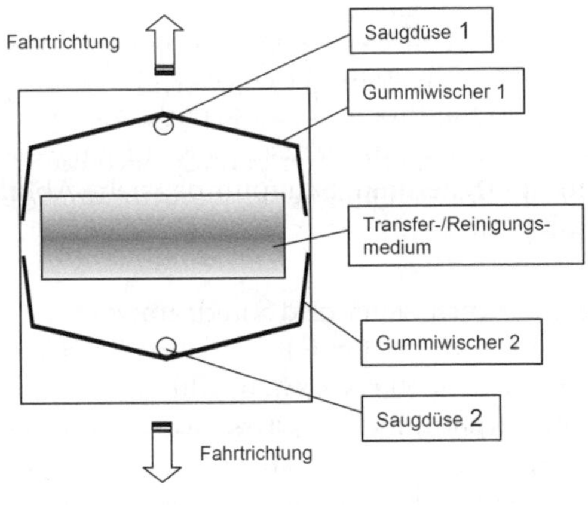


***Abbildung 2.108:*** *Wischroboter mit Gummiwischer für 2 Fahrtrichtungen (Prinzipskizze).*

***Abbildung 2.109:*** *Wischroboter mit Gummiwischer für 2 Fahrtrichtungen (praktische Ausführung).*

Als Saugpumpen sind kleine Aquarien-Luftpumpen (Membranpumpen) gut geeignet. Diese Pumpen gibt es sehr günstig, auch für Niederspannungsbetrieb.

*Abbildung 2.110: Saugeinheit zur Schmutzwasser-Aufnahme mit Aquarien-Luftpumpe.*

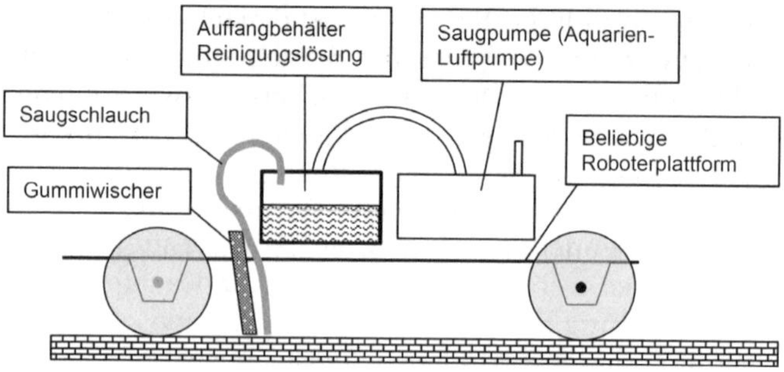


Man beachte, dass aufgrund des im Saugbehälter vorhandenen Unterdrucks eine gleichzeitige Dosierung aus diesem Behälter nicht ohne weiteres möglich ist. Zum Auftrag der Reinigungslösung wird in diesem Fall am besten ein zweiter, unabhängiger Behälter mit frischer Reinigungslösung verwendet.

**Reinigungslösung regenerieren**

Eine Regeneration der Reinigungslösung kann in bestimmten Fällen sinnvoll sein. Besonders, wenn große, wenig verschmutzte Flächen gereinigt werden müssen. Im häuslichen Bereich ist jedoch in der Regel eine einmalige Nutzung der Reinigungslösung ausreichend, da dann kein zusätzlicher Aufwand zur Regenerierung notwendig ist. Außerdem ist die Gesamtmenge an Reinigungslösung für einen Putzvorgang gering. Bei einer einmaliger Nutzung der Reinigungslösung sind immer zwei Behälter notwendig. In einem Behälter befindet sich die frische Reinigungslösung, der andere Behälter ist leer und nimmt die verbrauchte Reinigungslösung auf.

Entscheidet man sich dennoch für eine Regeneration der Reinigungslösung, so bieten sich dazu die Möglichkeiten Filtration und Sedimentation an. Diese werden in den folgenden Kapiteln beschrieben. Vorab soll aber nochmals darauf hingewiesen werden, dass gelöste und sehr fein (kolloidal) verteilte Verunreinigungen weder durch Sedimentation, noch durch Filter zurückgehalten werden. Vom Boden aufgenommene Verunreinigungen wie zuckerhaltige Lösungen werden also letztendlich beim Reinigungsvorgang unter Regeneration der Reinigungslösung gleichmäßig auf der gereinigten Fläche verteilt.

- Filtration

Die Filtration zur Reinigung verschmutzter Reinigungslösung hat den Nachteil, dass der verwendete Filter, spätestens nach einigen Reinigungszyklen, wieder gereinigt (ausgewaschen) oder sogar ersetzt werden muss, was einen zusätzlichen Aufwand bedeutet. Filterwechsel oder Filterreinigung sollten also möglichst einfach durchführbar sein. Weiterhin darf der Filter während des Betriebes nicht verstopfen. Ein Filter mit den genannten Eigenschaften ist beispielsweise ein normaler Schwamm, der, wie in der folgenden Abbildung 2.111 gezeigt, lediglich auf ein Lochblech im Behälter der Reinigungslösung gelegt wird. Zur Reinigung wird die Reinigungslösung ausgegossen, der Schwamm entnommen und unter fliessenden Wasser kurz abgespült.

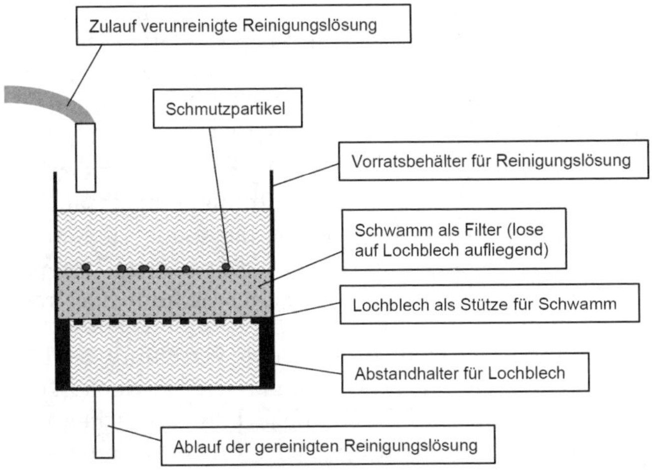


***Abbildung 2.111:*** *Aufarbeitung der Reinigungslösung durch Filtration.*

- Sedimentation

Auch durch Sedimentation kann eine verschmutzte Reinigungslösung, zumindest von gröberen, unlöslichen Partikeln befreit werden. Dies gelingt einfach durch Einbau einer Barriere in den Vorratsbehälter, wie Abbildung 2.112 zeigt. Auch hier gilt aber, wie schon bei der Reinigung durch Filtern, dass sehr feine oder gar lösliche Verunreinigungen nicht entfernt werden.

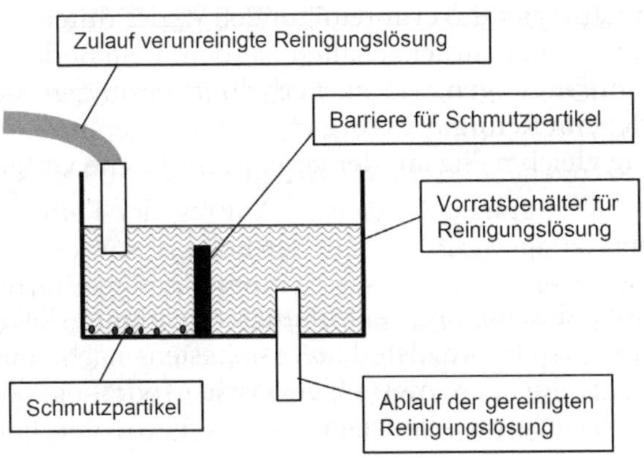


***Abbildung 2.112:*** *Aufarbeitung der Reinigungslösung durch Sedimentation.*

Auch wird noch auf ein Problem bei der Säuberung der Reinigungslösung hingewiesen. Sofern nämlich für das Aufsaugen der verschmutzten Reinigungslösung im Vorratsbehälter ein Unterdruck erzeugt wird, läuft die gesäuberte Reinigungslösung nicht mehr von selbst aus diesem Behälter heraus. Das Auslaufverhalten ist dann abhängig von der verwendeten Saugpumpe, dem Saugschlauchdurchmesser und der Menge an Reinigungslösung, die aufgesaugt werden muss. Die Reinigungslösung kann in der Regel immer nur dann aus dem Vorratsbehälter selbsttätig herauslaufen, wenn über den Saugschlauch gerade Luft angesaugt wird (Unterdruck im Vorratsgefäß bricht weitgehend zusammen). Sofern also über einen dünnen Saugschlauch permanent größere Mengen an Reinigungslösung aufgesaugt werden, bleibt im Vorratsbehälter auch immer ein Unterdruck bestehen, der das Austreten gereinigter Reinigungslösung verhindert oder schlimmstenfalls sogar über die vorgesehene Auslauföffnung Luft ansaugt. Abhilfe schafft hier eine zusätzliche Pumpe, die die gesäuberte Reinigungslösung in definierter Menge auch gegen den geringen Unterdruck im Vorratsbehälter sicher auf das Reinigungsmedium überträgt (siehe Abbildung 2.113).

***Abbildung 2.113:*** *Anordnung zur Aufarbeitung der Reinigungslösung mit separater Dosierpumpe.*

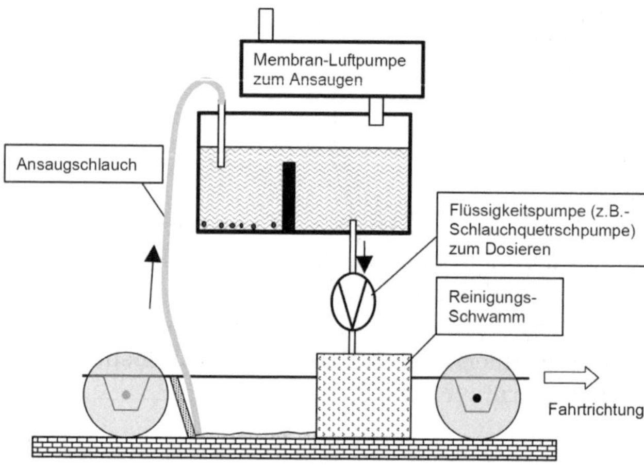


### *Feucht wischende Reinigungsroboter mit Schmutzwasser-Aufnahme – Zusammenfassung*

Im vorangegangenen Abschnitt wurden zahlreiche Teilaspekte feucht wischender Reinigungsroboter, wie Auftrag der Reinigungslösung, Transfer der Reinigungslösung auf den Boden u.s.w. detailliert behandelt. Es ist leicht ersichtlich, dass sich durch Kombination der verschiedenen Reinigungs-Teilschritte eine große Anzahl möglicher Konstruktionsvarianten ergibt. Allerdings sind bei weitem nicht alle Kombinationsmöglichkeiten auch sinnvoll zu realisieren. Die folgende Grafik gibt einen Überblick über mögliche Kombinationen verschiedener Reinigungs-Teilschritte. Das Schmutzwasser-Recycling ist dabei nicht berücksichtigt, da es weitgehend unabhängig von den Reinigungsschritten ist.

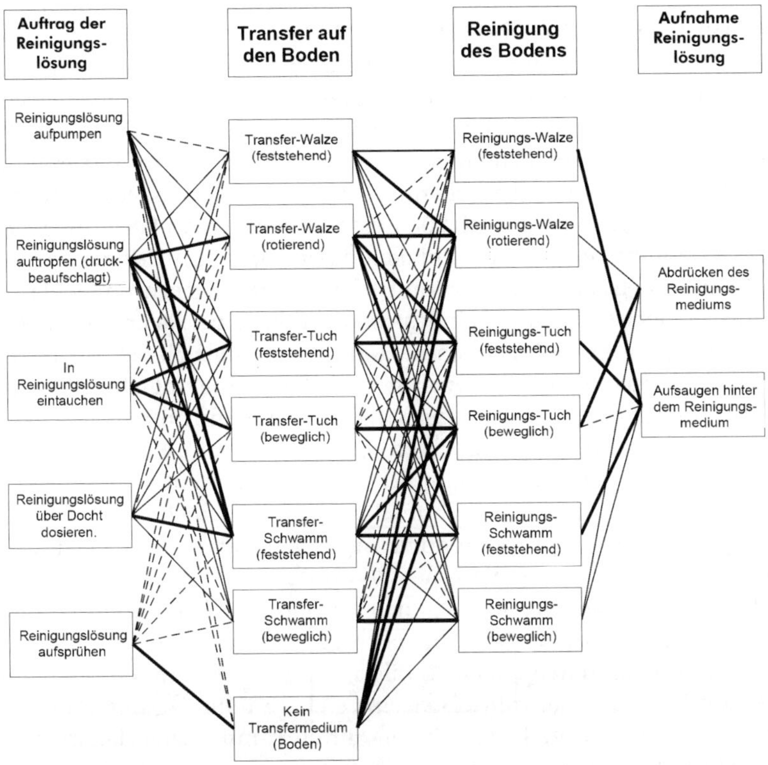


***Abbildung 2.114:*** *Mögliche Kombinationen der verschiedenen Reinigungs-Teilschritte.*

Den Verbindungslinien kommt dabei folgende Bedeutung zu:

| **Verbindungslinie** | **Bedeutung** | **Beispiel** |
|---|---|---|
| Keine Verbindungslinie | Kombination nicht möglich | Boden direkt in Reinigungslösung eintauchen |
| Verbindungslinie unterbrochen | Kombination nicht praktikabel | Reinigungslösung auf Schwamm aufsprühen |
| Dünne Verbindungslinie | Kombination möglich | Reinigungslösung über Docht auf Transfertuch dosieren |
| Dicke Verbindungslinie | Kombination bevorzugt | Reinigungslösung auf rotierende Transferwalze tropfen (druckbeaufschlagt) |

Eine waagrechte Verbindungslinie bedeutet, dass Transfer- und Reinigungsmedium identisch sein können. Beispielsweise kann einundderselbe Schwamm zum Transfer der Reinigungslösung auf den Boden und gleichzeitig zur Bodenreinigung verwendet werden. Diese günstige, da platzsparende Variante ist daher in der vorangegangenen Grafik mit dicken, waagrechten Linien markiert.

**Selbstbau einer Schlauchquetschpumpe**

Eine Schlauchquetschpumpe besteht aus einem Stück flexiblen Schlauches (Silikonschlauch), der mittels rotierender Rollen (Kugellager) von einem zum anderen Ende zusammengequetscht wird. Die zwischen zwei Rollen im Schlauch eingeschlossene Flüssigkeit wird durch die Rotation durch das Schlauchstück geschoben. Voraussetzung dafür ist, dass die Quetschung wirklich dicht abschließt. In kommerziellen Schlauchpumpen wird der Schlauch dazu gegen eine halbkreisförmige Wandung gepresst, deren Andruck je nach verwendetem Schlauch teilweise noch individuell eingestellt werden kann. Da an eine solche Konstruktion zur reibungslosen Funktion relativ hohe feinmechanische Anforderungen gestellt werden, wird hier eine einfachere Variante vorgestellt. Bei Verwendung eines dünnwandigen Silikonschlauches (Isolierschlauch für Kabel etc.) ist nämlich keine Gegenwandung notwendig. Es reicht aus, wenn der Schlauch mit deutlichem Zug auf die Rollen gespannt wird. Zum Bau einer Schlauchquetschpumpe wird zuerst der später rotierende Pumpenkopf angefertigt. Dazu werden 3...4 Kugellager (Durchmesser ca. 1...2 cm, Höhe mindestens Schlauchdurchmesser) so zwischen zwei runde Platten geschraubt, dass die Platten mindestens einen Schlauchdurchmesser über die Kugellager hinausstehen (siehe Abbildung 2.115 „Anfertigen des Pumpenkopfes"). Dies gewährleistet eine sichere Führung des Pumpenschlauches. Die Kugellager müssen mittels dünner Unterlagscheiben so montiert werden, dass sich der äußere Ring des Lagers frei drehen kann. Dieser muss ja später auf dem Schlauch abrollen und diesen dabei zusammenquetschen.

***Abbildung 2.115:*** *Anfertigen des Pumpenkopfes.*

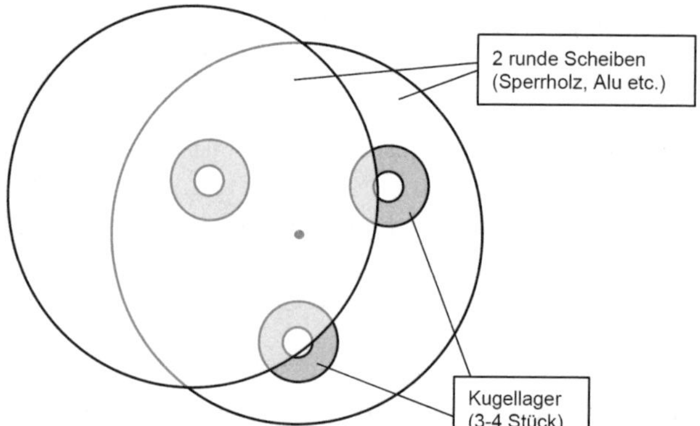

Der Pumpenkopf wird dann auf einer Basisplatte fest mit einem soliden, langsam drehenden Getriebemotor (ca. 100 UpM) verbunden. Die folgende Abbildung 2.116 macht dies deutlich.

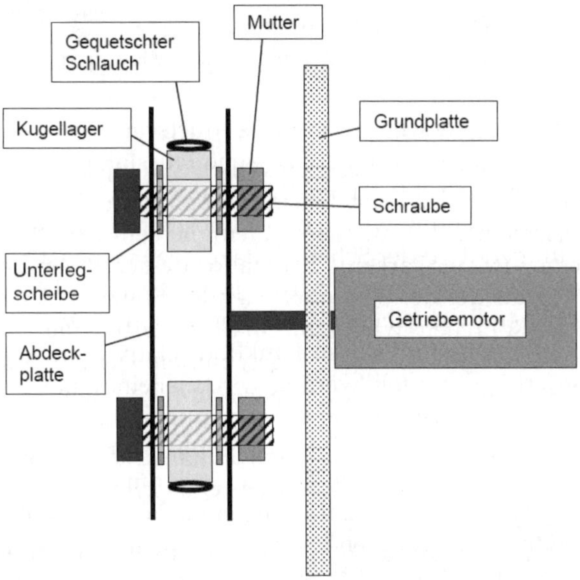


***Abbildung 2.116:*** *Detailzeichnung Schlauchquetschpumpe (Pumpenkopf).*

Als Befestigung für den verwendeten Silikonschlauch dienen 2 Messingröhrchen, die in einem, möglichst verstellbaren Halteblock eingespannt sind (siehe Abbildung 2.117 „Schlauchquetschpumpe, Prinzipskizze"). Der Verstellweg ist dabei nicht zu kurz zu bemessen, da der Schlauch fest gespannt werden muss. Damit er nicht von den Messingröhrchen abrutscht, wird er dort mit Kabelbindern befestigt.

Der Schlauch wird solange gespannt, bis die Pumpe fördert. Gegebenenfalls muss der Schlauch dazu zuerst manuell mit Wasser gefüllt werden, da die Pumpe nur bedingt selbstansaugend ist.

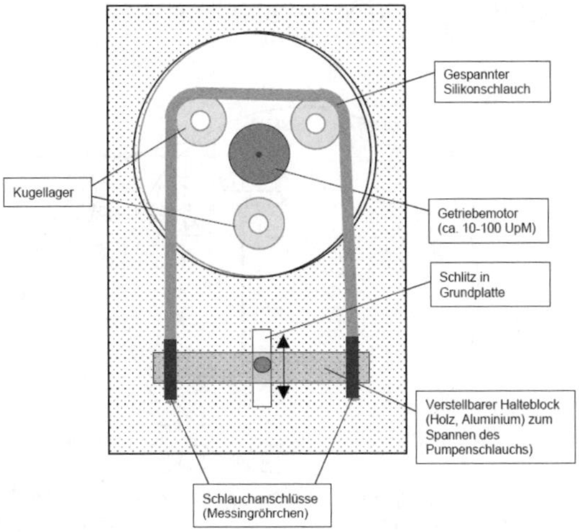


***Abbildung 2.117:*** *Schlauchquetschpumpe, Prinzipskizze.*

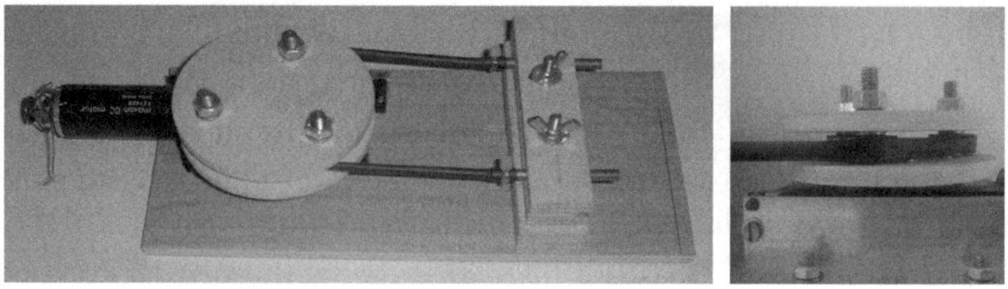

***Abbildung 2.118:*** *Schlauchquetschpumpe, praktische Realisierung (rechts: Detailansicht).*

**Selbstbau eines handbetätigten Quetschventils**

Ein fein einstellbares, handbetätigtes Quetschventil lässt sich sehr einfach aus nur 2 Bauteilen herstellen (siehe Abbildung 2.119 „Handbetätigtes Quetschventil"). Man benötigt lediglich ein viereckiges Aluminiumröhrchen (Meterware aus Baumarkt) dessen Innendurchmesser etwas größer als der des abzuquetschenden Silikonschlauches ist. In eine Seite des Röhrchens wird dann ein Gewinde für eine Stellschraube geschnitten. Der Durchmesser der Stellschraube sollte dabei etwa dem Durchmesser des verwendeten Silikonschlauches entsprechen. Das Quetschventil ist über die Stellschraube fein einstellbar, so dass beispielsweise der Auftrag der Reinigungsflüssigkeit genau dosiert werden kann.

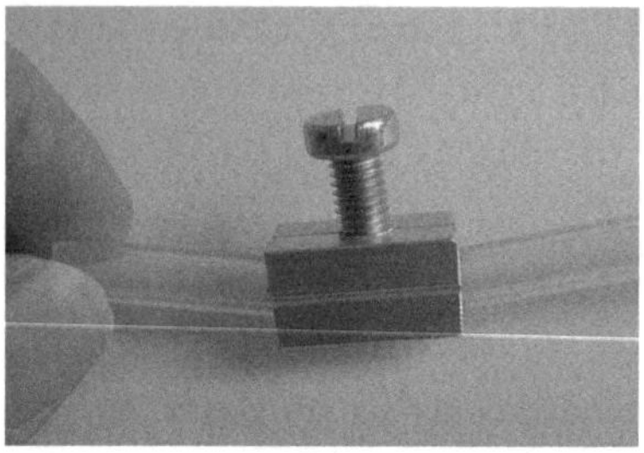

***Abbildung 2.119:*** *Handbetätigtes Quetschventil (fein einstellbar).*

**Selbstbau elektrisch betätigter Ventile**

Einfache, aber wirkungsvolle und vor allem stromsparende Quetschventile lassen sich mittels eines kleinen Getriebemotors leicht selber bauen. Im Folgenden werden dazu zwei Varianten vorgestellt (siehe Abbildung 2.120 und Abbildung 2.121).

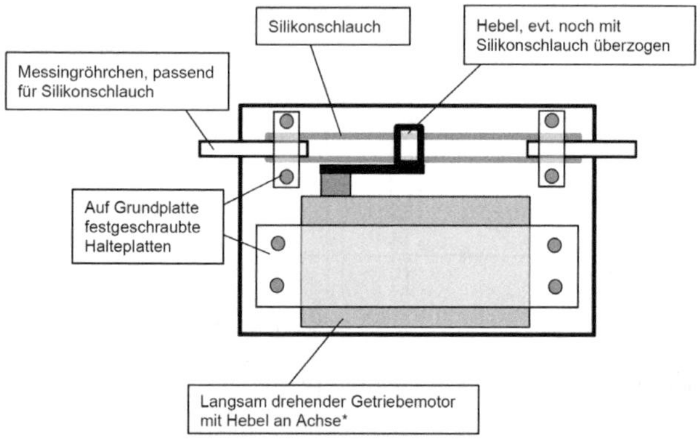


***Abbildung 2.120:*** *Elektrisch betätigtes Quetschventil (1-Kanal).*

* Geeignet sind Modellbauservos mit aufgesetztem Ruderhorn. Die Servos können entweder mit Impulssteuerung angesteuert werden oder nach Entfernung der kompletten Elektronik wie ein normaler Gleichstrommotor.

Im Betrieb drückt die Rolle am Ende des Hebels den Silikonschlauch (nicht zu stark) zusammen, wodurch dieser abdichtet. Bei Verwendung eines stark untersetzten Getriebes (wie z.B. in Modellbauservos) verändert sich die Hebelstellung auch bei Abschalten des Antriebsstroms nicht und das Ventil bleibt geschlossen. Das Ventil benötigt, im Gegensatz zu üblichen Magnetventilen, also lediglich bei einer Änderung des Betriebszustandes Strom. Zur Ansteuerung wird der Getriebemotor für eine zum sicheren Schließen/Öffnen des Ventils ausreichende Zeitspanne mit Spannung versorgt. Die Halterung des Servos sollte solide ausgeführt sein, sodass ein kurzzeitiges Blockieren des Antriebsmotors möglich ist. Dann kann auf die Installation von Endschaltern verzichtet werden.

Eine andere Variante, bei der gleichzeitig mehrere Kanäle (Schläuche) geöffnet und/oder geschlossen werden können besteht aus einer mehrfach durchbohrten Welle, durch deren Bohrungen jeweils ein Silikonschlauch gespannt wird. Durch Verdrehen der Welle um ca. 90...120° mittels eines stark untersetzten Getriebemotors können die Schläuche abgequetscht werden (siehe Abbildung 2.121 und Abbildung 2.123). Der Drehwinkel sollte bei dieser Anordnung in jedem Fall mittels Endschaltern begrenzt werden.

*Abbildung 2.121: Elektrisch betätigtes Quetschventil (mehrere Kanäle).*

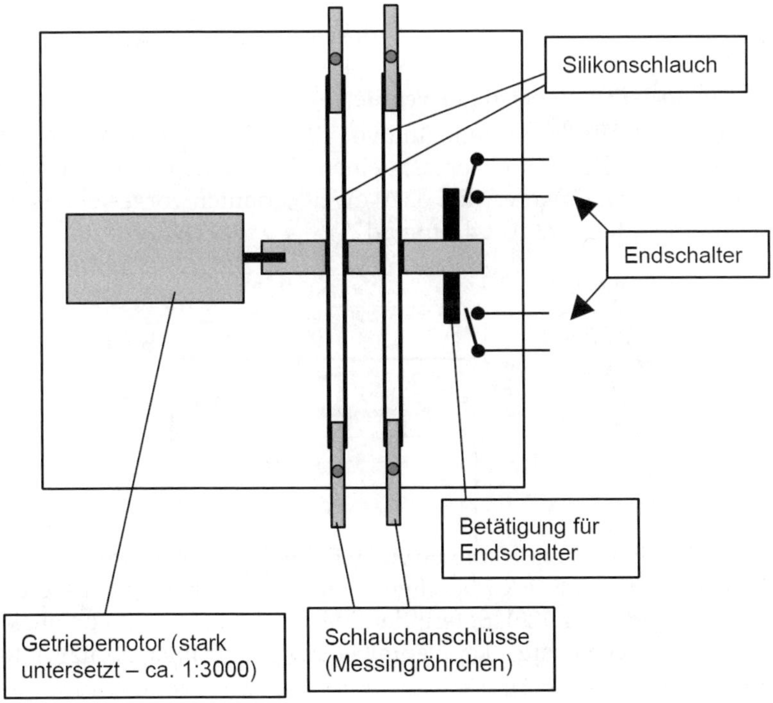

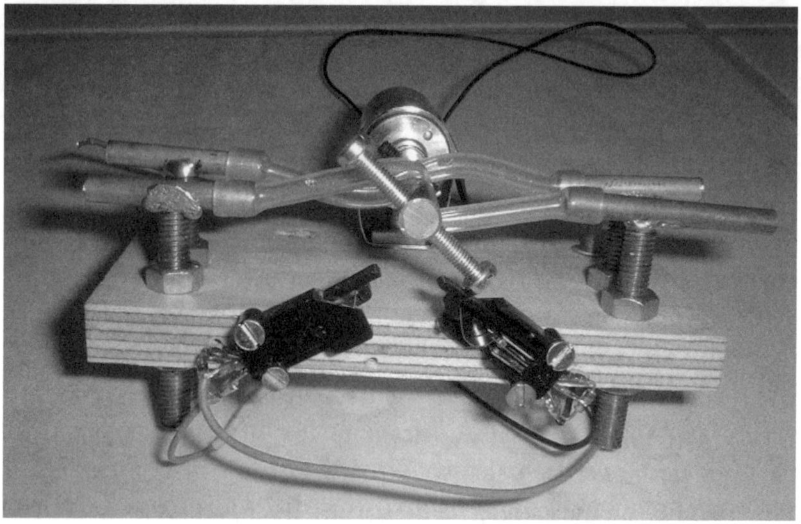

***Abbildung 2.122:*** *Elektrisch betätigtes Quetschventil (2 Kanäle), inkl. Endschalter.*

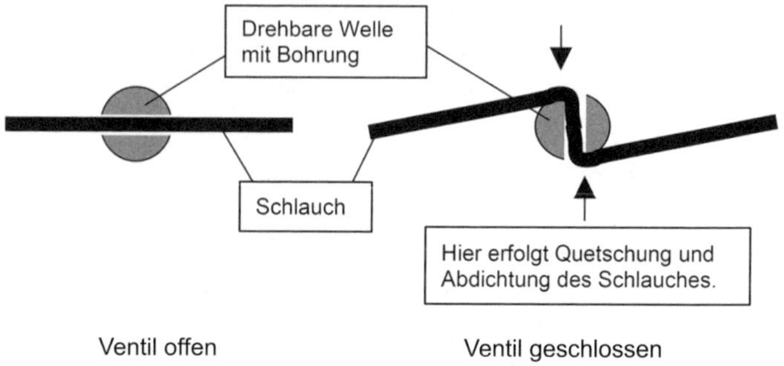


***Abbildung 2.123:*** *Stellungen des Quetschventils.*

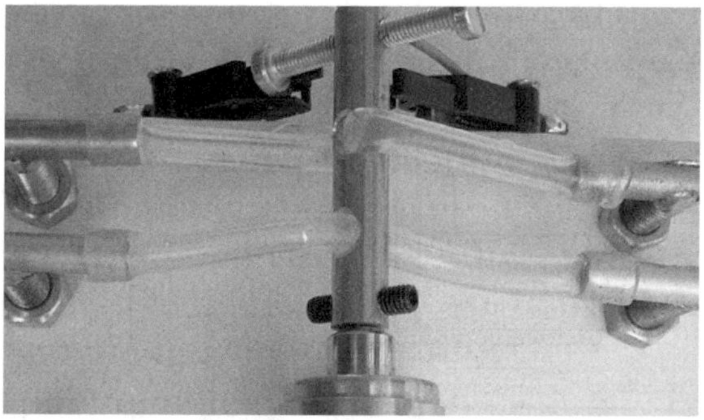

***Abbildung 2.124:*** *Stellungen des 2-Kanal-Quetschventils (1 Kanal offen, 1 Kanal geschlossen).*

Die Schlauchanschlüsse können einfach durch Auflöten eins Messingröhrchens auf ein Stück Messing-Gewindestange hergestellt werden (siehe Abbildung 2.125). Sofern der Silikonschlauch nicht von alleine auf dem Röhrchen haftet, kann er mit einem Kabelbinder zusätzlich fixiert werden.

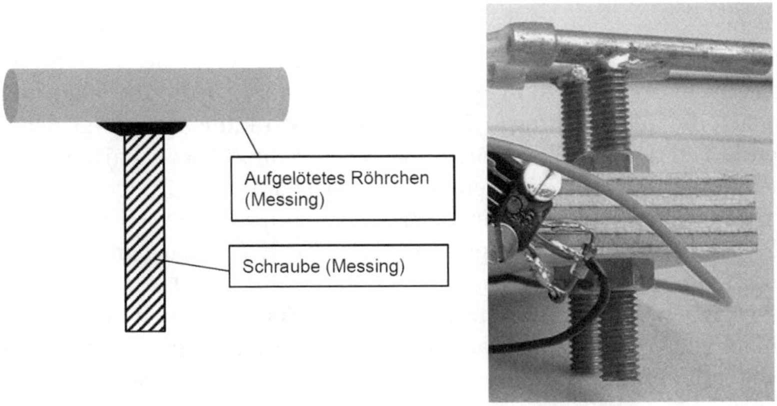


*Abbildung 2.125:* *Schlauchanschluss (höhenverstellbar).*

**Anfertigung von Rückschlagventilen**

Rückschlagventile lassen sich relativ einfach und preiswert aus gängigen Materialien selbst herstellen. Je nachdem, um welche Durchflüsse es sich handelt, bieten sich zwei Konstruktionsvarianten an. Für größere Durchflüsse lässt sich ein simples aber effizientes Rückschlagventil durch passgenaues Einschieben zweier Silikonschläuche in ein Metallröhrchen herstellen. Zwischen den beiden Schläuchen muss dabei ein Freiraum bleiben, der eine Kugel (Metall, Glas, etc.) aufnehmen kann. Die Kugel dichtet dann nach einer Seite hin den Silikonschlauch ab. Auf der entgegengesetzten Seite muss durch eine Feder oder eine Einkerbung des Silikonschlauches stets der Durchgang frei gehalten werden. Die Einkerbungsvariante funktioniert allerdings, besonders bei geringen Strömungsgeschwindigkeiten, nur bei senkrechtem Einbau des Ventils. Die beiden Varianten sind in der folgenden Abbildung genauer dargestellt.

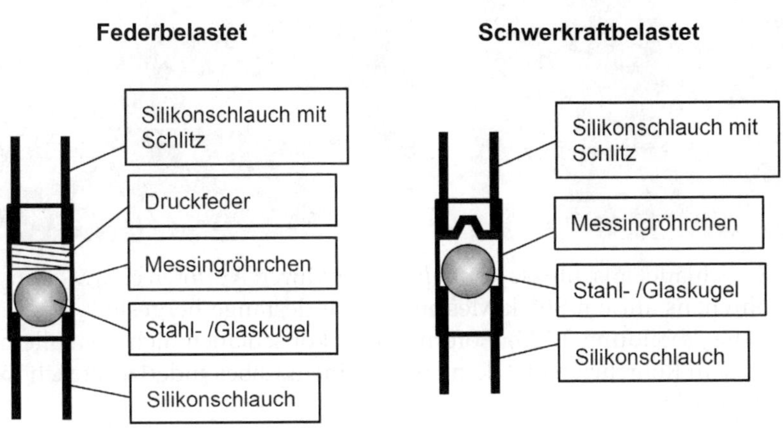


*Abbildung 2.126:* *Selbstgebautes Rückschlagventil.*

Nachteilig bei dieser Variante ist die Tatsache, dass das Ventil in Sperrrichtung selten absolut dicht schließt. Daher ist bei kleinen Durchflüssen (< 0,1 l/min) fast kein Sperreffekt vorhanden. In diesen Fällen bietet sich die in Abbildung 2.127 gezeigt Konstruktion an. Das entscheidende Teil des Ventils ist ein einfacher Einschnitt (mit scharfem Teppichmesser ausführen) in einem Silikonschlauch. Ein solches Ventil wird im Übrigen als „Bunsenventil" (nach ROBERT WILHELM BUNSEN, 1811...1899) bezeichnet und ist als Überdrucksicherung bei chemischen Laborapparaten heute noch verbreitet. Bei der nachfolgend beschriebenen Konstruktionsvariante aus Silikonschlauch müssen die Einzelteile lediglich ineinandergesteckt werden. Ein Verkleben ist nicht notwendig, da die (sauberen) Silikonschlauchteile von selbst abdichten.

***Abbildung 2.127:*** *Rückschlagventil für kleine Durchflüsse.*

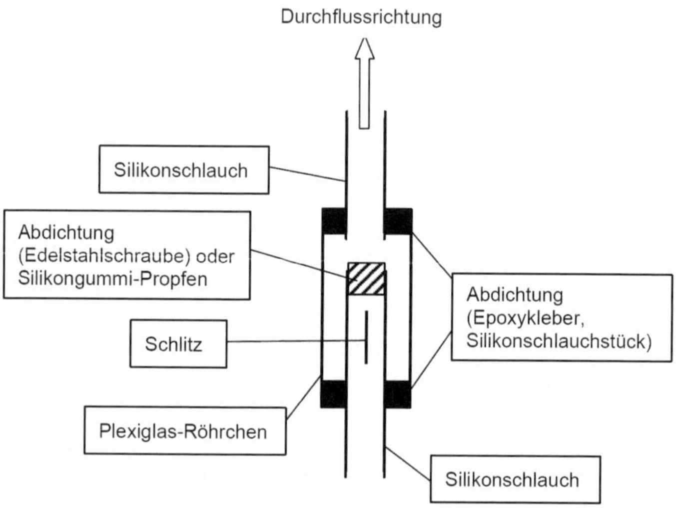


***Abbildung 2.128:*** *Rückschlagventil für kleine Durchflüsse.*

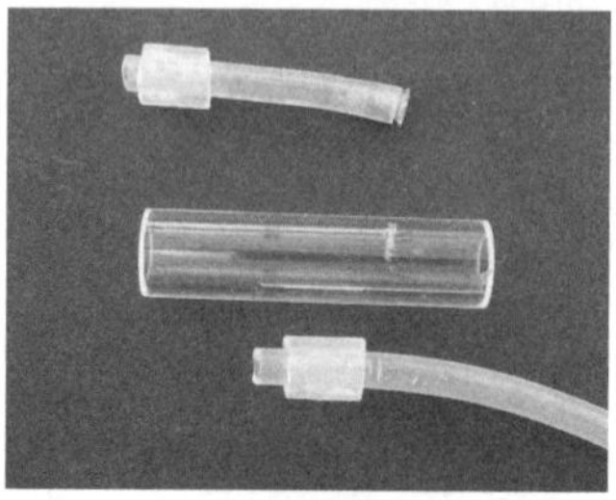

Einzelteile

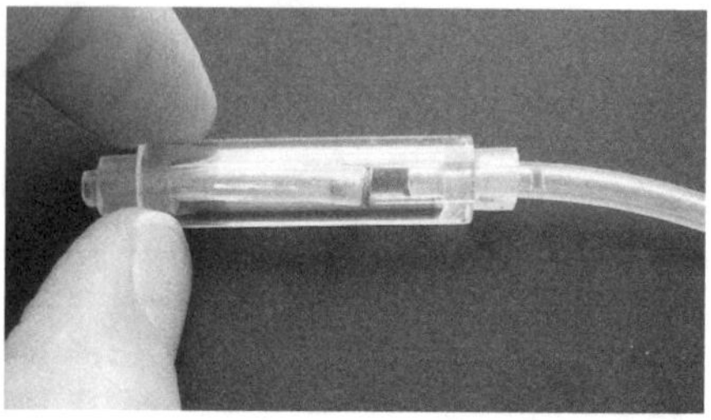

Zusammengefügtes Ventil

**Anfertigung einer Walze zum Antrieb eines Gewebebandes**

Eine Walze als Träger für einen Ringschwamm oder für ein Gewebeband lässt sich, wie in der folgenden Abbildung gezeigt, ganz einfach durch Zusammenstecken von PVC-Abflussrohrstücken herstellen. Dazu werden ein kurzes Rohrstück und 2 Endkappen benötigt.

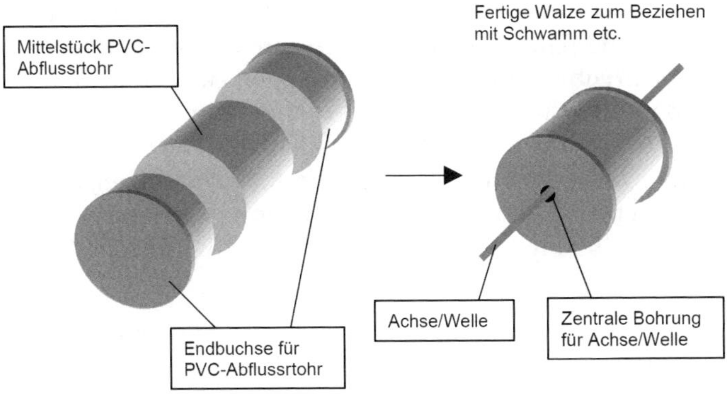


***Abbildung 2.129:*** *Selbstbau einer Walze aus PVC-Abfluss-rohr-Fertigteilen.*

Werden die beiden Endkappen zentral durchbohrt lässt sich eine Achse oder Welle einschieben. Die Anfertigung einer exakt zentralen Bohrung in eine vorgegebene runde Scheibe ist allerdings nicht ganz einfach. Eine recht gute Möglichkeit besteht in der Verwendung eines Zirkels, dessen Durchmesser man solange variiert, bis er den äußeren Rand der Scheibe an jeder Stelle gerade berührt. Eine andere Möglichkeit ist die Verwendung eines sogenannten Zentrierwinkels (siehe Abbildung 2.130).

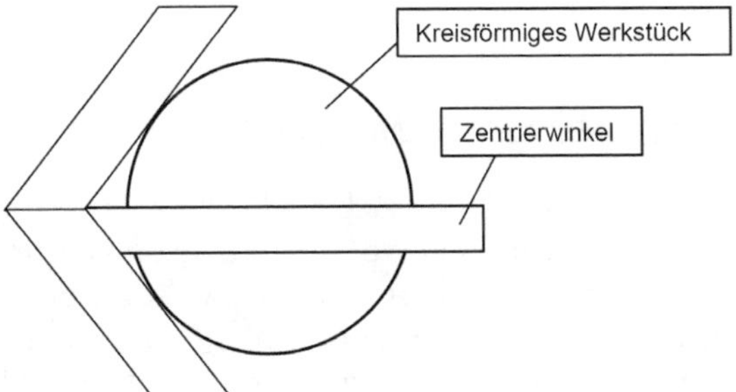


***Abbildung 2.130:*** *Verwendung eines Zentrierwinkels zur Bestimmung des Kreismittelpunktes*.*

* Zur Bestimmung des Mittelpunktes wird das Objekt an die Schenkeln des Zentrierwinkels angelegt und mit einem spitzen Bleistift oder einer Reißnadel am Hilfslineal entlang eine Mittellinie aufgezeichnet. Der Vorgang wird jeweils nach Drehen des Werkstückes mehrfach wiederholt. Alle eingezeichneten Mittellinien schneiden sich im dann Mittelpunkt.

Nachteilig bei den so angefertigten Rollen ist der niedrige Rand, der je nach Anwendung zur Führung eines Gewebebandes etc. nicht ausreicht. In diesem Fall kann selbstverständlich eine zusätzliche, größere Scheibe seitlich aufgeklebt oder aufgeschraubt werden.

Verzichtet man von vorneherein auf die einsteckbaren Rohrmuffen, die es ja nur für einige definierte Rohrdurchmesser gibt, kann man auch Rohrstücke beliebigen Durchmessers verwenden und auf deren Seitenfläche eine Scheibe im benötigten Durchmesser aufkleben. Auch diese Seitenscheiben müssen zum Anbringen einer Achse oder Welle zentral durchbohrt werden.

Eine weitere Verbesserung, besonders bei Antriebswalzen, kann durch Aufbringen einer Silikongummi-Beschichtung erreicht werden. Der gut haftende Silikongummi verhindert das Durchrutschen eines Gewebebandes etc..

***Abbildung 2.131:*** *Selbstbau einer silikonbeschichteten Walze.*

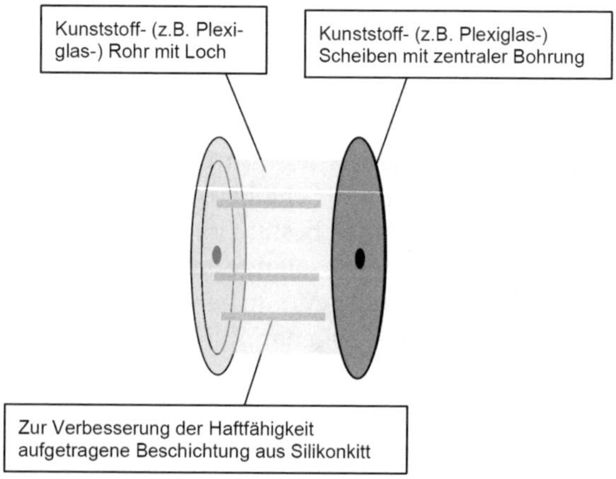


## Reinigungsroboter für Fenster

Ebenso wie bei Böden handelt es sich auch bei Fenstern um ebene Flächen, die turnusmäßig gereinigt werden müssen. Im Gegensatz zu Böden ist die Reinigung von Fenstern normalerweise aufgrund der einfachen Geometrie und fehlender Hindernisse sogar noch einfacher. Auch der Untergrund ist eindeutig definiert (Glas) und die Reinigungsvariante kann optimal auf das Material Glas angepasst werden. Lediglich ein Faktor stellt die Konstruktion eines Fensterputzroboters vor gewisse Probleme. Dies ist die Tatsache, dass Fenster in der Regel senkrecht installiert sind und daher der Roboter nicht einfach aufgrund der Schwerkraft auf der zu reinigenden Fläche aufliegt. Das Problem lässt sich prinzipiell mittels zweier Konstruktionsvarianten lösen. Entweder man installiert einen außerhalb des Fensters gestützten (beweglichen oder ortsfesten) Roboter mit einem beweglichen Wischarm oder Ähnlichem (siehe Abbildung 2.132 und Abbildung 2.133) oder man trägt dafür Sorge, dass sich der Roboter von selbst an der Scheibe festhalten kann (siehe Abbildung 2.134). Die zuerst beschriebene Variante eines bodengestützten Systems benötigt einen Roboterarm, der sich zweidimensional bewegen können muss. Eine andere elegante Lösung besteht in der Verwendung einer Gardinenleiste als Träger der beweglichen Putzeinheit. Mittels zweier Seile kann die Putzeinheit bei Bedarf heruntergelassen werden, die das Fenster nach einem vorgegebenen Schema putzt. Bei geschickter Konstruktion und günstigen örtlichen Gegenebenheiten lassen sich so auch mehrere nebeneinander liegende Fenster putzen. Die Putzeinheit kann gegebenenfalls auch nach getaner Arbeit hinter dem Seitenvorhang verschwinden. Da es sich bei all diesen Systemen aber im engeren Sinne nicht um autonome mobile Roboter handelt, wird darauf hier nicht näher eingegangen.

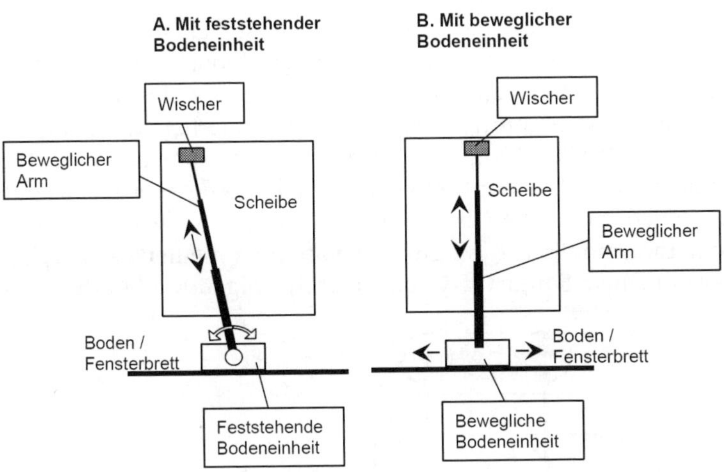


*Abbildung 2.132:* *Bodengestützte Fensterreinigungsroboter.*

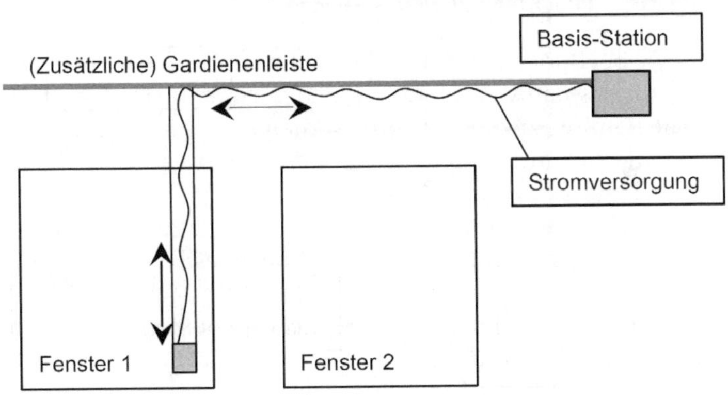


*Abbildung 2.133:* *Deckengestützte Fensterreinigungsroboter (mit Gardinenleiste als Laufkatze).*

*Abbildung 2.134:* Ausführungsvarianten freitragender Fensterputzroboter.

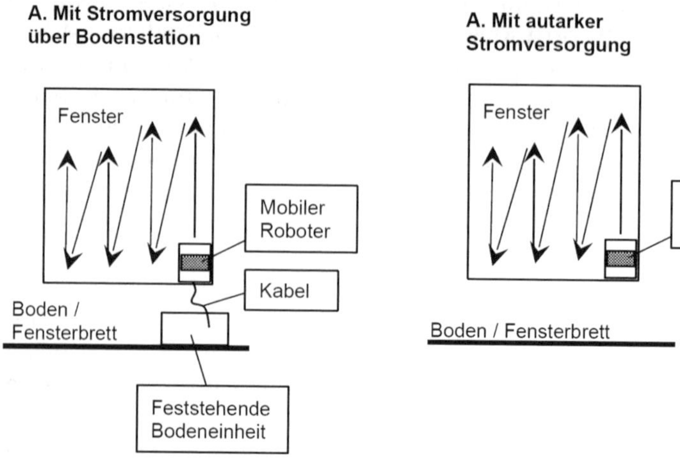


Wesentlich innovativer als die Konstruktion eines stationären Roboterarmes ist der Bau von mobilen Robotern, die eine vertikale (Fenster-)Fläche selbständig befahren und reinigen. Bekannt sind beispielsweise Systeme, basierend auf schreitenden Robotern mit Saugnäpfen an den Füssen. Für solche Saugnäpfe ist in der Regel (aber nicht zwingend) eine Vakuumpumpe notwendig, die innerhalb des Saugnapfes einen Unterdruck erzeugt. Ohne Vakuumpupe kann auch durch eine geschickte Aufsetzvariante ein Unterdruck erzeugt werden, was allerdings wiederum einen hohen mechanischen Aufwand notwendig macht. Eine mögliche Konstruktionsvariante für einen Fensterputzroboter mit einem Saugnapfsystem zeigt die folgende Abbildung 2.135:

*Abbildung 2.135:* Schreitroboter mit Saugnäpfen.

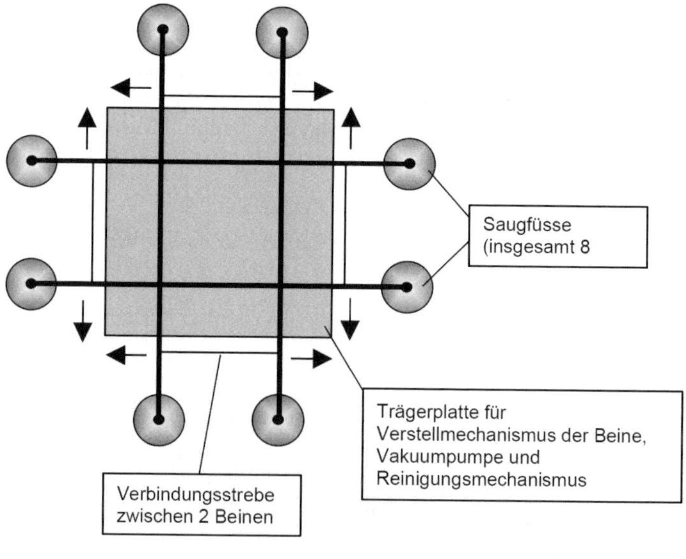

Zur Fortbewegung wird jeweils ein fest miteinander verbundenes Beinpaar vor- und zurück bewegt, während sich das andere Beinpaar von der Scheibe abhebt. Mindestens ein Beinpaar muss daher zusätzlich in der Höhe verstellt werden können. Weiterhin müssen die Saugnäpfe der beiden Beinpaare separat an- und abgestellt werden können. Damit ist dieser Roboter in der Lage, sich vor- und rückwärts, sowie um 90° seitlich versetzt zu bewegen, was für rechtwinklige Flächen völlig ausreichend ist. Bei ausreichender Beinfreiheit und entsprechend guter Ausrüstung mit Sensoren (evt. auch Unterdruck Sensoren in den Saugnäpfen) kann ein solcher Roboter sogar den Rahmen zwischen zwei Fenstern überwinden.

Eine andere Variante eines Saug-Fensterputzers wurde vom Fraunhofer-Institut entwickelt (patentgeschützt). Der Roboter mit dem Namen „Raccoon“ (Waschbär) besitzt zahlreiche Saugnäpfe auf einem beweglichen Band. Die Saugnäpfe besitzen ein Ventil, welches geschlossen wird, sobald der Saugnapf auf die Scheibe gedrückt wurde. Somit kommt das System ohne aktive Vakuumpumpe aus. Der „Raccoon“ kann allerdings mit diesem System die Scheibe nicht verlassen und ist somit nur zum Reinigen größerer, zusammenhängender Glasflächen geeignet.
Aufgrund der Komplexität solcher Saugnapf-Systeme sind sie leider zum Selbstbau nicht besonders geeignet. Außer Saugnäpfen gibt es aber eine weitere, mit deutlich weniger Aufwand realisierbare Möglichkeit, einen Roboter an einem Fenster zu fixieren. Dies kann nämlich mittels starker Magnete erfolgen, vorausgesetzt auf der Rückseite des Fensters befinden sich weitere, entgegengesetzt gepolte Magnete. Allerdings liegt in der Dicke das Fensters eine gewisse Einschränkung. Leider sind nämlich selbst starke Seltenerd-Magnete nicht in der Lage durch eine gut wärmeisolierende Doppelglasscheibe noch genügend Haltekraft zu erreichen. Bei einfachverglasten Fenstern ist es aber kein Problem ein kleines autonomes Roboter-Fahrzeug, beispielsweise wie in Abbildung 2.136 gezeigt, zu befestigen.

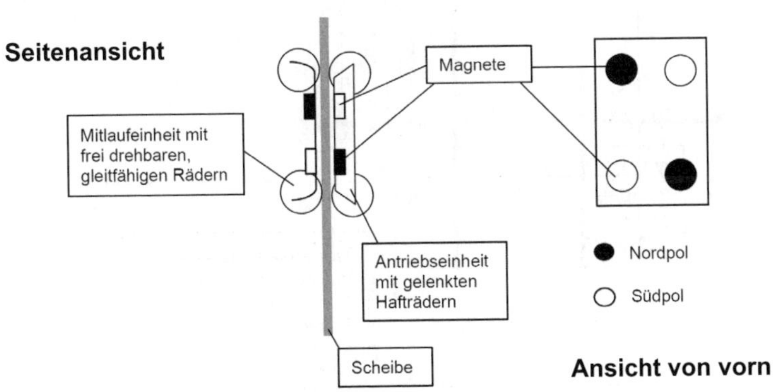


***Abbildung 2.136:*** *Autonomer magnetfixierter Fensterputz-Roboter.*

Prinzipiell ist es zwar möglich, schon mit einem Magnetpaar auszukommen, doch in der praktischen Anwendung hat sich der Einsatz von insgesamt 8 Magneten besser bewährt. Vier Magnete befinden sich auf der Vorderseite und weitere vier Magnete auf der Rückseite des Fensters. Damit wird ein besonders guter Halt erreicht und verhindert, dass sich die beiden Roboterhälften gegeneinander verschieben können. Die Chassis müssen so konstruiert sein, dass der Abstand der Magnetpaare möglicht gering ist. Als Magnete eignen sich besonders gut sogenannte Seltenerd-Magnete (beispielsweise Samarium/Cobaltat oder Eisen/Neodym Magnete). Diese Magnete erzeugen eine im Vergleich zu ihrem Gewicht besonders starke Anziehung, sind aber auch recht teuer und nur schwer erhältlich. Hier lohnt sich ein Blick auf diverse Internet-Auktiosseiten, wo solche Magnete immer wieder angeboten werden. Weiterhin muss auf eine leichte Bauweise der beiden Roboterhälften geachtet werden. Besonders die Verwendung von handelsüblichen drehbaren Möbelrollen für die Rückseite (passive Seite) des Roboters ist problematisch, da die meisten Rollen zu groß und zu schwer sind. Abhilfe kann dabei entweder eine Eigenkonstruktion oder die Verwendung von leichten Bauteilen aus dem Flugzeug-Modellbau schaffen. Auf die Verwendung von drehbaren Rollen kann ohnehin ganz verzichtet werden, wenn stattdessen kleine, leichte und gut gleitfähige Kunststoffräder, wie beispielsweise in der folgenden Abbildung zu sehen, verwendet werden.

***Abbildung 2.137:*** *Leichtes, gut gleitfähiges Kunststoffrad.*

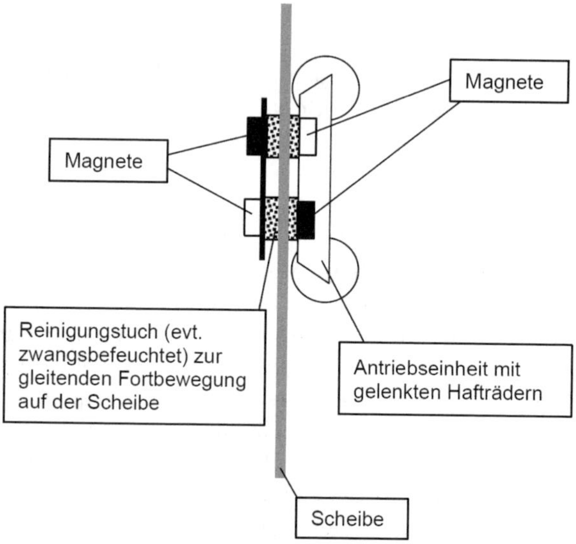


***Abbildung 2.138:*** *Autonomer magnetfixierter Fensterputz-Roboter mit Gleitschwamm/-tuch.*

Sofern das Gewicht des Roboters und das Haftvermögen der Antriebsräder es zulassen, können die drehbaren Rollen auch zugunsten eines gleitfähigen Reinigungstuches / Schwamm, etc. (verschiedene Varianten testen) weggelassen werden. In diesem Fall gleitet der Roboter nur auf den Tüchern und reinigt dabei gleichzeitig die Außenseite des Fensters.

Die Rückseite (passive Seite) des Roboters, die sich in der Regel außen am Fenster befindet sollte natürlich wasserbeständig sein! Zur Konstruktion bietet sich dabei die Verwendung von Kunststoff an. Magnete und sonstige empfindliche Teile lassen sich durch Lackieren oder einen Überzug aus Silikongummi (Silikonkitt aus dem Baumarkt) schützen.
Die Antriebsräder des aktiven Teils des Roboters müssen sehr gut auf der Scheibe haften. Dies ist nicht ganz einfach, da handelsübliche Räder eine viel zu harte Gummimischung haben. Spezielle superweiche Modellbauräder sind aber ziemlich teuer und auch nicht unbedingt geeignet, da sie schwarze Gummistriche auf der Scheibe hinterlassen können. Somit bietet sich hier entweder die Modifizierung von handelsüblichen Rädern oder der Selbstbau von geeigneten Räder an. So lässt sich beispielsweise bei handelsüblichen Möbelrädern aus Holz der O-Ring aus hartem Gummi gegen einen O-Ring aus weichem Gummi oder besser noch aus Silikongummi ersetzen (siehe Abbildung 2.139).

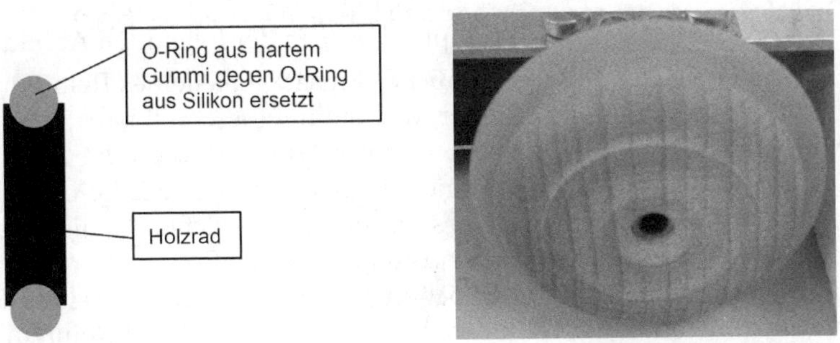


***Abbildung 2.139:*** *Modifiziertes Möbelrad aus Holz.*

*Rechts: praktische Ausführung.*

Die einfache Eigenherstellung von geeigneten O-Ringen jeder beliebigen Größe aus handelsüblichem Silikonkitt ist in „Grundlagen der Robotertechnik“ beschrieben. In noch leichterer Bauweise lassen sich Räder beliebiger Größe durch Zusammensetzen von Aluminium-Rundscheiben herstellen. Dazu werden jeweils 3 Scheiben benötigt, die sauber ausgesägt und mit einer zentralen Bohrung versehen sein müssen. Der Durchmesser der mittleren Scheibe wird um den Durchmesser des verwendeten O-Rings kleiner gewählt. Nach dem Zusammenschrauben mittels einer Schraube oder Gewindestange wird noch der entsprechende O-Ring aufgezogen (siehe Abbildung 2.140).

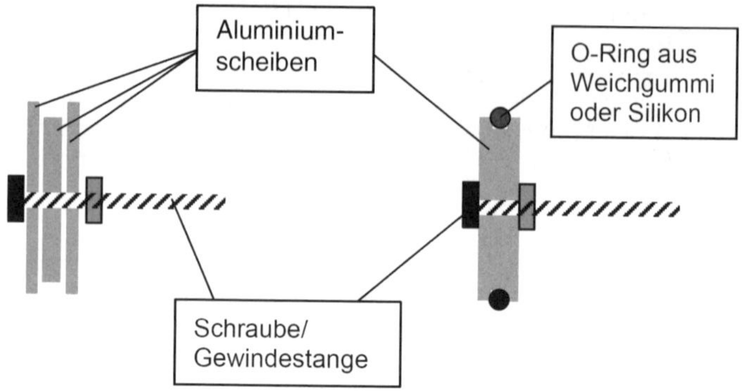


***Abbildung 2.140:*** *Eigenherstellung eines haftfähigen Aluminiumrades.*

Selbstverständlich lässt sich zur Aufnahme des O-Ringes auch eine Vertiefung in eine dicke Aluminiumscheibe fräsen, drehen oder feilen. Außer des mühsamen (aber möglichen) Feilens ist dazu aber entweder eine Fräs- oder Drehmaschine notwendig. Als Antriebsmotore für die beschriebenen Fensterputz-Roboter müssen selbstverständlich kleine, leichte und stark untersetzte Getriebemotore zur Anwendung kommen. Nicht zuletzt muss aber noch auf einen prinzipiellen Nachteil magnetfixierter Fensterputzroboter hingewiesen werden. Sie können nämlich die Scheibe nicht verlassen. Somit eignen sie sich insbesondere zum Reinigen einzelner großer Glasflächen.

## Reinigungsroboter für Metalltafeln (Tafelwischer)

Ein weiteres, eher außergewönliches Einsatzgebiet eines Reinigungsroboters ist die Reinigung einer Magnettafel (beschreibbare, lackierte Metalltafel für Haftmangnete). Voraussetzung ist, dass die Tafel vor der Reinigung von Notizen und Magneten befreit wird. Allerdings muss angemerkt werden, dass es sich bei einem solchen Reinigungsroboter eher um ein „Show-Objekt" handelt, da der Roboter zur Tafelreinigung in der Regel mehr Zeit benötigt, als für eine einfache Hand-Reinigung notwendig ist. Dennoch ist ein solcher Metalltafel-Reinigungsroboter ein hübsches Demonstrationsobjekt für außergewöhnliche Roboteranwendungen.

Die erste Frage, die sich beim Bau eines solchen Roboters stellt, ist, wie sich das Gerät an der Tafel festhalten soll. Natürlich liegt dazu die Verwendung von Magneten nahe und soll im folgenden genauer beschrieben werden. Prinzipiell gibt es nämlich zwei Möglichkeiten der Fixierung. Entweder man installiert Haftmagnete auf der Unterseite des Roboters in möglichst nahem Abstand zur Tafel (siehe Abbildung 2.141) oder man stattet die Antriebsräder selbst mit Haftmagneten aus (siehe Abbildung 2.142).

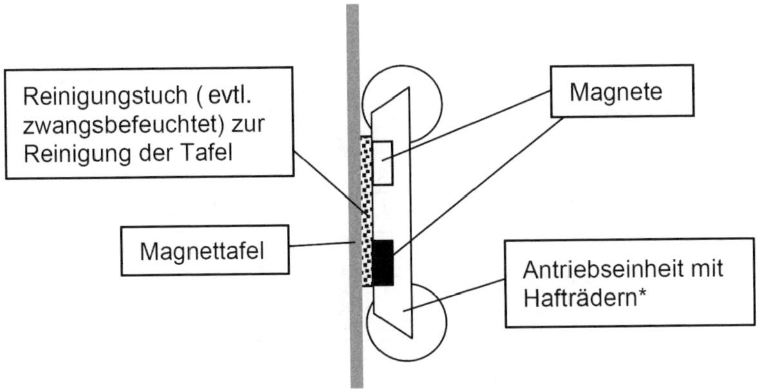


***Abbildung 2.141:*** *Metalltafel Reinigungsroboter mit Magnetfixierung.*

* Die Anfertigung von Hafträdern ist im Abschnitt „Reinigungsroboter für Fenster" detailliert beschrieben.

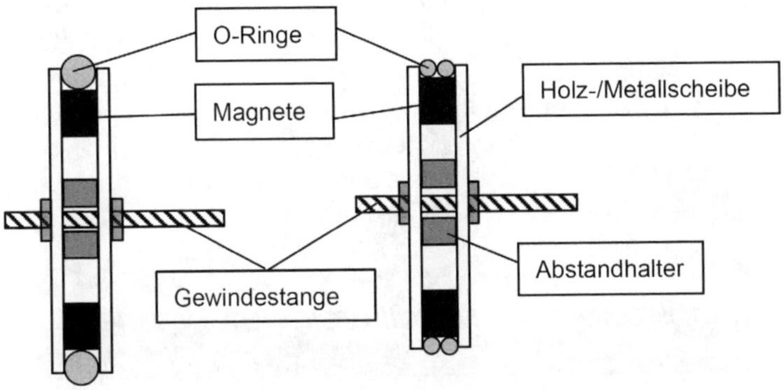


***Abbildung 2.142:*** *Magnetisches Haftrad, Eigenfertigung.*

Sofern man das Chassis (Grundplatte) des Roboters mit Magneten ausrüsten möchte muss beachtet werden, dass die Haltekraft $F_M$ eines Magneten im Quadrat des Abstandes d zur Metalloberfläche abnimmt:

$$F_M \cong \frac{1}{d^2}$$

Um eine vernünftige Haftkraft zu erzielen, ist es notwendig, den Magneten möglichst nahe an die Metalloberfläche heranzubringen. Die Befestigung erfolgt am besten mittels einer stufenlos einstellbaren Schraube, an der der Magnet befestigt ist. Die folgende Abbildung 2.143 zeigt zwei mögliche Varianten.

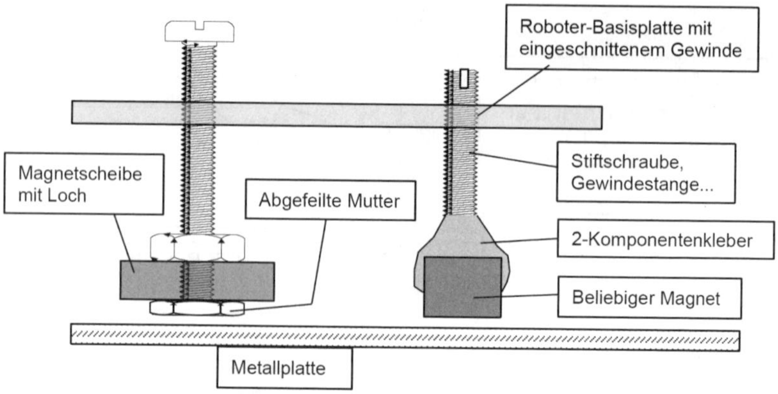


***Abbildung 2.143:*** *Höhenverstellbare Haftmagnet-Befestigung (verschiedene Ausführungsvarianten).*

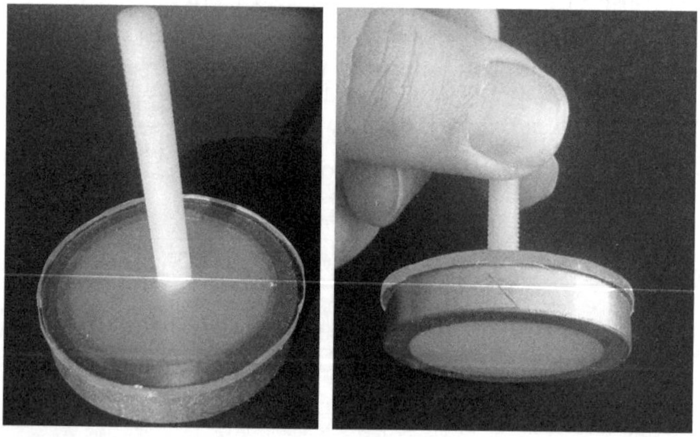

***Abbildung 2.144:*** *Höhenverstellbarer Haftmagnet (Ringmagnet mit Epoxykleber vergossen).*

Weitere Informationen zu Magneten und zum Bau von Magneträdern finden sich in „Grundlagen der Robotertechnik, Elektor-Verlag“.

Nachdem das Problem der Fixierung gelöst ist, stellt sich die Frage, wie sichergestellt werden kann, dass der Roboter die Tafelfläche nicht verlässt. Dazu benötigt der Roboter eine Vorrichtung zum Erkennen des Tafelrandes. Setzt man voraus, dass die Tafel vor dem Reinigungsvorgang von anhaftenden Magneten etc. befreit wird, reduziert sich die Hinderniserkennung auf die Erkennung des Randes der Tafel. Durch die gleichbleibende Form des Tafelrandes lässt sich dessen Erkennung relativ einfach mittels zwei, auf die Höhe des Randes abgestimmter mechanischer Anstoßdetektoren erreichen. Diese Anstoßdetektoren können beispielsweise in Form eines kippbaren Aluminiumwinkels ausgeführt werden, wie die folgende Abbildung 2.145 zeigt.

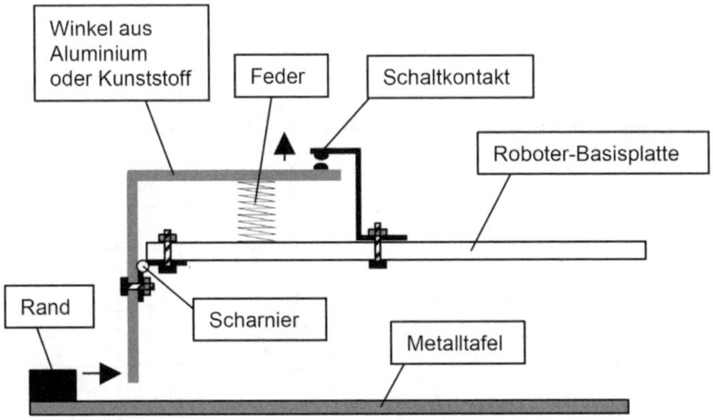


***Abbildung 2.145:*** *Anstoßdetektor für Magnettafel-Roboter.*

Als Trägerfahrzeug eignet sich beispielsweise ein klassisches, vierrädriges Fahrzeug mit 2 Achsen und 2 Antriebsmotoren. Zwischen den beiden Achsen befindet sich der Reinigungsschwamm, der bei Bedarf vor dem Einsatz noch mit einer Reinigungslösung angefeuchtet werden kann. Die bereits vorgestellten Anstoßdetektoren werden an den beiden Enden des Robot-Fahrzeuges montiert (siehe Abbildung 2.146).

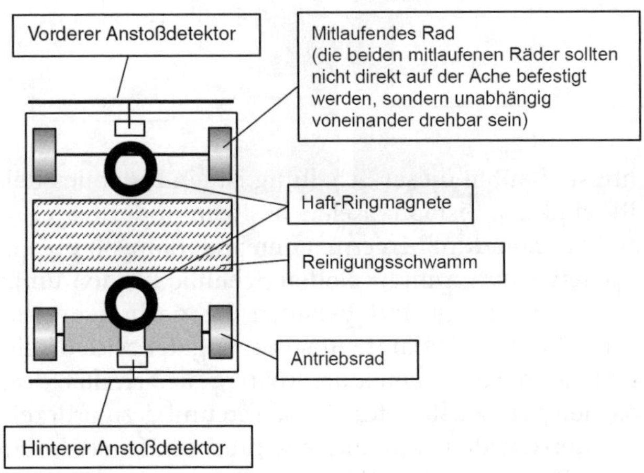


***Abbildung 2.146:*** *Tafelwischroboter, Prinzipskizze.*

Zur effektiven Reinigung der Tafel eignen sich prinzipiell die zur Bodenreinigung vorgeschlagenen Techniken (siehe Kapitel 4 „Bewegungskonzepte"). Allerdings lässt sich die Wischtechnik aufgrund der quadratischen Tafelgeometrie auch auf ein einfach zu realisierendes Zick-Zack-förmiges Bewegungsmuster reduzieren.

Die Steuerung des Tafelwisch-Roboterfahrzeuges erfolgt nun so, dass bei Auslösung des vorderen Hinderniskontaktes auf Rückwärtsfahrt, bei Auslösung des hinteren Kontaktes auf Vorwärtsfahrt umgestellt

wird. Zusätzlich fährt der Roboter aufgrund der im Stromkreis befindlichen Dioden in einer der beiden Richtungen immer eine leichte Kurve.
Die dazu notwendige Schaltung ist sehr einfach und sieht folgendermaßen aus:

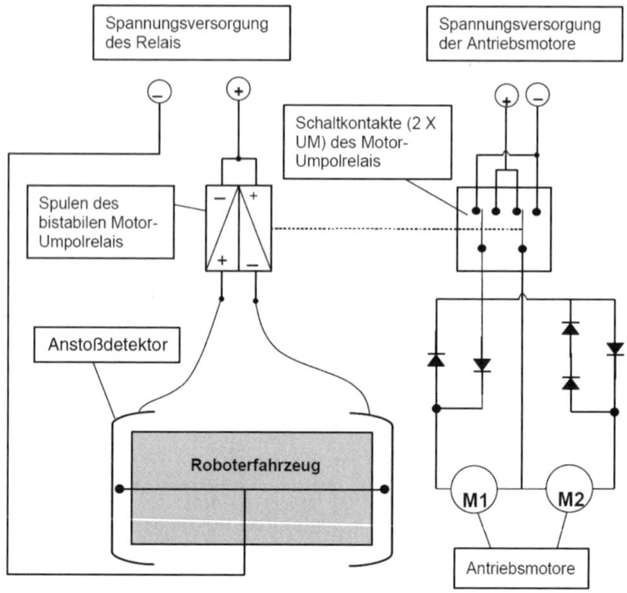


***Abbildung 2.147:*** *Umpolschaltung des Tafelwisch-Roboters.*

Das wichtigste Bauteil dieser Schaltung ist ein bistabiles Relais mit 2 Umschaltkontakten. Bistabile Relais besitzen in der Regel 2 separate Spulen und können durch einen kurzen Spannungsimpuls auf die jeweilige Spule zwischen ihren beiden Schaltzuständen umgeschaltet werden. Ihren Schaltzustand behalten sie nach dem Umschalten stromlos bei. Durch die separate Ansteuerung der beiden Relaisspulen mittels der beiden Anstoßdetektoren wird gewährleistet, dass der Roboter zwischen dem Auslösen des hinteren und des vorderen Anstoßdetektors unterscheiden kann und entsprechend in der jeweils entgegengesetzten Richtung weiterfährt.

Die im Motoren-Stromkreis integrierten Dioden müssen der Leistungsaufnahme der Antriebsmotore angepasst sein. Bei den im Tafelwischroboter notwendigerweise zu verwendenden kleinen und leichten Getriebemotore sollten Universaldioden vom Typ 4001 (Strombelastbarkeit 1 A) völlig ausreichend sein. Die Dioden bewirken, dass jeder Antriebsmotor, unabhängig von seiner Polung, mit einer um 0,7 V gegenüber der Versorgungsspannung erniedrigten Spannung betrieben wird. Antriebsmotor M2 besitzt nun aber in seiner Stromzuführung in einer Richtung zwei hintereinander geschaltete Dioden. Dies bewirkt, dass dieser Motor je nach Polung, entweder mit einer um 0,7 oder mit einer um 1,4 V erniedrigten Versorgungsspannung läuft. Dies wiederum bewirkt, dass der Roboter in eine Richtung geradeaus fährt, wogegen er in der andere Richtung stets einen kleinen Bogen beschreibt. Die Bahnkurve eines solchen Roboters entspricht also in etwa der im Abschnitt „Zick-Zack-förmige Bahnkurven" (Kapitel 4.3) gezeigten Kurve. Am Schluss des Reinigungsvorgangs muss der Roboter manuell abgeschaltet werden.

Wer zusätzlich sicherstellen möchte, dass der Roboter in einer der beiden Fahrtrichtungen immer senkrecht die Wand hinauf- oder hinabfährt, muss ein System zur Lagekontrolle und gegebenenfalls Lagekorrektur vorsehen. Im einfachsten Fall können dies zwei (Quecksilber-)Neigungsschalter sein, die wie folgt eingebaut werden müssen:

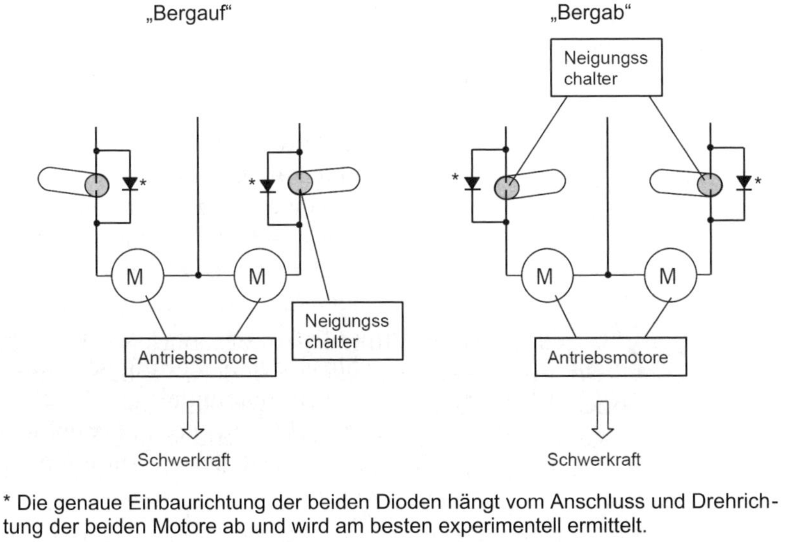


***Abbildung 2.148:*** *Lageregulierung bei Wandfahrt.*

Die beiden Neigungsschalter bewirken, dass sich jeweils einer der beiden Motore abschaltet, sobald die Winkelabweichung von der Senkrechten zu groß wird. Man beachte, dass sich für Bergauf- und Bergab-Fahrt unterschiedliche Einbaulagen des Schwerkraftschalters ergeben. Logischerweise kann immer nur eine der beiden Varianten verwirklicht werden. In der jeweils entgegengesetzten Fahrtrichtung bewirken die beiden Dioden, dass der Schwerkraftschalter ohne Funktion ist, das heißt umgangen wird. Die Justierung muss so erfolgen, dass bei senkrechter Fahrt gerade beide Schalter eingeschaltet sind.
Der praktische Aufbau eines Tafelwischroboters ist am Ende des Buches detailliert beschrieben.

## Reinigungsroboter für den Sanitärbereich (Dusch- Badewannen)

Ähnlich wie Metalltafeln für Haftmagnete bestehen auch die meisten Dusch- und Badewannen aus einem ferromagnetischen Material (Eisen). Auch hier ist daher die magnetische Fixierung von Robotern möglich. Im Gegensatz zu Metalltafeln ist die zu reinigende Fläche bei Dusch- und Badewannen nicht eben, sondern gewölbt. Aufgrund der ständig wechselnden Bodenabstände ist aber die Verwendung von chassisfixierten Haltemagneten nicht möglich. Für diesen Anwendungszweck muss daher der Roboter mit magnetischen Rädern verwendet werden. Andererseits kann aber gerade diese Wölbung zur Steuerung des Roboters genutzt werden. Der Übergangsbereich vom Boden zur Wand der Wanne ist nämlich immer nach innen (konkav), der obere Rand dagegen nach außen (konvex) gewölbt, wie in Abbildung 2.149 schematisch dargestellt. Diese Tatsache erleichtert die Konstruktion eines entsprechenden Reinigungsroboters, da anhand der Wölbung der äußere Rand der Wanne detektiert werden kann.

***Abbildung 2.149:*** *Bade- / Duschwanne.*

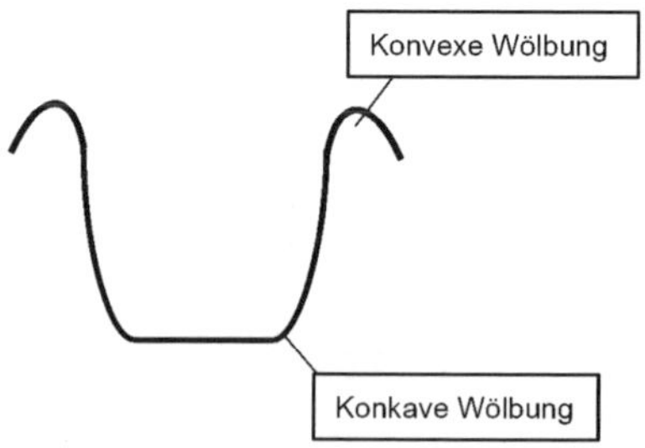


Die Randdetektion kann bei den handelsüblichen emaillierten Eisenwannen mit induktiven Näherungsschaltern erfolgen. Die Schalter werden etwa wie in der folgenden Abbildung skizziert montiert. Der elektrische Anschluss der Näherungssensoren, die es in mannigfaltiger Ausführung gibt, muss dem Datenblatt des Herstellers entnommen werden.

***Abbildung 2.150:*** *Wannen-Reinigungsroboter mit Näherungsschaltern.*

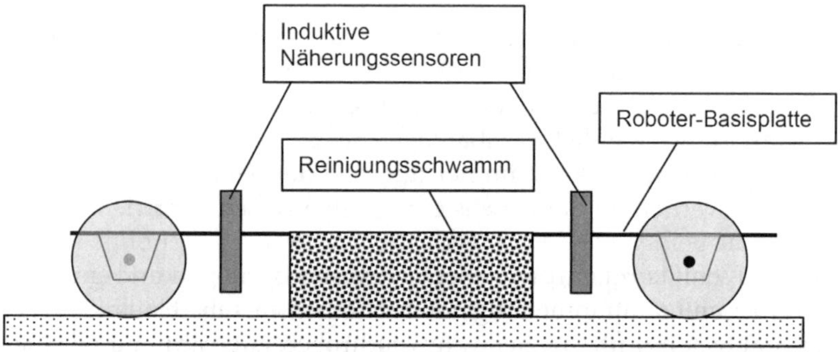

Die Abbildung 2.151 macht die Detektion des Wannenrandes deutlich. Sobald der Roboter den oberen Rand erreicht, nähert sich der entsprechende Induktive Näherungssensor dem metallischen Wannenmaterial und löst ein Signal (beispielsweise zur Umpolung der Antriebsmotore) aus.

Wohlgemerkt handelt es sich bei dieser Abbildung nur um eine grobe Prinzipskizze. Tatsächlich dürfte der Bau eines solchen Roboters verhältnismäßig schwierig sein, besonders, da die Zugänglichkeit der Ecken der Wanne schwierig ist.

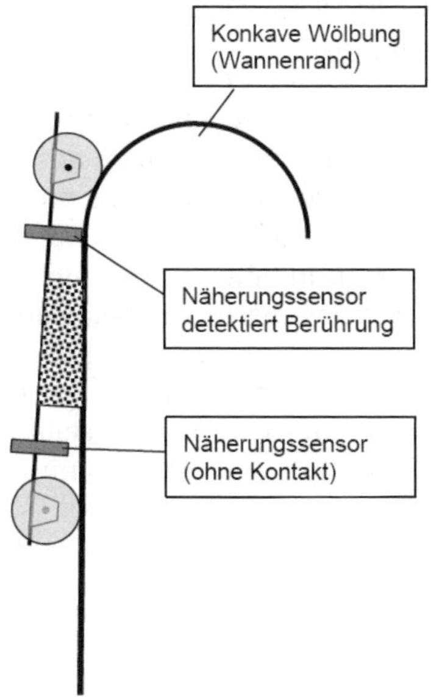


***Abbildung 2.151:*** *Induktive Randerkennung des Wannen-Reinigungsroboters.*

## *Reinigungsroboter basierend auf Adhäsion*

Zuletzt soll hier noch ein weiteres, etwas exotisches Reinigungsprinzip vorgestellt werden. Es ist dies das Reinigen eines Bodens oder Teppichs mittels eines klebenden Materials im weitesten Sinne. Als klebendes Material bietet sich beispielsweise die Verwendung einer handelsüblichen Kleberolle zur Kleiderreinigung an. Auf diese Rollen sind mehrere Lagen einer Klebefolie aufgewickelt, auf der Staub und Schmutz festkleben (siehe Abbildung 2.152).

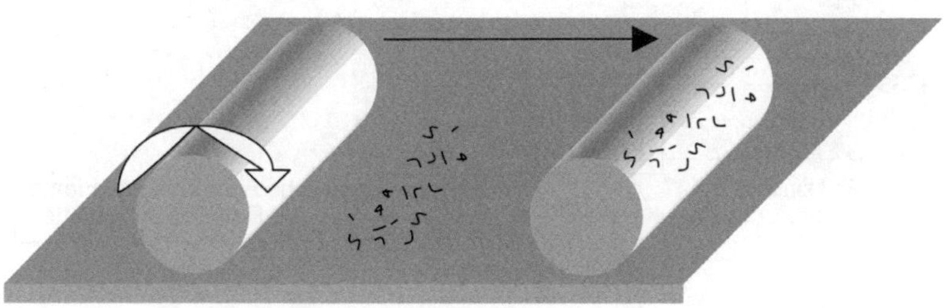

***Abbildung 2.152:*** *Schmutzaufnahme mittels Kleberoller.*

Ist die Außenfläche komplett belegt, wird sie abgezogen und entsorgt. Da die Schmutzaufnahmefähigkeit der Kleberolle nur relativ klein ist, eignet sie sich nur für spezielle Anwendungen und nicht zur großflächigen Reinigung.

Geeignete spezielle Anwendungen sind beispielsweise:

- Autonome Reinigung eines ausgelegtenTeppichs.
- Reinigung eines eng begrenzten Bereiches, den beispielsweise andere Reinigungsroboter schlecht erreichen.
- Nachreinigung (Feinreinigung) hinter einem konventionellen Saugroboter.
- Autonome Reinigung eins industriellen „clean-rooms", in dem die Grundbelastung an Staub sehr gering ist.

In der folgenden Abbildung 2.153 und Abbildung 2.154 ist der schematische Aufbau eines einfachen Kleberollen-Roboters gezeigt.

***Abbildung 2.153:*** *Kleberollen-Reinigungsroboter (Seitenansicht).*

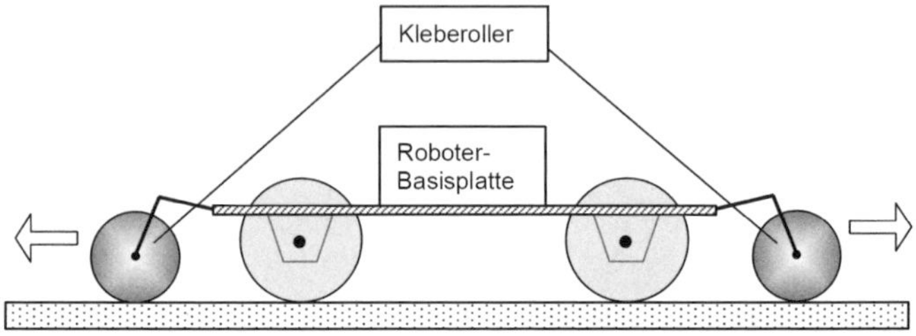


***Abbildung 2.154:*** *Kleberollen-Reinigungsroboter (Ansicht von oben).*

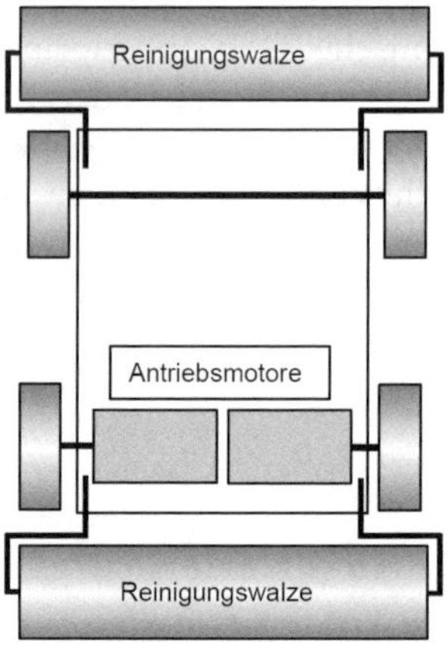


Prinzipskizze

Praktische Ausführungsvariante

Aufgrund seines einfachen Aufbaus lässt sich ein Kleberollen-Roboter besonders klein ausführen. Dadurch ist er in der Lage Bereiche zu reinigen, die mit größeren Geräten nicht mehr zugänglich sind. Die folgende Abbildung 2.155 verdeutlicht dies am Beispiel einer Küchenzeile mit einem zurückgesetzten Absatz an der Unterkante.

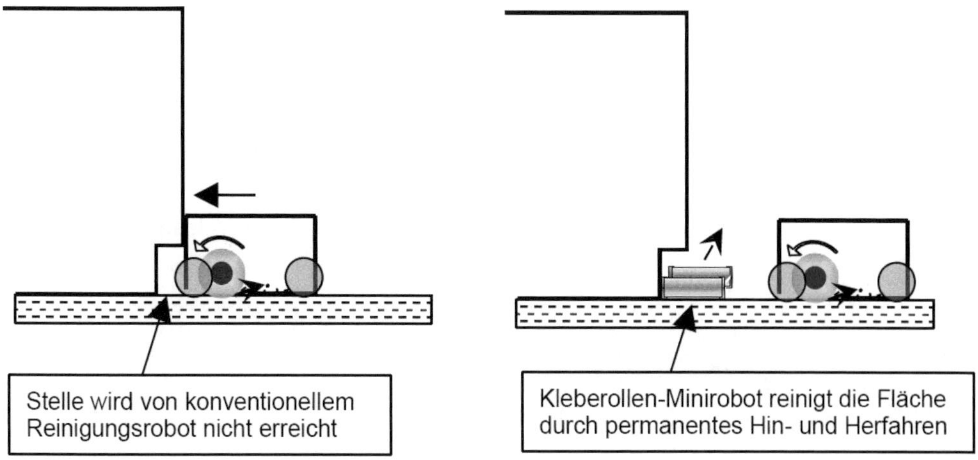


***Abbildung 2.155:*** *Kleberollen-Minirobot reinigt schwer zugängliche Fläche.*

Prinzipiell ist auch der direkte Antrieb einer oder beider Kleberollen mittels eines Getriebemotors möglich. Die Steuerung des Kleberollen-Robots kann in diesem Fall durch zeitgesteuertes Umpolen der Antriebsmotore erfolgen. Auch die Ausführung der Kleberollen als Anstoßdetektoren in Verbindung mit der bereits beim „Tafelwischer" beschriebenen Umpolschaltung ist möglich und wird am Ende dieses Buches in einem Bauvorschlag detailliert beschrieben.

# 3. Reinigungsroboter für den Outdoor-Bereich

Allen bisher vorgestellten Systemen ist ihre Verwendung im häuslichen Bereich gemeinsam. Eine Beschränkung des Einsatzes von mobilen Reinigungsrobotern auf geschlossene Räume ist aber nicht zwingend notwendig. Ganz im Gegenteil sind auch für „Outdoor-Roboter" zahlreiche Einsatzzwecke denkbar. Diese beschränken sich allerdings nicht auf einfache Reinigungszwecke, sondern sind deutlich weiter gefasst. Daher ist auch die technische Realisierung solcher Systeme sehr schwierig, zumal Outdoor-Roboter auch noch eine gewisse Wetterfestigkeit aufweisen müssen.
In der folgenden Tabelle sind einige potenzielle Anwendungen von „Outdoor-Robotern" aufgeführt:

| **Arbeitsbereich** | **Aufgabe** | **Arbeitsprinzip** | **Realisierungsmöglichkeiten, Tipps** |
|---|---|---|---|
| Hof, Balkon, Garageneinfahrt, Hauseingang | Unkrautvernichtungs-Roboter | Roboter besprüht Unkraut mit Herbizid. Roboter schneidet Unkraut bodennah ab. | Roboter nutzt Ritzen von Platten zur Orientierung. |
| Hof, Balkon, Garageneinfahrt, Hauseingang | Schneeräum-Roboter | Roboter schiebt Schnee zusammen. | Roboter schiebt solange Schnee vor sich her, bis ein bestimmter Widerstand erreicht wird (einstellbar über den Motorenstrom). |
| Garten, Rasen | Rasenmäh-Roboter | Roboter mäht Rasen oder schneidet den Rand. | Umbau eins motorgetriebenen Rasenmähers oder Installation einer elektrischen Randschere auf mobile Roboterplatform. |
| Hof | Kiesrech-Roboter | Roboter recht Kieshof. | Roboter recht Kieshof nach einem vorprogrammierten (ästhetischen) Musters. |
| Hof, Balkon, Garten, Garageneinfahrt etc. | Kehr-Roboter | Roboter kehrt Hof, Balkon, Garten, Garageneinfahrt, Hauseingang etc. | Roboter kehrt Schmutz, Laub etc. in Richtung eins speziellen Ortes (Komposthaufen, Guli...). |
| Hof, Balkon, Garten, Garageneinfahrt etc. | Saug-Roboter | Roboter saugt Hof, Balkon, Garten, Garageneinfahrt, Hauseingang etc. | Roboter saugt Schmutz, Laub etc. in mitgeführten Vorratsbehälter |

***Tabelle 3.1:*** *Outdoor-„Reinigungsroboter".*

Ein prinzipielles Problem bei Outdoor-Reinigungsrobotern besteht darin, dass der Arbeitsbereich oft nicht durch physische Wände beschränkt ist. Daher ist die Installation eines Systems notwendig, welches verhindert, dass der Roboter seinen Arbeitsbereich verlässt. Solche Installationen können beispielsweise sein:

- Verlegung eines Induktionsdrahtes zur Abgrenzung des Arbeitsbereiches.
- Computergestützte Fernsteuerung unter Verwendung einer Überwachungskamera und einem Bildverarbeitungssystem.
- Installation von Lichtschranken zur Abgrenzung des Arbeitsbereiches.

# 4. Bewegungskonzepte

Damit ein Reinigungsroboter die ihm gestellte Aufgabe erfüllen kann muss er sich in einer mehr oder weniger stark differenzierten Umgebung bewegen. Diese Umgebung, wie zum Beispiel ein Wohnraum, ist zudem ständigen Veränderungen unterworfen (Stühle stehen nicht immer am gleichen Ort, Gegenstände werden temporär abgestellt, etc.). Dagegen ist die Aufgabe eines Reinigungsroboters in der Regel immer dieselbe und lautet:

**Fahre mit aktiviertem Reinigungsmechanismus eine gegebene strukturierte Fläche in möglichst kurzer Zeit möglichst vollständig ab.**

Darüber hinausgehende Aufgabenstellungen, wie beispielsweise das selbständige Erkennen von Verunreinigungen und deren Entfernung oder das Zurückfinden an eine Ladestation sind sehr komplex und werden im Rahmen dieses Buches nicht behandelt.

Damit ein Roboter die genannte Aufgabenstellung bewältigen kann, ist unbedingt notwendig, dass er sich nicht festfährt. Allein schon diese Bedingung ist in der Praxis schwer zu realisieren und wird leider von vielen Modellsystemen, die sich in einer „bereinigten" Umgebung bewegen, nicht erfüllt. Problematische Hindernisse, die oftmals zu einem Festfahren des Roboters führen sind (nach zunehmendem Schwierigkeitsgrad geordnet): Teppichkanten, Stuhl-/Tischbeine, herumliegende Kleidung, hohe Kanten (Unterseite von Möbeln etc.), herumliegende Kabel. Solche Hindernisse müssen erkannt werden und es muss dafür Sorge getragen werden, dass der Roboter nicht an diesen hängen bleibt. Das heißt, er muss in irgendeiner Weise auf den Hinderniskontakt reagieren. Die Reaktion auf ein Hindernis ist aber in engem Maße mit dem Bewegungskonzept des Roboters verknüpft, so dass diese beiden Punkte in den folgenden Beispielen gemeinsam behandelt werden.

## 4.1 Zufällige Bewegung „random walk“ (ohne Hinderniserkennung)

Das einfachste Bewegungskonzept stellt eine völlig unabhängig von den äußeren Gegebenheiten verlaufende, zufällige Bewegung des Roboters dar. Der Roboter reagiert also in keiner Weise auf äußere Reize. Die Steuerung kann beispielsweise so erfolgen, dass der Roboter für eine gewisse Zeit gerade aus fährt, dann eine zufällige Drehung ausführt und anschließend wieder geradeaus fährt. Stößt er an ein Hindernis drehen die Antriebsräder einfach durch. Die Strecken der Geradeausfahrt sollten etwa den Raumdimensionen entsprechen. Werden die Strecken zu klein gewählt, erreicht der Roboter weit außen liegende Flächen selten oder gar nicht. Ist die Strecke für die Geradeausfahrt zu groß, bleibt der Roboter an den unweigerlich auftauchenden Hindernissen unnötig lange (mit durchdrehenden Rädern) hängen.
Die folgenden Abbildungen verdeutlichen das Verhalten eines solcherart gesteuerten Roboters anhand seiner Bahnkurven (Trajektoren), jeweils in einem leeren und einem möblierten Modellraum.

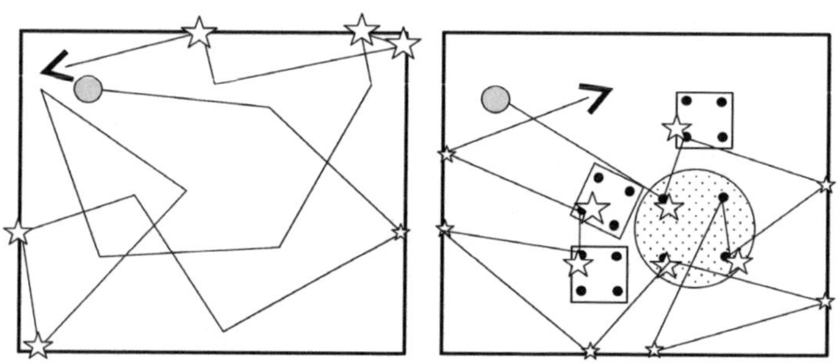

***Abbildung 4.1:*** *Bahnkurven eines zufallsgesteuerten Roboters (leerer / möblierter Raum). (Freie Weglänge den Raumdimensionen angepasst).*

Legende für die Abbildungen 4.1 ... 4.4

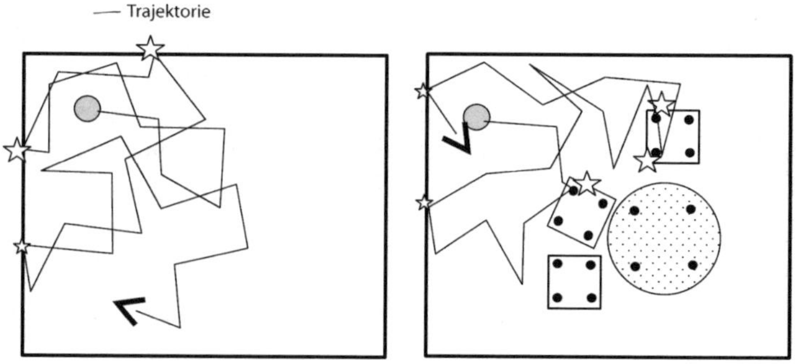

***Abbildung 4.2:*** *Bahnkurven eines zufallsgesteuerten Roboters (leerer / möblierter Raum) (Freie Weglänge zu kurz).*

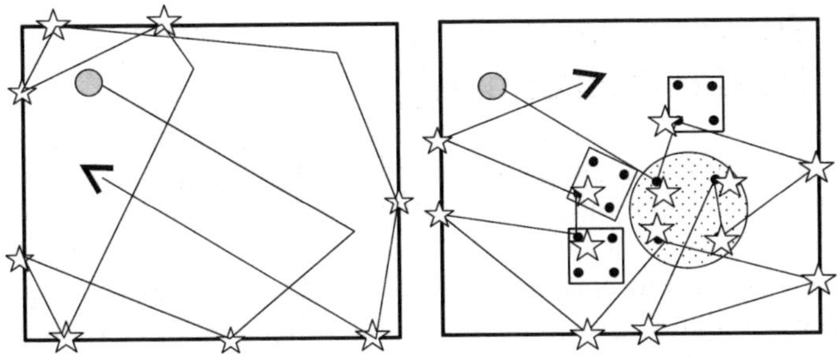

*Abbildung 4.3: Bahnkurven eines zufallsgesteuerten Roboters (leerer / möblierter Raum) (Freie Weglänge zu lang).*

Die technische Realisierung des vorgestellten, mehr oder weniger zufälligen Bewegungskonzeptes ist verhältnismäßig einfach. Sie kann beispielsweise mit einem dreirädrigen Roboter mit 2 Antriebsmotoren und einer frei drehbaren Rolle realisiert werden. Dazu werden die beiden Antriebsmotore nach einer gewissen Zeit (Geradeausfahrt) unabhängig voneinander für eine kurze (evt. sogar zufällige) Zeitspanne umgepolt. Die beiden Zeitspannen für das Umpolen der Antriebsräder müssen unabhängig voneinander erfolgen und dürfen nicht gleich lang sein. Die elektronische Realisierung kann durch Verwendung zweier unabhängiger Zeitschaltungen (z.B. Intervall-Timer mit Timer-IC 555) oder natürlich auch mittels eines programmierbaren Mikrocontrollers (z.B. C-Control, Basic-Stamp etc.) erfolgen.

## 4.2 Zufällige Bewegung „random walk" (mit Hindernisserkennung)

Eine deutliche Verbesserung, das heißt eine schnellere und effektiver Reinigung einer vorgegebenen Fläche wird durch Integration einer Möglichkeit zur Hinderniserkennung in das Bewegungskonzept des Roboters erreicht. Eine Übersicht über die verschiedenen Methoden zur Hinderniserkennung inkl. ihrer spezifischen Vor- und Nachteile findet sich im nachfolgenden Kapitel. Dazu sei noch erwähnt, dass die Bahnkurven bei Robotern, die mit einem System zum Ausweichen von

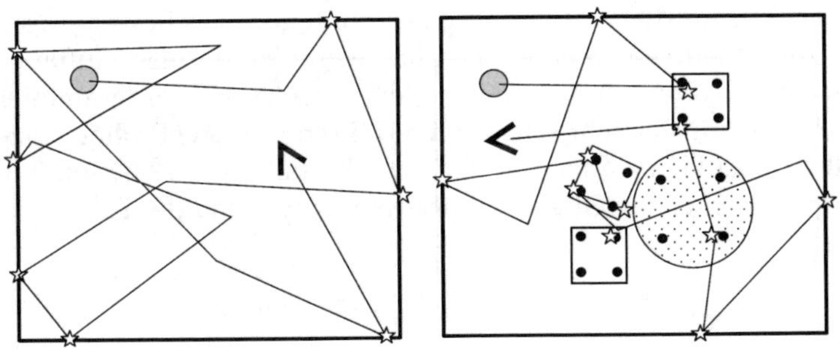

*Abbildung 4.4: Bahnkurven eines zufallsgesteuerten Roboters mit Hinderniserkennung (leerer / möblierter Raum). (Freie Weglänge den Raumdimensionen angepasst).*

Hindernissen ausgerüstet sind, stark von der Art und Weise der Ausweichbewegung abhängen. In den weiteren Ausführungen wird vorausgesetzt, dass der Roboter Hindernisse einwandfrei erkennt und durch eine Drehung mit zufälligem Drehwinkel reagiert. Unter diesen Voraussetzungen ergeben sich die folgenden Bahnkurven für einen zufallsgesteuerten Roboter.

Der Hauptunterschied zu den Bahnkurven ohne Hinderniserkennung ist die Tatsache, dass nun die Kontaktzeiten mit einem Hindernis auf ein Minimum reduziert sind. Das wiederum bedeutet eine erhebliche Zeit- und Energieeinsparung. Im obigen Beispiel erfolgt der Richtungswechsel sowohl zufällig als auch bei Hinderniskontakt. Dies hat den großen Vorteil, dass ein Richtungswechsel auch dann erfolgt, wenn die Hinderniserkennung einmal versagt. Von einem allein durch äußere Einflüsse ausgelösten Richtungswechsel wird daher eher abgeraten. Zu groß ist die Gefahr, dass der Roboter ein Hindernis nicht erkennt und sich festfährt. Zudem ist es kaum möglich, dass in einer vorgegebenen, räumlich begrenzten Umgebung über einen längeren Zeitraum kein Hindernis auftaucht. Das heißt, nach einer bestimmten, den räumlichen Dimensionen angepassten Zeit, sollte der Roboter in jedem Fall einen Richtungswechsel vornehmen.

## 4.3 Vorbestimmte Bahnkurven

Zuerst muss darauf hingewiesen werden, dass die Bewegung eines Roboters nach einer vorbestimmten Bahnkurve nur dann sinnvoll ist, wenn besondere Bedingungen erfüllt sind. Entweder muss der Arbeitsbereich des Roboters weitgehend frei von Hindernissen sein, oder der Roboter muss über ein sehr gutes System zur Hinderniserkennung, oder besser noch über ein System zur genauen Bestimmung seiner aktuellen Position verfügen. Schließlich nützt es nichts, wenn der Roboter trotz eines auftauchenden Hindernisses stur versucht, seine vorgegebene Bahn zu verfolgen.

Dennoch kann die Verfolgung eines vorgegebenen Bewegungsmusters vorteilhaft sein. Solange nämlich keine Hindernisse auftauchen, kann der Roboter eine gegebene Fläche gemäß dem programmierten Bewegungsmuster sehr effektiv überfahren (reinigen), ohne einzelne Stellen auszulassen oder mehrfach zu überfahren. Dies ist somit in einer großflächigen, wenig strukturierten Umgebung der Fall.

### *Zick-Zack-förmige Bahnkurven*

Die folgende Abbildung 4.5 zeigt die Bahnkurve eines Roboters, der eine vorbestimmte Zickzackbewegung in einem völlig leeren und in einem wenig strukturierten Raum durchführt. Der Einfachheit halber sei auch hier angenommen, dass der Roboter mit einem perfekten Hinderniserkennungssystem ausgestattet ist (die Kontakte mit der Wand oder mit einem Hindernis sind daher alle kurz). Man erkennt, dass der Roboter die gesamte Fläche des leeren Zimmers sehr schnell und effektiv abfährt. Keine Fläche wird doppelt überfahren. Man erkennt weiterhin, dass das Bewegungsmuster mit zunehmender Komplexität der Umgebung „möblierter Raum" immer weniger effektiv wird, sofern der Roboter keine Möglichkeit besitzt, seine aktuelle Position im Raum zu bestimmen. Die Wahrscheinlichkeit, dass systematisch bestimme Flächen gar nicht gereinigt werden, nimmt dann mit steigender Strukturierung der Umgebung stark zu.

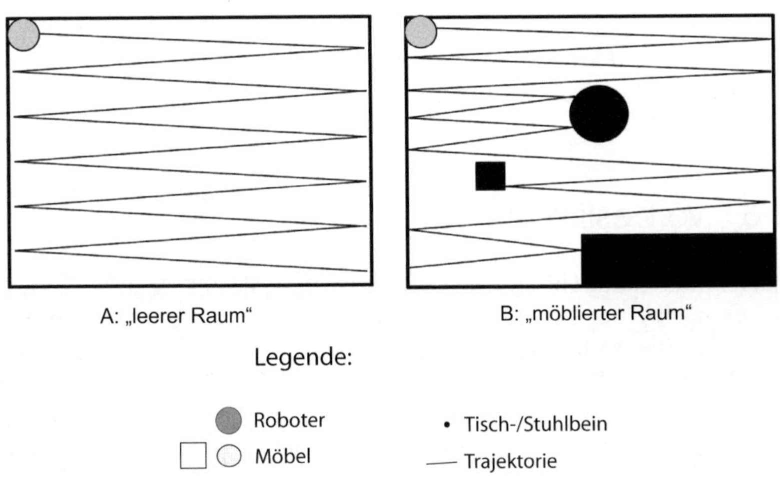


***Abbildung 4.5:*** *Bahnkurven eines Roboters mit Zick-zack-förmiger Bahnkurve.*

Eine Steuerungsprogramm, das zu dem gezeigten Bewegungsmuster führt, kann für einen Roboter mit 2 unabhängigen Antriebsmotoren beispielsweise folgendermaßen aussehen:

- Stoppe beide Antriebsmotore, sobald ein Hindernis in Fahrtrichtung auftaucht
- Pole zuerst Motor 1 um
- Warte einigen Millisekunden (bestimmt den Winkelversatz)
- Pole Motor 2 um

Sofern sich der Roboter beim Auftreffen auf ein Hindernis durch den Stoß physisch verschiebt, ändert sich dementsprechend auch die Bahnkurve. Da dieser Effekt in der Praxis nie ganz verhindert werden kann, werden die wirklichen Bahnkurven immer von den theoretisch berechneten Bahnkurven abweichen, solange der Roboter kein unabhängiges System zur genauen Ortsbestimmung besitzt, oder sich nicht zumindest gelegentlich an charakteristischen Objekten oder Markierungen neu ausrichten kann. Da sich diese Verschiebung der Bahnkurven mit der Zeit aufsummiert, kann es letztendlich dazu kommen, dass der Roboter komplett die Orientierung verliert.

### Spiralförmige Bahnkurven

Außer den beschriebenen Zick-Zack-förmigen Bahnkurven sind auch spiralförmige Bahnkurven möglich. Solche Bahnkurven sind bereits bei einigen kommerziell erhältlichen Reinigungsrobotern integriert. Zum Start einer spiralförmigen Bahnkurve wird der Roboter idealerweise im Mittelpunkt eines möglichst leeren Raums gestartet. In einer immer größer werdenden Spirale reinigt er dann die gegebene Fläche schnell und effektiv.

***Abbildung 4.6:*** *Spiralförmige Bahnkurve eines Roboters.*

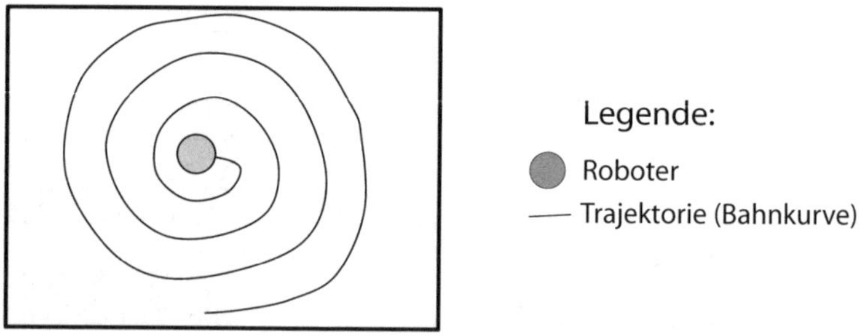


Eine Steuerungsprogramm, das bei einem Roboter mit 2 unabhängigen Antriebsmotoren zu einer spiralförmigen Bewegung führt, kann folgendermaßen aussehen:

- Starte Motor 1 mit voller Drehzahl
- Starte Motor 2 mit geringster Drehzahl
- Erhöhe kontinuierlich Drehzahl von Motor 2 (Geschwindigkeit der Drehzahlerhöhung bestimmt die Öffnungsgeschwindigkeit der Spirale)

Sobald der Roboter allerdings ein Hindernis, respektive eine Wand erreicht, muss er entscheiden, wie die Bewegung fortgesetzt werden soll. Hierzu stehen beliebig viele Möglichkeiten offen, die hier nur kurz im Ansatz aufgeführt werden sollen:

- Übergang auf zufälliges Bewegungsmuster
- Folgen der Wand für eine bestimmte Zeit
- Übergang auf anderes Bewegungsmuster (z.B.: spiralförmige → Zick-Zack-Bewegung)
- Versuch, dem Hindernis auszuweichen und anschließend die ursprüngliche Bahnkurve weiterverfolgen

Weitere bewährte Kombinationen verschiedener Bewegungsmuster finden sich im folgenden Kapitel „Kombinierte Bahnkurven“. Detaillierte Aktionen auf das Zusammentreffen mit einem Hindernis sind in Kapitel 5 „Hinderniserkennung“ zusammengefasst.

### *Wandfolgende Bahnkurven*

Bei einer wandfolgenden Bahnkurve folgt der Roboter, wie der Name schon vermuten lässt, einfach der Wand und kann so den Boden unmittelbar an der Wand lückenlos reinigen (siehe Abbildung 4.7).

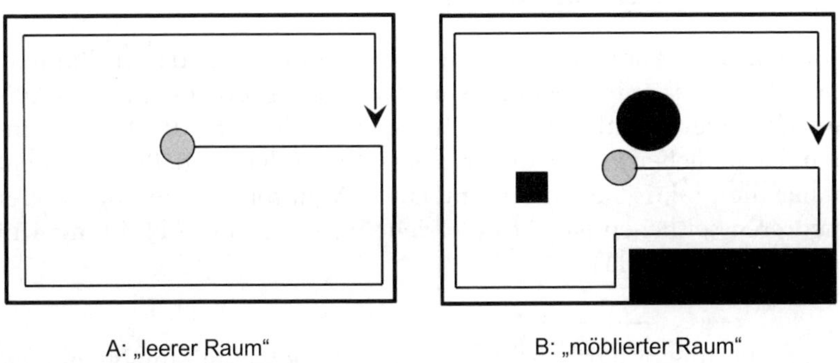


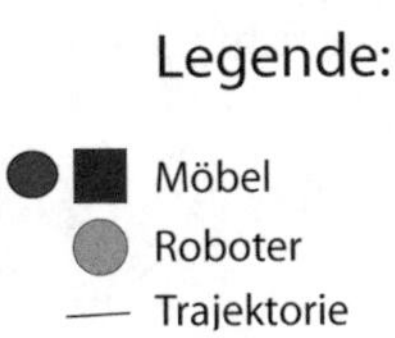


***Abbildung 4.7:*** *Wandfolgende Bahnkurve eines Roboters.*

Ein einfacher Wandfolger kommt dabei bereits mit einem einzigen Sensor in Fahrtrichtung aus (siehe Abbildung 4.8).

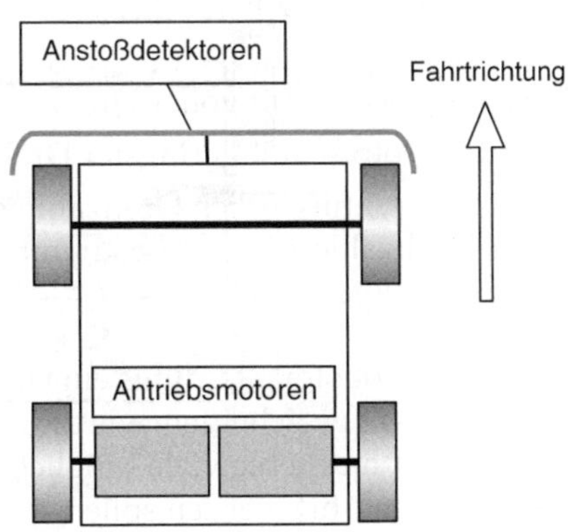


***Abbildung 4.8:*** *Roboter mit einem Detektor in Fahrtrichtung.*

Die Programmierung kann beispielsweise so aussehen:

- Bei Hinderniskontakt: Stoppe beide Motore
- Starte Motor 1 rückwärts mit voller Drehzahl und Motor 2 rückwärts mit 90% der vollen Drehzahl für z.B. 0,5 s. (bewirkt eine leichte Seitwärtsdrehung in Rückwärtsfahrt)
- Starte wieder beide Motore mit voller Drehzahl vorwärts

Die resultierende Bahnkurve sieht in der Realität etwa so aus:

*Abbildung 4.9: Resultierende Bahnkurve bei Roboter mit einem Detektor in Fahrtrichtung.*

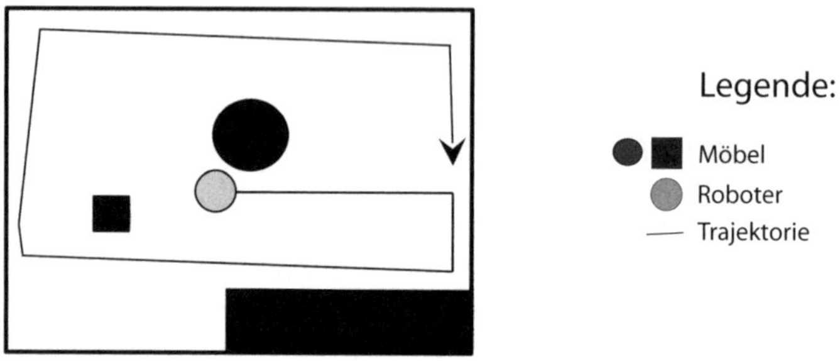


Wie man sieht, kann der Roboter einem Knick der Wand nach „hinten" nicht folgen, da er ihn nicht erkennt. Der Roboter erkennt nur das Auftauchen einer Wand in Fahrtrichtung, nicht dagegen das Verschwinden der seitlichen Wand, der er ja eigentlich folgen soll. Besser erfolgt daher die praktische Umsetzung eines Wandfolgers mit einem oder mehreren seitlichen Detektoren (siehe nachfolgende Abbildung 4.10 und Abbildung 4.11).

*Abbildung 4.10: Roboter mit mehreren Detektoren zum Wandfolgen (Variante A).*

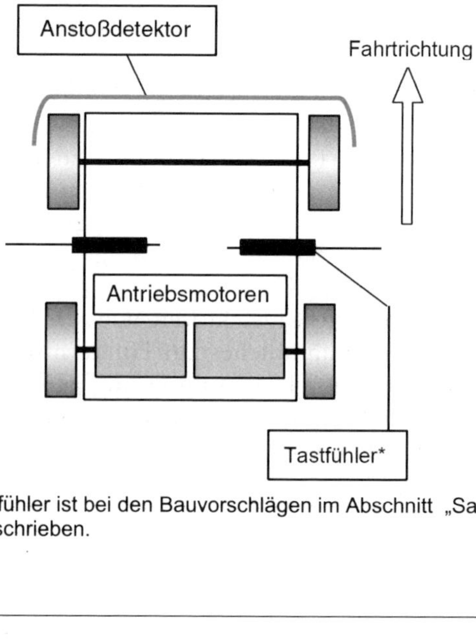


* Der Bau der Tastfühler ist bei den Bauvorschlägen im Abschnitt „Sauger 556" in Kapitel 8.1 genau beschrieben.

Die Programmierung für einen Roboter gemäß Abbildung 4.10 kann beispielsweise so aussehen:

1. Bei Hinderniskontakt mit Anstoßdetektor: Stoppe beide Motoren.

2. Starte einen Motor rückwärts mit voller Drehzahl und den anderen Motor rückwärts mit 90% der vollen Drehzahl für z.B. 1 s. (bewirkt eine leichte Seitwärtsdrehung in Rückwärtsfahrt).

3. Starte wieder beide Motore mit voller Drehzahl vorwärts bis entweder der Anstoßdetektor oder der seitliche Detektor Kontakt hat.

4. Hat der Anstoßdetektor Kontakt, gehe wieder zu Schritt 1, wenn nein weiter.

5. Hat der seitliche Tastfühler Kontakt, fahre weiter vorwärts bis entweder der Kontakt verlorengeht oder bis der Anstoßdetektor Kontakt bekommt.

6. Verliert der seitlicher Tastfühler Kontakt, reduziere die Drehzahl des der Wand abgewandten Motors bis wieder Kontakt zustande kommt.

7. Hat der Anstoßdetektor Kontakt, gehe wieder zu Schritt 1.

Das vorliegende Programm ist hinsichtlich der Richtung des Wandfolgens neutral formuliert. Durch Auswahl der entsprechenden Motoren und Sensoren kann das Wandfolgen links- oder rechts herum erfolgen.

Roboter mit mehreren seitlichen Detektoren können einer Wand noch besser folgen, indem sich der Roboter solange dreht, bis beide seitliche Detektoren Kontakt haben und er sich somit parallel zu Wand bewegt. Verliert beispielsweise der vordere Detektor den Kontakt, muss sich der Roboter wieder etwas mehr zur Wand hin bewegen. Verliert der hintere Detektor den Wandkontakt, ist es umgekehrt.

Es können sogar noch weitere Detektoren, wie z.B. Anstoßdetektoren, ein mitlaufendes Rad und ähnliches zur Hinderniserkennung eingesetzt werden. Die detaillierte Programmierung muss der Bauform des Roboters, der Art und Anzahl der verwendeten Sensoren, der Fahrgeschwindigkeit u.s.w. angepasst werden.

*Abbildung 4.11: Roboter mit mehreren Detektoren zum Wandfolgen.*

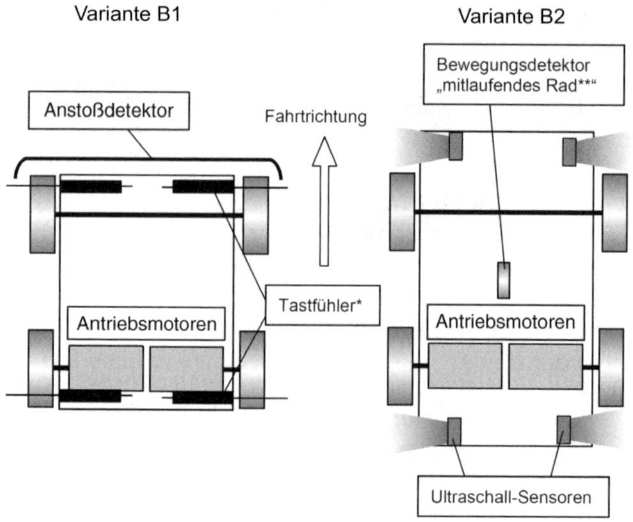


* Der Aufbau der Tastfühler ist im Abschnitt „Sauger 556" in Kapitel 8.1 detailliert beschrieben.
** Ein zentrales mitlaufendes Rad, dessen Bewegung detektiert wird, ist sehr gut geeignet, um festzustellen, ob sich ein Roboterfahrzeug gerade fortbewegt.

Die Bahnkurve eines perfekten Wandfolgers sollte dann so aussehen:

*Abbildung 4.12: Resultierende Bahnkurve eines idealen „Wandfolgers".*

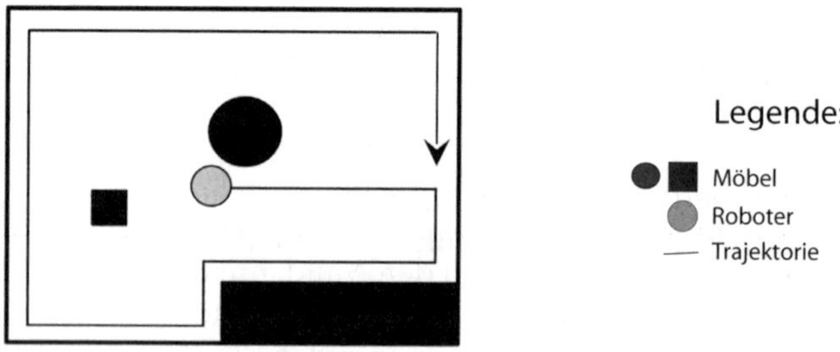


Probleme bekommt der Wandfolger allerdings mit frei in der Wohnung stehenden Möbelstücken. Diese können nicht ohne weiteres von einer „richtigen" Wand unterschieden werden, wie die folgende Abbildung 4.13 verdeutlicht. Bei diesem Beispiel wird auch ersichtlich, wie reduziert das aus den einfachen Sensorsignalen stammende Weltbild des Roboters ist. Er gleicht sozusagen einem Betrunkenen, der sich um eine Litfasssäule herumtastet und ruft „Hilfe, ich bin eingemauert".

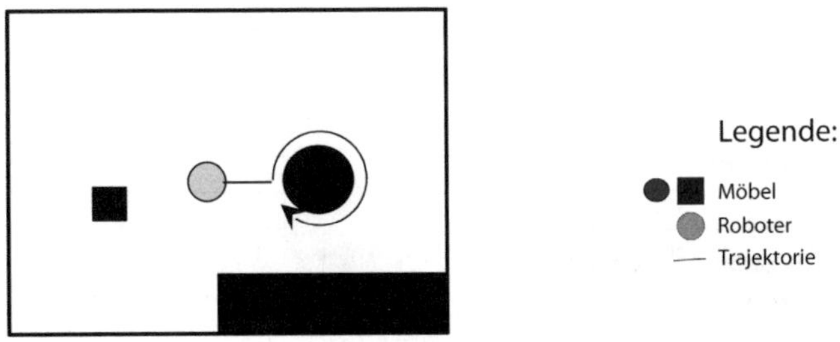


***Abbildung 4.13:*** *Bahnkurve eines „Wandfolgers“ beim Auftreffen auf ein frei im Raum stehendes Möbelstück.*

## *Kombinierte Bahnkurven*

Im häuslichen Bereich, das heißt in einer realen, hoch strukturierten Umgebung, kann es sich als besonders effektiv erweisen, mehrere Bewegungsarten zu kombinieren. Wie bereits in den vorangegangenen Abschnitten erwähnt sind fest vorprogrammierte Reinigungsmuster nur bei relativ großen freien Flächen günstig. Je geringer die „freie Weglänge“ eines Roboters, desto günstiger werden zufällige Bahnkurven. Die freie Weglänge ist die Strecke, die ein Roboter in einer bestimmten Umgebung durchschnittlich zurücklegen kann, ohne dass er an ein Hindernis stößt. Auch ist es durchaus möglich, einen Roboter die durchschnittliche „freie Weglänge“ durch zufälliges Umherfahren selbst bestimmen zu lassen. Mit dieser Information kann der Roboter prinzipiell sein Bewegungsmuster auf die Raumgeometrie abstimmen. Der Roboter lernt sozusagen zuerst seine Umgebung kennen und wählt dann ein geeignetes Bewegungsprogramm.
Eine andere Möglichkeit besteht darin, mehrere Bewegungsarten in einer festen Abfolge zu kombinieren. Beispielsweise könnte ein Reinigungsroboter (der zu Beginn seiner Tätigkeit zentral platziert wurde) zuerst eine spiralförmige Bahnkurve verfolgen. Nach einem (Wand-)Kontakt folgt er anschließend der Wand, um dann, nach einer vorbestimmten Zeit, ein zufälliges Bewegungsmuster zu verfolgen. Diese Variante ist bei bestimmten kommerziellen Reinigungsrobotern bereits verwirklicht. Das entsprechende Bewegungsmuster sieht dann etwa folgendermaßen aus:

***Abbildung 4.14:*** *Kombinierte Bahnkurve (1. spiralförmig, 2. wandfolgend, 3. zufällig).*

Selbstverständlich können auch beliebige andere Kombinationen verschiedener Bahnkurven realisiert und deren Effizienz im praktischen Einsatz getestet werden.

## *Komplexe Bewegungen*

Allen bisher behandelten Robotern ist gemeinsam, dass sie kein Bild oder Modell ihrer Umgebung besitzen, ihre aktuelle Position nicht kennen und in der Regel auch nicht lernfähig sind. Daher bleibt die Effizienz dieser Systeme immer in gewisser Weise mangelhaft und ist stark von der vorhandenen Umgebung abhängig. Die Implementierung der genannten Eigenschaften kann daher die Effizienz von Reinigungsrobotern erheblich steigern, ist aber andererseits nur mit einem hohen technischen Aufwand möglich. Daher soll auf die konkrete Realisierung dieser Eigenschaften hier nicht näher eingegangen werden.

| Fähigkeiten | Realisierungsmöglichkeit | Bewertung, Kommentar |
|---|---|---|
| **Eigene Position kennen** | Detektion der Radumdrehung | Fehlerbehaftet aufgrund von Schlupf und Versetzung bei Kollision. |
| | Kameraüberwachung (durch externe Kamera) | Aufwendige Bildverarbeitung notwendig. Problematisch sobald sich Roboter in einen nicht einsehbaren Bereich begibt. |
| | Externer Laserstrahl, externer Ultraschallgeber, IR-Quelle etc. | In der Regel können nur ausgezeichnete Orte erkannt werden. Z.B. Kontakt mit Laserstrahl, Ultraschall, IR-Licht. Einsetzbar z.B. zum Finden der Ladestation, Meiden von kritischen Orten. |
| | GPS | Für den häuslichen Bereich zu ungenau. Evtl. Empfangsschwierigkeiten in geschlossenen Räumen. |
| | Orientierung an einfachen künstlichen Umgebungsmarkierungen | Relativ einfache z.B. durch Nutzung von auf dem Boden angebrachten Markierungen (optische Markierungen, geometrische Muster, Induktionsschleifen etc.) möglich. |
| | Orientierung an komplexen (natürlichen) Umgebungsmerkmalen | Roboter muss mit einer Kamera ausgestattet sein. Aufwendige Bildverarbeitung notwendig. |
| **Bild der Umgebung besitzen** | Bestimmung der freien Weglänge nach Testlauf | Sehr rudimentäre Methode, da nur ein einziger Parameter als Modell der Umgebung erarbeitet wird. |
| | Raumgeometrie fest einprogrammieren | Problematisch bei veränderlichen Hindernissen (Möbelstücke etc.). |
| **Lernfähigkeit** | Über Software möglich | Voraussetzung ist, dass dem Roboter ausreichend viele und eindeutige Sensorinformationen erhält. Weiterhin muss er den Erfolg seiner Aktionen bewerten können – entweder selbständig oder während einer Lernphase durch den Operator. |

***Tabelle 4.1:*** *Realisierungsmöglichkeiten komplexer Bewegungen.*

# 5. Hinderniserkennung

Wie schon im vorangehenden Kapitel erläutert, ist die Bahnkurve (und damit die Effektivität) eines Reinigungsroboters in hohem Maße davon abhängig, ob und wann er ein auftretendes Hindernis erkennt und wie er darauf reagiert. Damit der Roboter ein Hindernis überhaupt einmal erkennt, sind eine ganze Anzahl verschiedener Detektoren, wie z.B. Anstoßdetektoren, Ultraschall-Entfernungsmesser, mitlaufende Räder etc. geeignet. Verschiedene Detektore besitzen aber auch sehr unterschiedliche Eigenschaften. Die gängigsten Detektoren inkl. ihrer wichtigsten Merkmale sind in der folgenden Tabelle kurz zusammengefasst.

| **Detektor** | **Eigenschaften** |
|---|---|
| Mechanische Anstoßdetektoren | Indirekter Detektor (Signalauslösung kurz vor direktem Hinderniskontakt - abhängig von der Geometrie des Detektors). Entfernungsinformation sehr bedingt möglich, wenig störanfällig. Ideal auch für spezielle Einsatzzwecke auslegbar[1]. |
| Absolute Bewegungsdetektoren (z.B. mitlaufendes Rad) | Direkter Detektor (Signalauslösung erst bei Hinderniskontakt). Keine Entfernungsinformation aber sehr sicher - ideal als „letzte Instanz" der Hinderniserkennung. |
| Ultraschall-Detektoren | Indirekter Detektor (Signalauslösung bereits deutlich vor direktem Hinderniskontakt). Hohe Empfindlichkeit bei glatten Flächen / fast keine Empfindlichkeit gegenüber Stoffen, Geweben, Polstern. Bei Einsatz mehrerer Detektoren Gefahr des Übersprechens (Detektor A empfängt Signale von benachbartem Detektor B) Entfernungsinformation bei aufwendigeren Systemen möglich. |
| Infrarot-Entfernungsmesser | Indirekter Detektor (Signalauslösung bereits vor direktem Hinderniskontakt). Genaue Entfernungsinformation erhältlich, wenig störanfällig. |
| Laser-Entfernungsmesser | Indirekter Detektor (Signalauslösung bereits weit vor direktem Hinderniskontakt). Sehr genaue Entfernungsinformation erhältlich, kaum störanfällig. Bei Ausführung als Laserscanner mehrdimensionales Abbild der Umgebung erhältlich. |

***Tabelle 5.1:*** *Detektoren und deren Eigenschaften.*

1) Ein spezieller Einsatzzweck für einen mechanischen Detektor ist z.B. das Erkennen von Teppichkanten, Kabeln etc. durch Fühlerdrähte – siehe Bauvorschlag im Abschnitt „Anstoßdetektoren" in Kapitel 8.1.

Für weitergehende Informationen über Detektoren und Sensoren sei hier auf die grundlegende Literatur, wie beispielsweise „Grundlagen der Robotertechnik“ verwiesen.

# 6. Bauformen von Reinigungsrobotern

Beim praktischen Aufbau eines Reinigungsroboters sind einige Dinge zu beachten. Schon durch die Wahl einer geeigneten Bauform lassen sich viele Probleme im späteren Betrieb vermeiden. Besonders wichtig sind bei Reinigungsrobotern folgende Punkte:

- Der Roboter muss groß genug zur Aufnahme des Reinigungssystems sein.
- Der Roboter muss so klein wie möglich ein, damit er auch enge Stellen erreichen kann.
- Der Roboter sollte keine hervorstehenden Kanten haben.

Um die genannten Bedingungen zu erfüllen, eignet sich am besten eine runde Bauform. Als Antriebsvariante hat sich die sogenannte Dreiradtechnik mit zwei unabhängig angetriebenen Rädern und einem, oder in bestimmten Fällen zwei, drehbaren Stützrädern durchgesetzt. Durch unterschiedliche Drehzahl der beiden Antriebsräder können beliebige Kurven gefahren werden. Dabei ist es günstig, wenn sich die Antriebsräder genau in der Mitte der runden Roboterplattform befinden. Je nach Gewichtsverteilung wird in diesem Fall eine zweite drehbare Stützrolle benötigt. Die folgenden beiden Abbildungen verdeutlichen dies.

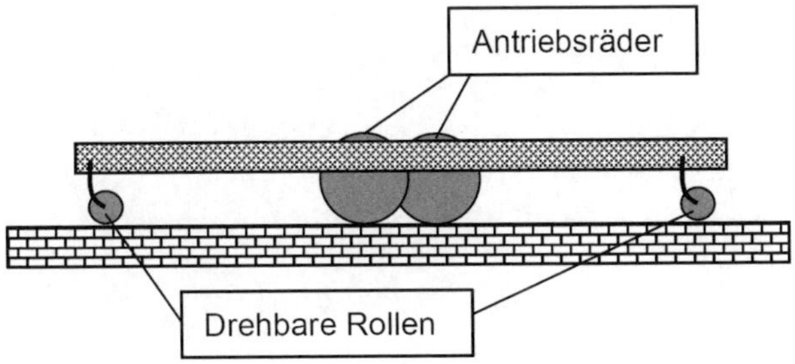


***Abbildung 6.1:*** *Runde Roboterplattform mit 2 zentralen Antriebsrädern (Seitenansicht).*

***Abbildung 6.2:***
*Runde Roboterplattform mit 2 zentralen Antriebsrädern (Ansicht von oben).*

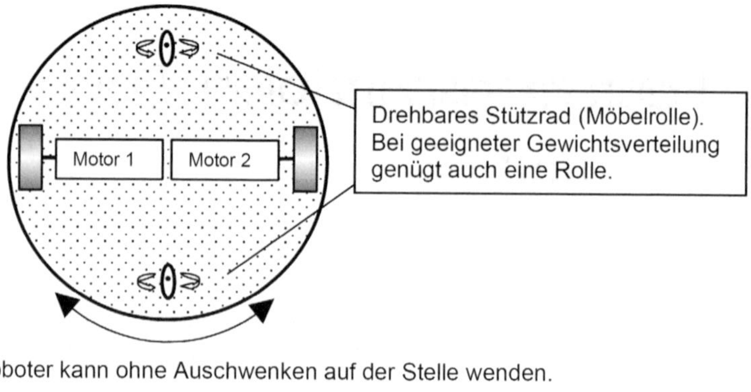


Um die Gefahr des Hängenbleibens weiter zu reduzieren, sollte der Roboter mit einer glatten Hülle (Metall, Plexiglas etc.) versehen werden. Besonders für spezielle Anwendungen wie z.B. Fensterputz- oder Tafelwisch-Roboter können auch andere Bauformen (quadratisch, dreieckig) geeignet sein. Solche Roboter sind in den entsprechenden Kapiteln dieses Buches genauer beschrieben. Andere Antriebsvarianten, wie gelenkte Achsen, Kettenantriebe oder gar schreitende Roboter, besitzen aufgrund ihrer Komplexität nahezu keine Bedeutung für Reinigungsroboter.

# 7. Steuerungsprinzipien, Robotersteuerung

Außer der Bauform ist selbstverständlich die Art und Komplexität der Steuerung eines Reinigungsroboters entscheidend für dessen effektiven Betrieb.
Dabei bestehen prinzipiell folgende Möglichkeiten:

1. Mechanische Steuerung
2. Elektronische Steuerung mittels diskreter Elektronik
3. Elektronische Steuerung mittels programmierbarer Elektronik

Die einzelnen Möglichkeiten der Steuerung eines Roboters werden in den folgenden Abschnitten kurz der Reihe nach besprochen.

An dieser Stelle soll noch erwähnt werden, dass hier mit dem Begriff „Steuerung" nicht die streng regelungstechnische Definition gemeint ist. Der Einfachheit halber möchte ich immer von Steuern, resp. Roboter-Steuerung sprechen, obwohl bei zahlreichen Robotern gleichzeitig gesteuert und geregelt wird. Wen die genaue Definition interessiert – hier sind jeweils zwei Interpretationen:

Gemäß Deutschem Patentamt:

Steuern: Das Beeinflussen einer Veränderlichen, z.B. das Ändern ihrer Richtung oder ihres Betrages (auch nach oder von Null), das Konstanthalten oder das Begrenzen ihres Veränderungsbereiches.

Regeln: Das selbsttätige Halten einer Veränderlichen auf einem gewünschten Wert oder in einem gewünschten Wertebereich. Der gewünschte Wert oder Wertebereich kann festliegen, von Hand veränderlich sein oder sich mit dem Zeitablauf entsprechend einem „Programm" oder entsprechend der Änderung einer anderen Veränderlichen ändern. Regeln ist eine Form des Steuerns.

Und etwas leichter verdaulich:

Steuern: Maßnahmen, um einen Prozess nach einem Zeit- oder Ablaufplan durch Schaltimpulse in gewünschter Weise ablaufen zu lassen.

Regeln: Der Wert einer Betriebszustandsgröße wird durch fortlaufendes Messen der Größe, Vergleichen mit einem vorgegebenen Sollwert und Nachstellen so geführt, dass er möglichst nahe an diesem Sollwert liegt.

Man erkennt schon, dass „Regeln" im Gegensatz zu „Steuern" fehlertolerant ist, da beim Regeln ein Vergleich mit einem Sollwert erfolgt. Am Beispiel eines Roboters könnte eine Steuerung oder Regelung beispielsweise durch folgende beiden Fälle beschrieben werden:

Steuerung: Ein Roboter ändert seine Richtung alle 30 Sekunden, unabhängig ob Hinderniskontakt erfolgt oder nicht.

Regelung: Ein Roboter ist mit einem Ultraschall-Entfernungsmesser ausgerüstet und verringert seine Geschwindigkeit, je näher er einem Hindernis kommt.

Mit diesen Ausführungen sollen aber nun die theoretischen Überlegungen beendet und die verschiedenen Varianten der Steuerung von Robotern (im verallgemeinerten Sinn) an einigen Beispielen beschrieben werden.

## 7.1 Mechanische Steuerung

Die erste, zugegebenermaßen etwas dilettantisch anmutende Möglichkeit zur „Steuerung" besteht im rein mechanischen Ausweichen bei Hinderniskontakt. Das heißt, eine bewegliche mechanische Vorrichtung bewirkt, dass der Roboter beim Auftreffen auf ein Hindernis solange verschoben oder gedreht wird, bis das Hindernis nicht mehr in Fahrtrichtung steht. Eine solche Anordnung besteht beispielsweise aus einem umlaufenden Haken, wie die folgende Abbildung 7.1 „Mechanisches Ausweichen eines Hindernisses" zeigt. Je nach den äußeren Gegebenheiten, resp. der Umgebung, in der sich ein Roboter bewegt, sowie der mechanischen Ausführung einer solchen Ausweichvorrichtung, kann diese Variante durchaus sehr effektiv sein.

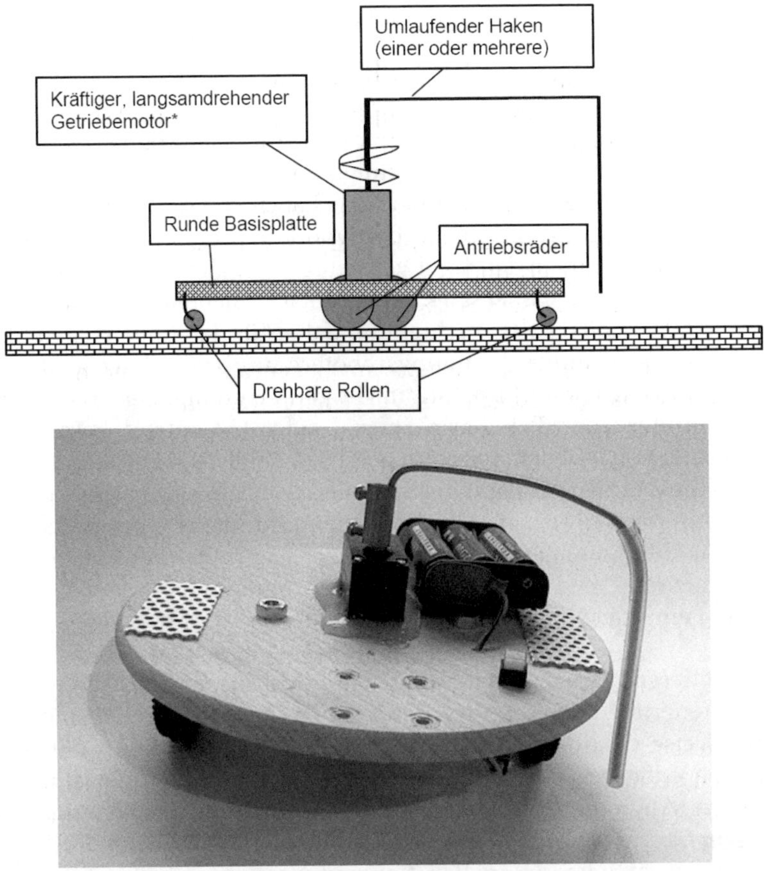


***Abbildung 7.1:*** *Mechanisches Ausweichen eines Hindernisses (Prinzipskizze und praktische Ausführung).*

## 7.2 Elektronische Steuerungen mittels diskreter Elektronik

Elektronische Steuerungen von Robotern mittels diskreter Elektronik sind besonders im Spielzeug- und Hobbybereich recht verbreitet. Besonders für einfache Steuerungsaufgaben sind Lösungen mittels diskreter Elektronik einfach, schnell und preiswert zu realisieren. Die Steuerung des in Kapitel 8.3 beschriebenen „Tafelwischers" kommt beispielsweise mit einem Relais und einigen Universaldioden aus. Allgemein kann man sagen, dass diskrete Elektronik in den Fällen sinnvoll ist, in denen der schaltungstechnische Aufwand über einfache Zeit-, Komparator und/oder Treiberschaltungen nicht hinausgeht. Eine umfangreiche Übersicht über Roboter mittels diskreter Elektronik inkl. zahlreicher Schaltungsbeispiele findet sich in „Grundlagen der Robotertechnik".

## 7.3 Elektronische Steuerung mittels programmierbarer Elektronik

Für die Steuerung von etwas komplexeren mobilen Robotern und damit auch von zahlreichen Reinigungsrobotern ist programmierbare Elektronik weit verbreitet. Mittlerweile hat sie in Form von programmierbaren Interfaces, beispielsweise von Lego® oder Fischertechnik® sogar schon Einzug in den Spielwarenmarkt gehalten. Diese einfachen Steuercomputer sind aber stark auf die entsprechenden Bauteile des jeweiligen Herstellers ausgerichtet und daher für den universellen Einsatz in selbstgebauten Reinigungsrobotern nur bedingt geeignet. Zudem sind Gewicht und Bauform nicht gerade gering. Daher sind Mikrocomputer vom Typ Basic Stamp® oder C-Control® besser zur Steuerung von mobilen Robotern geeignet. Beide Systeme müssen vor ihrem Einsatz aber noch mit diskreter Elektronik (Motorentreiber, Sensorelektronik etc.) erweitert und über einen externen PC programmiert werden. Für Anfänger wird, nicht zuletzt wegen der deutschsprachigen Anleitung, das etwas einfacher zu programmierende C-Control System empfohlen.

Des weiteren gibt es zahlreiche preiswerte Mikrocontroller, die zur Robotersteuerung eingesetzt werden können. Recht verbreitet sind beispielsweise die sogenannten PIC-Mikrocontroller. Diese Controller müssen jedoch mit einem speziellen Programmiergerät programmiert werden. Auch die Programmierung an sich ist recht schwierig. Aus diesem Grund bleibt der Einsatz dieser Geräte in der Regel professionellen, respektive industriellen Anwendungen vorbehalten.

Wer besonderen Wert auf schnelle und komfortable Programmierung legt, kann selbstverständlich auch einen kompletten Computer inkl. Bildschirm (z.B. Laptop) vom Roboter transportieren lassen, sofern es die Baugröße von Roboter und Computer zulassen. Auch in diesem Fall sind jedoch zusätzliche Hardwarecomponenten (Treiberplatine etc.) notwendig.
Wer die hohe Leistungsfähigkeit eines Computers nutzen möchte, ohne das Gerät permanent vom Roboter transportieren zu lassen, kann dazu eine bidirektionale Fernsteuerung verwenden, die einerseits den Roboter mit Steuerbefehlen versorgen und andererseits Daten vom Roboter empfangen muss. Voraussetzung ist natürlich, dass die Entfernung zwischen Computer und Roboter nicht zu groß ist und von der Übertragungseinheit überbrückt werden kann.
Zur Steuerung über größere Entfernungen könnte prinzipiell noch das Funktelefonnetz oder das Internet zusammen mit einer lokalen Funk-Übetragungseinheit genutzt werden. Dies sind jedoch Varian-

ten, die zur Steuerung von Reinigungsrobotern kaum eine Rolle spielen.

In der folgenden Tabelle sind die verschiedenen Möglichkeiten nochmals zusammengefasst:

| Prinzip | Beispiel | Bemerkungen |
|---|---|---|
| Mikrocontroller | PIC Mikrocontroler | Preiswert, aber schwierig zu programmieren. Programmiergerät notwendig. Nur für Experten empfehlenswert. Mehr dazu: http://www.sprut.de/electronic/pic/allgemein/allgemei.htm |
| Mikrocomputer | Basic-Stamp | Klein, leicht, preiswert. Anleitung nur in Englisch. Mehr dazu: http://www.elektronikladen.de/sic.html |
| | C-Control-System | Klein, leicht, preiswert. Verschiedene Varianten (M-Unit, C-Control I, II etc.) und umfangreiches Zubehör inkl. Literatur erhältlich. Deutsche Anleitung. Für Einsteiger empfehlenswert. Mehr dazu: www.c-control.de |
| | Fischertechnik-Interface | Mäßig preiswert. Speziell auf Fischertechnik-Zubehör abgestimmt. Für Einsteiger, die bereits Fischertechnik besitzen, empfehlenswert. Mehr dazu: www.fischertechnik.de |
| | Lego-Mindstorms System | Mässig preiswert. Speziell auf Lego-Zubehör abgestimmt. Für Einsteiger, die bereits Lego besitzen, empfehlenswert. Mehr dazu: http://mindstorms.lego.com |
| Kompletter PC auf Roboter montiert | PC (ohne Netzteil) | Groß, schwer, hoher Stromverbrauch. Aber schnelle Umprogrammierung und visualisierte Darstellung von Messwerten etc. online auf dem Monitor möglich. Zusätzliche Hardware (Interfacekarte etc.) notwendig |
| PC + bidirektionale Fernsteuerung | PC + Datenübertragungseinheit | Relativ teuer und aufwendig. Reichweite begrenzt. Roboter kann nur bei laufendem PC agieren |
| Funktelefonnetz | Steuerung per SMS | Echte Steuerung nur schwierig zu realisieren - evt. geeignet zum Ein-/Aus- oder UM-schalten des Roboters über weite Entfernungen |
| Internet | PC + Internet + Datenübertragungseinheit | Relativ teuer und aufwendig, Überwachungskamera vorteilhaft. Reichweite unbegrenzt, Datenübertragung kann gestört oder langsam sein. Roboter kann nur bei laufendem PC agieren |

***Tabelle 7.1:*** *Varianten zur programmierbaren Steuerung von Robotern.*

# 8. Bauvorschläge

Beim Bau eines Reinigungsroboters sind folgende Punkte von besonderer Wichtigkeit:

- Reinigungskonzept
- Bewegungskonzept
- äußere Form / Baugröße

Die verschiedenen Reinigungstechniken wurden bereits ausführlich in Kapitel 2 vorgestellt und sollen hier nicht weiter ausgeführt werden. Zum Bewegungskonzept eines Reinigungsroboters gehört der mechanische Aufbau (wie z.B. die äußere Form: rund, viereckig...), die Art der Fortbewegung (auf Rädern, Ketten, Beinen...), die verwendete Steuerungselektronik und, sofern notwendig, die Steuerungssoftware. Der technische Aufbau bestimmt in Verbindung mit der Steuerungselektronik, respektive der Steuerungssoftware das Bewegungskonzept. Bewegungskonzept und Reinigungstechnik müssen gut aufeinander abgestimmt sein, damit eine effiziente Reinigung erreicht wird.

Im Folgenden wird diese Abstimmung anhand einiger ausgewählter Beispiele genauer beschrieben. Dabei wird jeweils zuerst die Zielsetzung des Reinigungsroboters festgelegt und dann im zweiten Schritt die konkrete Realisierung unter Berücksichtigung der genannten, wichtigen Punkte beschrieben. Dabei wird auch auf den Schwierigkeitsgrad der Realisierung eingegangen. Weiterhin sind die einzelnen Bauvorschläge nach zunehmendem Schwierigkeitsgrad geordnet. Zuletzt folgt bei jedem Bauvorschlag noch eine Bewertung der Leistung des Roboters bezüglich der gestellten Zielsetzungen inkl. eines Testberichtes im praktischen Einsatz. Auf einen umfassenden Überblick zur technischen Konstruktion von Robotern wird jedoch verzichtet – eine solche Darstellung findet sich in „Grundlagen der Robotertechnik".

## 8.1 Saugroboter

### Microbot

Beim Microbot handelt es sich um einen sehr kleinen Saugroboter mit einer sehr einfachen Saugeinheit und einer rein mechanischen Vorrichtung zum Ausweichen von Hindernissen. Der Roboter kann in seinen Abmessungen auch problemlos vergrößert werden.

| | |
|---|---|
| **Schwierigkeitsgrad:** | Mechanik: Mittel<br>Elektronik: Sehr leicht<br>Programmierung: entfällt |
| **Primäre Zielsetzung:** | Eine glatte, leicht verschmutzte Fläche soll von lose aufliegendem Schmutz und Staub gereinigt werden. |
| **Sekundäre Zielsetzung 1:** | Hindernisse (Wände, Stuhlbeine, Kabel, Teppiche) sollen umfahren werden. Ein Festfahren des Roboters soll möglichst nicht eintreten. |
| **Sekundäre Zielsetzung 2:** | Die zu reinigende Fläche soll möglichst vollständig und möglichst schnell gereinigt werden. |

*Reinigungskonzept*

Die Saugeinheit besteht aus einem Miniatur-Axiallüfter, der auf ein kleines Plexiglasgehäuse aufgeklebt ist. Im Plexiglasgehäuse ist ein Filtervlies (Fettfilter für Küchendunst-Abzugshaube) eingeklebt. Dieses

***Abbildung 8.1:*** *Saugeinheit des „Microbot" (Klappbar mit eingeklebtem Filtervlies).*

Ventilator des „Microbot"

lässt sich zum Entleeren des Staubes aufklappen. Die Saugdüse ist rund (Plexiglasröhrchen) und durch die Basisplatte bis wenige Millimeter über den Boden geführt.

### *Bewegungskonzept*

Der Antrieb des Roboters erfolgt durch einen Mikro-Getriebemotor, der das im Zentrum angebrachte, einzelne Antriebsrad bewegt. Ein weiterer, senkrecht installierter Getriebemotor treibt einen umlaufenden Haken an, der bei Hinderniskontakt den Roboter solange dreht, bis er wieder freie Fahrt hat. Der umlaufene Haken ist so dimensioniert, dass er alle Aufbauten des Roboters umschließt und am Rand bis fast auf den Boden reicht.

***Abbildung 8.2:*** *Antriebseinheit des Microbot (rechts: Saugdüse und umlaufender Haken).*

### *Äußere Form / Baugröße*

Der Roboter besitzt eine runde Basisplatte. Das einzige Antriebsrad ist zentral angebracht und sitzt wenige Millimeter tiefer, als die 4 Stützräder. Es wird permanent in einer Richtung angetrieben. Der Roboter wird durch 4 seitliche Stützräder gegen Umfallen stabilisiert. Die

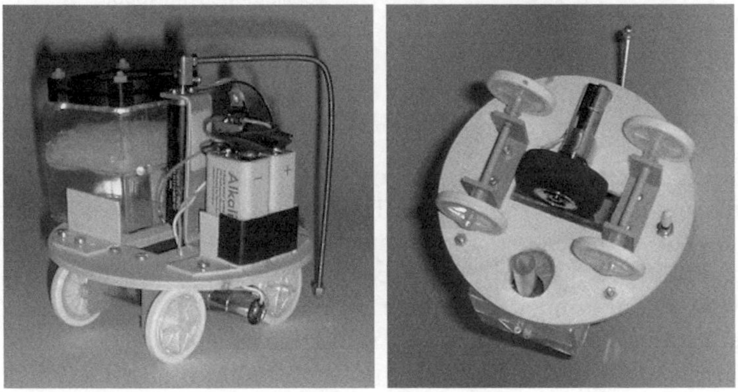

***Abbildung 8.3:*** *Der Microbot, links – Seitenansicht, rechts – Unterseite.*

Stützräder sind aus gleitfähigem Kunststoff, sodass der Roboter bei Hinderniskontakt leicht über diese Räder geschoben werden kann.

Als Energieversorgung dienen zwei 9-V Batterien, die den Miniatur-Axiallüfter (Betriebsspannung 12 V) direkt mit Strom versorgen. Dadurch wird die bescheidene Saugleistung des Lüfters etwas erhöht. Da der Antriebsmotor und der Getriebemotor für den umlaufenen Haken nur eine Betriebsspannung von 5 V benötigen, ist zu deren Spannungsversorgung ein 5V-Festspannungsregler vorgeschaltet (siehe Abbildung 8.4). Mehr Infos zur Verwendung von Festspannungsreglern und weiteren, beim Bau von Robotern häufig benötigten, Grundschaltungen finden sich in „Grundlagen der Robotertechnik".

*Abbildung 8.4:* Anschluss eines Festspannungsreglers.

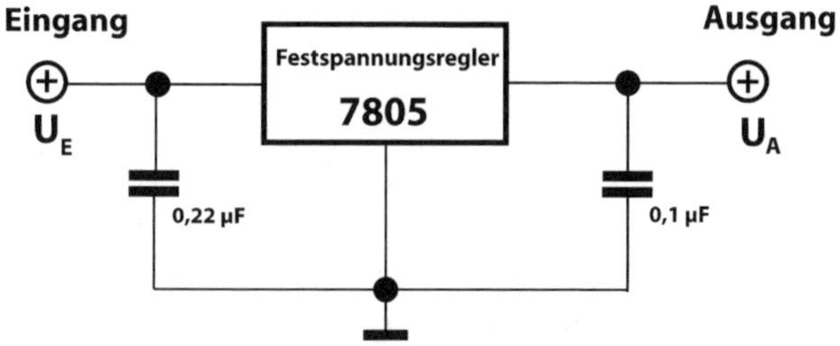


$U_E$ = Eingangsspannung, $U_A$ = Ausgangsspannung (hier + 5 V)

*Testbericht*

Das Fahrverhalten des Roboters ist gut. Hindernissen wird in der Regel gut ausgewichen. Problematische Hindernisse sind jedoch dünne Elektrokabel (dünner als der Abstand des umlaufenden Hakens vom Boden) und schräge Stuhlbeine. Bei diesen Hindernissen kann jeweils ein Einfädeln des umlaufenden Hakens eintreten. Das Saugverhalten des Roboters ist durch die geringe Leistung des Mikro-Axiallüfters sehr mäßig. Es werden nur leichte und nicht zu große Staubflusen eingesaugt. Aufgrund der kleinen Saugdüse (rundes Plexiglasröhrchen) dauert es sehr lange, bis eine gegebene Fläche komplett überstrichen wird.

## Sauger 555

Der Sauger 555 ist ein sehr einfach aufgebauter Saugroboter, dessen Steuerung mittels des bekannten Timer-IC's 555 erfolgt. Als Baumaterialien für den Sauger 555 kommen preiswerte Baumarkt-Produkte zum Einsatz. Lediglich die Antriebsmotore sind hochwertige Getriebemotore. Diese können aber auch problemlos durch eine preiswerte Ausführung ersetzt werden. Der Sauger 555 stellt somit ein leicht zu realisierendes (und leicht zu modifizierendes) Einsteigermodell dar.

**Schwierigkeitsgrad:** Mechanik: Leicht
Elektronik: Mittel
Programmierung: entfällt

**Primäre Zielsetzung:** Eine glatte, leicht verschmutzte Fläche soll von lose aufliegendem Schmutz und Staub gereinigt werden.

**Sekundäre Zielsetzung 1:** Ein Festfahren des Roboters soll möglichst nicht eintreten.

**Sekundäre Zielsetzung 2:** Die zu reinigende Fläche soll möglichst vollständig und möglichst schnell gereinigt werden.

### *Reinigungskonzept*

Die Saugeinheit besteht aus einem Axiallüfter (alter Computerlüfter), der mit Silikonkitt auf ein PVC-Abflussrohrstück aufgeklebt ist. Das Rohrstück reicht durch die Bodenplatte des Roboters bis etwa 5 mm über den Boden. Durch dieses Rohr (und durch den Lüfter) wird Luft (inkl. Staub) in das Innere des Roboters gesaugt. Von dort verlässt sie durch auf der Unter- und Oberseite angebrachte und mit Filtervlies beklebte Öffnungen den Roboter wieder. Den schematischen Aufbau des Roboters zeigt die folgende Abbildung.

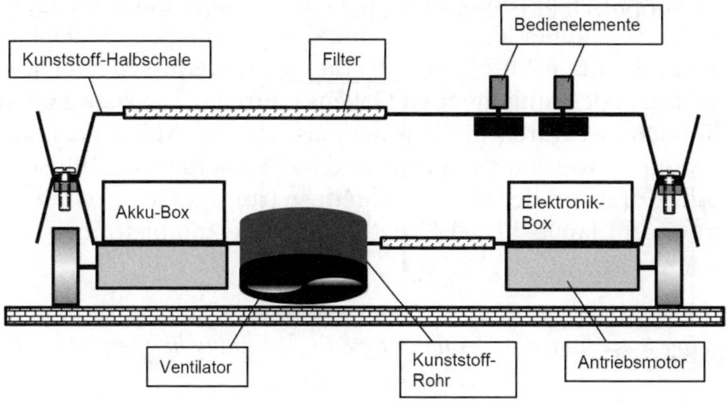


***Abbildung 8.5:*** *Sauger 555 – Prinzipskizze.*

Der Korpus des Roboters besteht aus zwei umgedreht zusammengeschraubten Kunststoff-Blumenuntersetzern von IKEA (siehe „äußere Form/Baugröße" sowie Abbildung 8.6).

***Abbildung 8.6:*** *Der „Sauger 555", links – Ansicht von unten (Axiallüfter als Saugeinheit), rechts – geöffnet (mit Lüfter, Elektronik und Stromversorgung).*

### Bewegungskonzept

Der Antrieb des Roboters erfolgt durch zwei Getriebemotore, an denen jeweils ein Antriebsrad befestigt ist. Eine zusätzliche drehbare Stützrolle dient der Stabilisierung. Zur Steuerung wird einer der beiden Antriebsmotore zyklisch für eine einstellbare (kurze) Zeit umgepolt. Ohne Hindernisse würde der Roboter somit ein Polygon mit, je nach Umschaltdauer, unterschiedlich großen Winkeln abfahren. Durch diverse Hinderniskontakte wird daraus eine Art zufällige Bewegung. Eine Detektion von Hindernissen erfolgt nicht. Die Steuerung erfolgt, wie bereits erwähnt, mit dem Universal-Timer IC 555, der zyklisch ein Motor-Umpolrelais ansteuert (siehe nachfolgende Abbildungen).

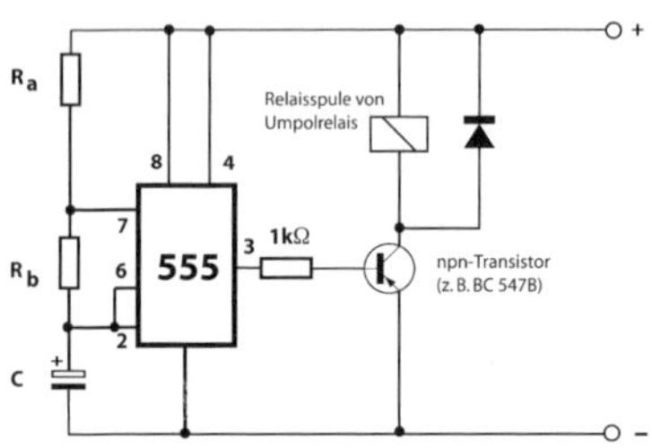


***Abbildung 8.7:*** *Schaltbild der Steuerung des „Saugers 555".*

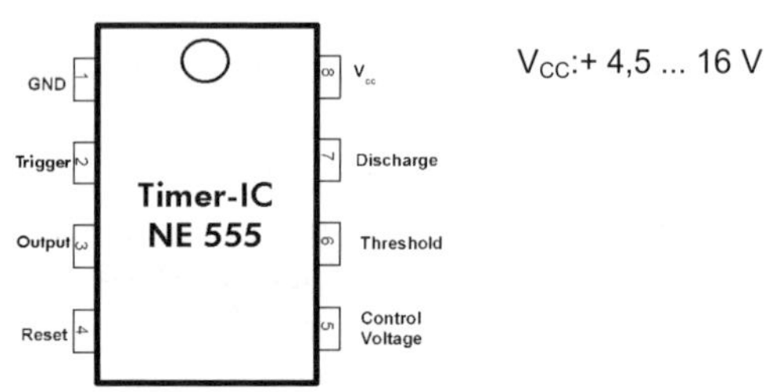


***Abbildung 8.8:*** *Anschlussbelegung des NE 555 (Ansicht von oben).*

Das Timer IC ist in dieser Anwendung als astabiler Multivibrator geschaltet. Das heißt, das Ausgangssignal an Pin 3 wechselt ständig zwischen high (knapp Betriebsspannung) und low (0 V). Die Betriebsspannung des ICs muss zwischen 4,5 und 16 V liegen. Die high- und low-Zeiten des Ausgangssignals lassen sich folgendermaßen berechnen:

high: $t_h = 0{,}693 \cdot (R_a + R_b) \cdot C$
low: $t_l = 0{,}693 \cdot R_b \cdot C$

$R_a$ und $R_b$ werden dabei in Ω, C in F (oder wahlweise kΩ und mF oder MΩ und μF) eingesetzt.

Beim Sauger 555 wurde für C ein 1000 μF Elektrolytkondensator, für $R_a$ ein 2,2 kΩ Poti und für $R_b$ ein 50 kΩ Poti eingesetzt. Durch die Verwendung von Potis lassen sich die high- und low-Zeiten und damit auch das spätere Bewegungsverhalten des Roboters in weitem Umfang variieren. Rein rechnerisch lägen die beiden Zeiten bei der obigen Konfiguration (C = 1000 μF, $R_a$ = 2,2 kΩ, $R_b$ = 50 kΩ) bei $t_h$ = 76 s und $t_l$ = 35 s. In der Realität sind die Zeiten aufgrund der Selbstentladung des verwendeten Elkos allerdings deutlich geringer. Lediglich bei Verwendung von sehr hochwertigen Kondensatoren können die berechneten Schaltzeiten erreicht werden. Die Betriebspannung kann der Motor- bzw. Relaisspannung angepasst werden, muss sich aber im Bereich von 4,5 bis 16 V (Einsatzbereich des Timer-IC's 555) bewegen. Die Beschaltung des Motor-Umpolrelais (2 x UM) sieht folgendermaßen aus:

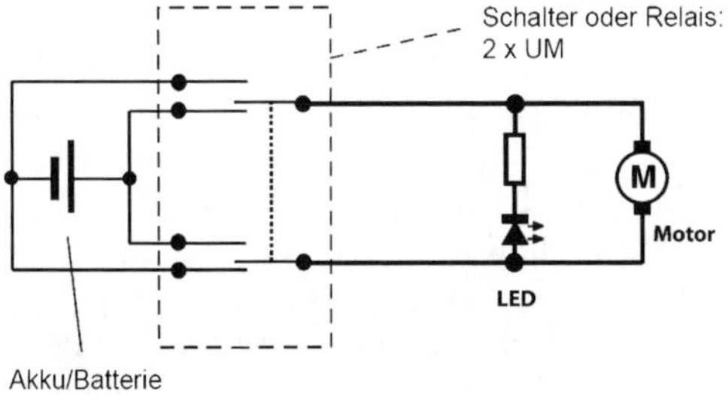


***Abbildung 8.9:*** *Umpol-Relais mit LED-Polaritätsanzeige.*

Der Schaltzustand des Umpolrelais kann leicht mit einer zusätzlichen Leuchtdiode überwacht werden. Besonders effektvoll sind zu diesem Zweck bipolare, zweifarbige LED's die ihre Farbe je nach Polung wechseln können. Zur Berechnung des geeigneten Vorwiderstandes R sei hier auf die einschlägige Elektronik-Basisliteratur verwiesen.

### *Äußere Form / Baugröße*

Der Sauger 555 besteht aus zwei umgekehrt aufeinandergeschraubten Kunststoff-Blumenuntersetzern (Hersteller IKEA). Durch die runde Form kann sich der Roboter noch leicht drehen, auch wenn er bereits Kontakt mit einem Hindernis hat. Zum Aufbau eignen sich beliebige runde Schalen, sofern sie sich dicht zusammenschrauben lassen. Bei einem Rundgang im Baumarkt wird man in der Regel passende Teile finden. Sofern Kunststoffteile eine zu geringe Stabilität aufweisen, kön-

***Abbildung 8.10:*** *„Der Sauger 555", komplett und einsatzbereit.*

nen diese durch Einschrauben einer Holz- oder Aluminiumplatte stabilisiert werden.

Zur Energieversorgung dienen Batterien oder Akkus, die der Betriebsspannung der Antriebsmotore angepasst sind. Um Probleme mit Störungen zu vermeiden (besonders bei Billigst-Getriebemotoren zu befürchten), sollte die Spannungsversorgung der Timer-Schaltung mit separaten Akkus oder Batterien erfolgen.

*Testbericht*

Das Fahrverhalten des Roboters ist, nach Justierung der Zeitschaltung, durchaus befriedigend. Hindernissen wird zwar nicht ausgewichen, durch die zeitbestimmten Drehungen erfolgt aber so gut wie kein Festfahren. Lediglich die üblichen problematischen Hindernisse, wie beispielsweise dünne Elektrokabel, bereiten Probleme. Da der Roboter nur Drehbewegungen in einer Richtung durchführt, besteht die Gefahr, dass systematisch bestimmte Raumteile nicht abgefahren werden.

Das Saugverhalten des Roboters ist nicht optimal. Teilweise wird der Schmutz davongeblasen. Auch werden nur sehr leichte Teile überhaupt eingesaugt. Zum Entfernen des eingesaugten Staubes muss der Roboter geöffnet (auseinandergeschraubt) werden.
Zusammenfassend ist zu sagen, dass der Sauger 555 ein preiswertes und funktionierendes Einsteigermodell darstellt, welches bereits alle Komponenten eines Staubsaugroboters enthält. Aufgrund mangelhafter Anpassung des Saugsystems und der einfachen Steuerung fällt die effektive Leistung aber eher bescheiden aus.

## Sauger 556

Der Sauger 556 ist eine Weiterentwicklung des Saugers 555. Im Gegensatz zum 555 werden beim 556 beide Antriebsmotore über zwei unabhängige Zeitschaltungen zyklisch geschaltet. Die Grundschaltung entspricht also zwei identischen Schaltungen des Saugers 555 gemäß Abbildung 8.7. Dazu wird ein doppelter Timer-IC 556 (beinhaltet 2 Timer-Schaltungen des IC 555) verwendet. Daher auch die Namensgebung. Durch die beiden, sich überlagernden Zeitschaltungen wird ein chaotisches Bewegungsmuster erzeugt.

***Abbildung 8.11:*** *Der „Sauger 556".*

Zusätzlich wurde der 556 noch mit 2 weiteren Sensoren ausgestattet. Nämlich einem Ultraschall-Sensor zum Erkennen von großflächigen Hindernissen und einem „Teppichdetektor" zum Erkennen von niedrigen Hindernissen wie Teppichkanten oder Elektrokabeln. Wirkungsweise, Beschaltung und Aufbau dieser Sensoren werden im Folgenden noch detailliert erläutert. Durch Umstecken von Kabelverbindungen kann der Roboter in eingeschränktem Maße umprogrammiert werden. Beim „Sauger 556" wurde im Vergleich zum „Sauger 555" zudem die komplette Saugeinheit umgestaltet und optimiert. Die Energieversorgung erfolgt über 2 wartungsfreie 6 V-Bleiakkus.

| | |
|---|---|
| **Schwierigkeitsgrad:** | Mechanik: Schwierig<br>Elektronik: Schwierig<br>Programmierung: entfällt |
| **Primäre Zielsetzung:** | Eine glatte, durchschnittlich verschmutzte Fläche soll von lose aufliegendem Schmutz und Staub gereinigt werden. |
| **Sekundäre Zielsetzung 1:** | Hindernisse (Wände, Stuhlbeine, Kabel, Teppiche) sollen umfahren werden. Ein Festfahren des Roboters soll möglichst nicht eintreten. |
| **Sekundäre Zielsetzung 2:** | Die zu reinigende Fläche soll möglichst vollständig und möglichst schnell gereinigt werden. |

*Reinigungskonzept*

Die Saugeinheit des 556 besteht aus einem horizontal dreigeteilten Gehäuse (siehe Abbildung 8.12). Ein verhältnismäßig saugstarker 12 V-Axiallüfter sorgt für den nötigen Zug. Damit der Druckabfall in der Filtereinheit möglichst niedrig ausfällt, erstreckt sich die Filterfläche über die komplette mittlere Ebene der Saugeinheit. Zudem wurde ein Filtervlies (Fettfilter für Küchendunst-Abzugshaube) mit besonders geringem Strömungswiderstand eingeklebt. Der Staubsammelbehälter ist mit einer Klappe zum Entleeren des Staubes versehen. Die Saugdüse ist rechteckig und wurde aus einer CD-Hülle gefertigt.

*Abbildung 8.12: Saugeinheit des Saugers 556.*

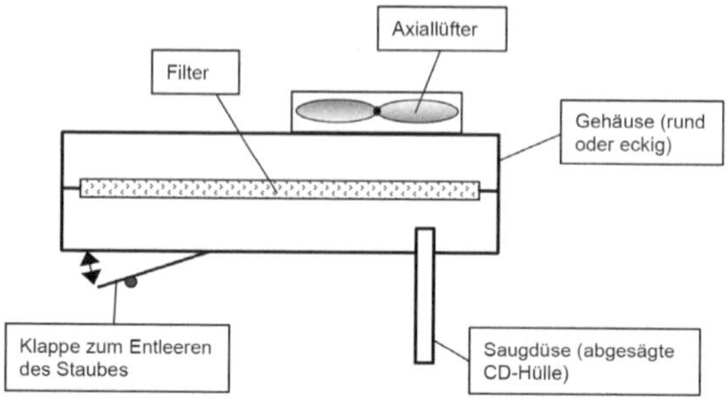

***Abbildung 8.13:** Der „Sauger 556“ mit seinen 3 Ebenen.*

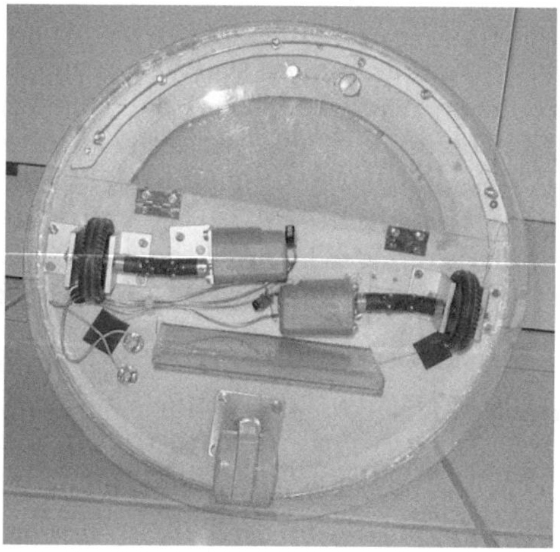

***Abbildung 8.14:** Der „Sauger 556“ von unten mit Antriebsmotoren, CD-Saugdüse und Staubklappe aus Plexiglas (im Hintergrund ist noch das Filtervließ zu erkennen).*

***Abbildung 8.15:** Aufgesaugter Schmutz und Staub.*

*Bewegungskonzept*

Der Antrieb des Roboters erfolgt durch zwei Getriebemotore, die über 2 Kardanwellen die beiden separat gelagerten Antriebsräder antreiben (siehe Abbildung 8.16). Somit werden die Achsen der Getriebemotore nicht mit dem erheblichen Gewicht des Roboters belastet. Die Stabilisierung erfolgt durch zwei drehbare Möbelrollen.

***Abbildung 8.16:*** *Antrieb und Radaufhängung des „Sauger 556".*

Wie bereits erwähnt, werden die beiden Antriebsmotore durch zwei unabhängige Zeitschaltungen in zeitlich versetzten Zyklen jeweils für eine kurze Zeit umgepolt. Zusätzlich ist ein Ultraschall-Sensor in Fahrtrichtung eingebaut, der ebenfalls einen der beiden Antriebsmotore (oder wahlweise beide Motore) umpolen kann. Gleiches gilt für die bis knapp auf den Boden reichenden „Teppichdetektoren".

Das Blockdiagramm der Schaltung sieht damit so aus:

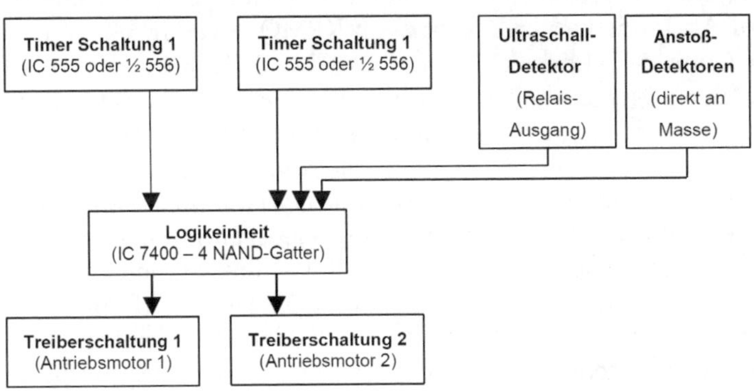


***Abbildung 8.17:*** *Blockdiagramm der Schaltung des "Sauger 556".*

Die Spannungsversorgung der beiden Timer-Schaltungen, der Anstoß-Detektoren, der Logikeinheit und der beiden Motor-Umpolrelais-Treiberschaltungen erfolgt über einen 5 V Festspannungsregler, wie in Abbildung 8.4 „Anschluss eines Festspannungsreglers" gezeigt. Der Ultraschalldetektor sowie die beiden Antriebsmotore werden direkt mit der Akkuspannung (12 V) betrieben.

Die Schaltpläne der einzelnen Komponenten des Blockdiagramms sind in den folgenden Abbildungen im Detail aufgeführt.

**Timer-Schaltung**

Auch der „Sauger 556“ wird mittels der bereits beim „Sauger 555“ vorgestellten Timer-Schaltung gesteuert. Für alle Details zur Schaltung wird daher auf das vorangegangene Kapitel verwiesen. Allerdings kommen beim „Sauger 556“ zwei dieser Schaltungen zum Einsatz. Wahlweise kann daher die gesamte Schaltung auch mit einem Doppel-Timer IC NE 556 aufgebaut werden, welcher 2 NE 555 in einem Gehäuse vereinigt.
Die korrekte Anschlussbelegung des NE 556 kann der folgenden Abbildung entnommen werden.

***Abbildung 8.18:*** *Anschlussbelegung des NE 555.*

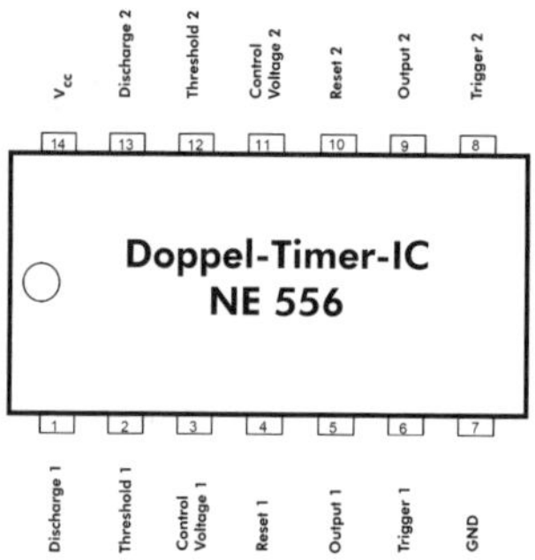


$V_{CC}$: + 4,5 ... 16 V
GND: Masse

**Ultraschall-Detektor**

Bei dem Ultraschall-Detektor handelt es sich um einen einfachen Ultraschall-Abstandswarner Bausatz von KEMO (Art. Nr. B214), bezogen über Conrad-Elektronik (Conrad Art. Nr. 114456-14). Zur Ansteuerung der Logik-Einheit wurde der Bausatz etwas modifiziert (wodurch natürlich jegliche Garantieansprüche erlöschen). Dazu wurde der Transistor T1 (siehe Original-Anleitung zum Bausatz) durch das Universalmodell BC547b ersetzt. Der Widerstand R1 und die LED wurden entfernt und durch ein, der Betriebsspannung (hier 12 V) angepasstes, stromsparendes Miniatur-Relais ersetzt. Solche Relais finden sich übrigens recht häufig in alten EDV-Geräten (Drucker, Monitor etc.) und dienen dort, genauso wie im vorliegenden Fall, der kompletten galvanischen Trennung zweier Stromkreise. Dadurch umgeht man von vornherein Anpassungsprobleme wie unterschiedliche Betriebsspannungen, etc. Über das Relais können dann problemlos positive oder negative Impulse auf eine beliebige Auswerteeinheit (Logikschaltung, C-Control etc.) gegeben werden. In unserem Fall wird bei Hindernisdetektion der Minus-Pol (Masse, logisch 0) mittels des Relais an den Eingang des Logikgatters gelegt. Um ein Flattern des Relais zu verhindern, wird parallel zum Relais ein Elektrolytkondensator geschaltet. Die Kapazität dieses Kondensators bestimmt, wie lange das Relais eingeschaltet bleibt. In eigenen Versuchen haben sich Kapazitäten von 10...100 $\mu$F als geeignet erwiesen (Haltezeiten von 0,1...0,5 s).

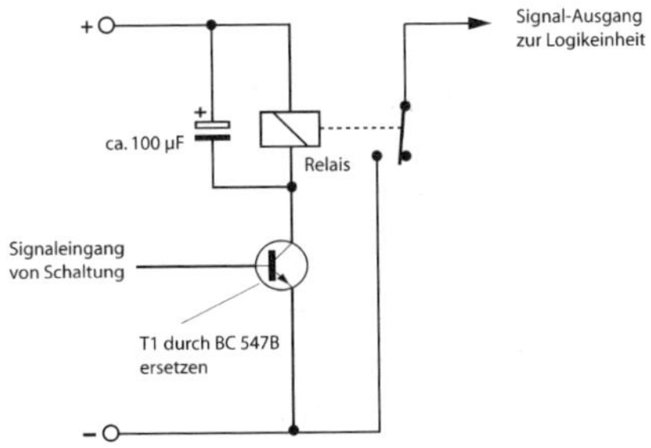


*Abbildung 8.19: Umbau des Ultraschall-Abstandswarners (Detailskizze).*

**Anstoß-Detektoren**

Bei den Anstoß-Detektoren handelt es sich um mehrere, halbkreisförmig angeordnete dünne und flexible Federstahldrähte, die bei Hinderniskontakt an einen dickeren Draht gedrückt werden und dadurch einen elektrischen Kontakt herstellen (siehe Abbildung 8.20 und Abbildung 8.21). Alle Anstoßdetektoren werden parallel geschaltet. Durch die Anstoßdetektoren können bodennahe Hindernisse, wie Teppichkanten, Kabel, etc. sicher erkannt werden.

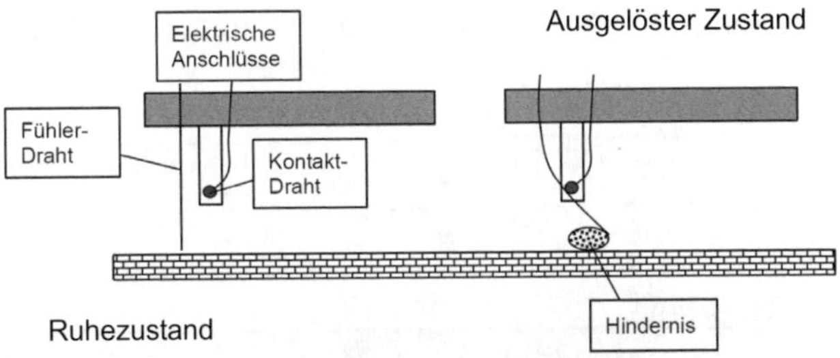


*Abbildung 8.20: Tastfühler zur Erkennung von bodennahen Hindernissen.*

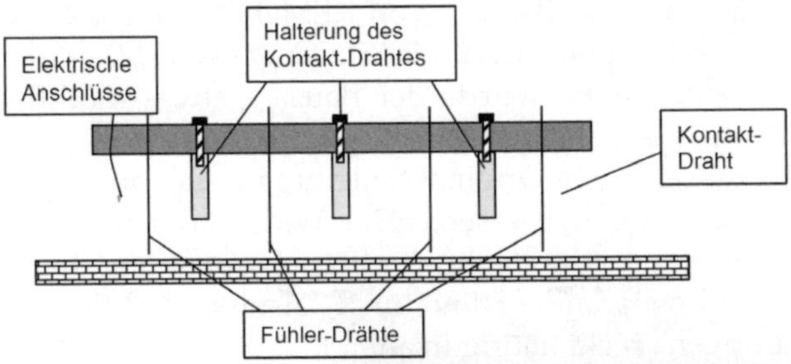


*Abbildung 8.21: Tastfühler zur Erkennung von bodennahen Hindernissen (Ansicht von vorne).*

Die beschriebenen Tastfühler werden halbkreisförmig an der Vorderseite des Roboters installiert, wie Abbildung 8.22 zeigt.

*Abbildung 8.22: Tastfühler des „Sauger 556“.*

*Abbildung 8.23:* *Installation der Tastfühler am „Sauger 556".*

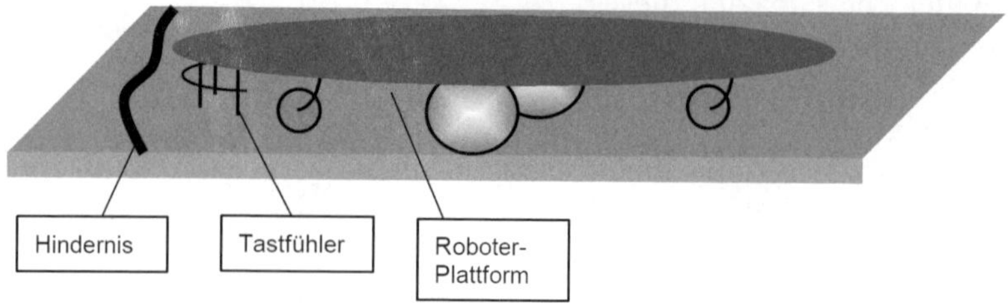


Anstatt der beschriebenen Tastfühler-Reihe können prinzipiell auch einer oder mehrere einzelne Tastfühler zum Einsatz kommen. Solche Tastfühler können schnell und preiswert aus einfachen Basismaterialen, auch in größerer Stückzahl hergestellt werden. Sie sind aufgrund ihrer geringen Baugröße universell verwendbar, sehr robust und benötigen keinerlei Elektronik. Sie verbrauchen im Ruhezustand keinen Strom und können aufgrund ihrer platzsparenden Bauform an vielen Stellen, auch nachträglich, eingebaut werden. Durch Verlängern / Verkürzen des Sensordrahtes lässt sich der Auslösebereich in weiten Grenzen variieren. Der Bau erfolgt wie in den folgenden Abbildungen gezeigt.

*Abbildung 8.24:* *Mechanischer Tastfühler (Aufbau).*

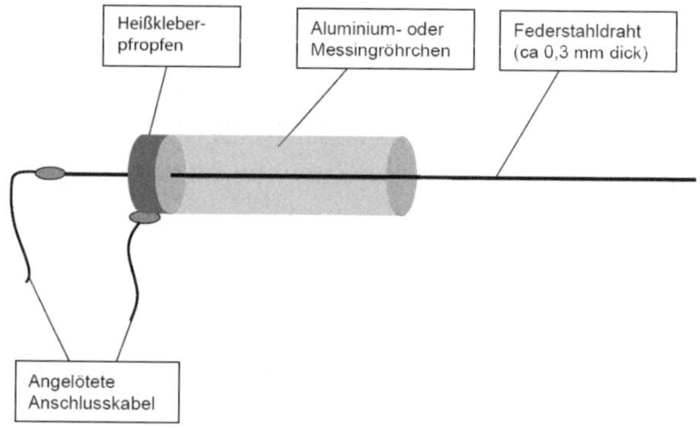


*Abbildung8.25:* *Mechanischer Tastfühler (Wirkungsweise).*

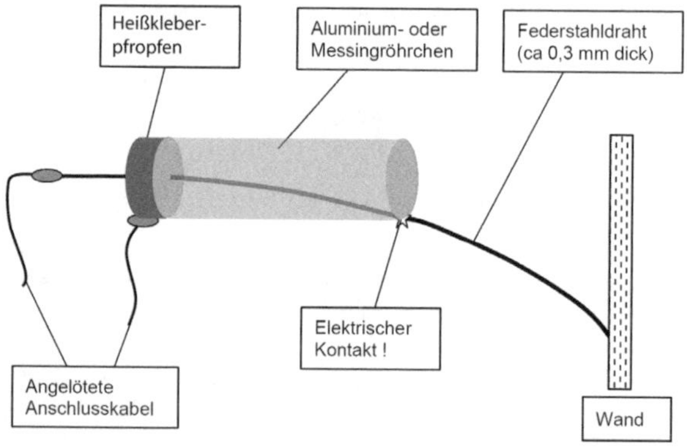

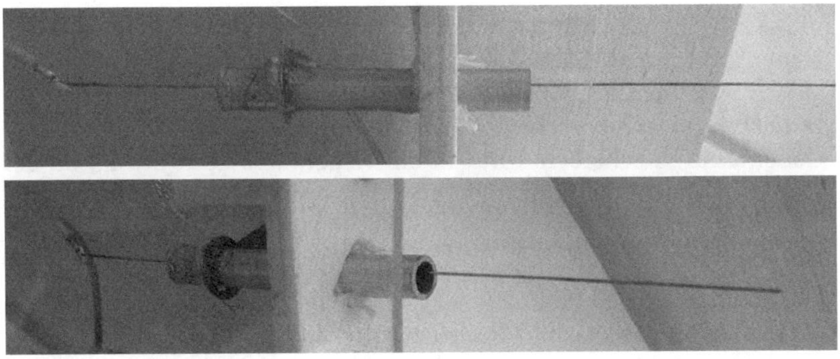

***Abbildung 8.26:*** *Mechanischer Tastfühler (technische Realisierung).*

Der Bau des Tastfühlers erfolgt folgendermaßen:
Zuerst werden ca. 2...4 cm eines Aluminium- oder Messingröhrchens (Innendurchmesser etwa 4…8 mm) abgesägt und die Enden mit Schmirgelpapier abgeschliffen. Zusätzlich werden auch die ersten Millimeter im Inneren des Röhrchens abgeschliffen. Dadurch ist später ein guter elektrischer Kontakt mit dem Federstahldraht gewährleistet. Nun wird ein Anschlussdraht oder eine Lötöse am hinteren Teil des Röhrchens festgelötet. Bei Verwendung eines Aluminiumröhrchens ist Löten kaum möglich und der Draht oder die Lötöse wird am besten mit einer kleinen Schraube oder einer großen Lüsterklemme, in die das Röhrchen hineingeschoben wird, befestigt. Anschließend drückt man einen Pfropfen Heißkleber in die Rückseite des Röhrchens und lässt ihn erkalten. Nun schneidet man ein ca. 2 cm langes Stück des verwendeten Federstahldrahtes (Durchmesser 0,3 bis 0,5 mm) ab, spannt es in eine Bohrmaschine und bohrt damit ein kleines senkrechtes Loch durch die erstarrte Heißklebermasse im Röhrchen. Nun wird das benötige Stück Federstahldraht auf Länge geschnitten (Gesamtlänge je nach Anwendung 5…10 cm) und mit feinem Schmirgelpapier abgeschliffen. Besonders die Enden werden rundgeschmirgelt, um spätere Kratzer an Möbeln etc. zu vermeiden. Zum Schluss wird ein Anschlussdraht festgelötet. Anschließend wird der Federstahldraht durch das vorgebohrte Loch in das Röhrchen geschoben und der Heißkleber vorsichtig mittels eines Heißluftföhns oder zur Not mit einem Feuerzeug wieder zum Erweichen gebracht bis er den Federstahldraht gerade umfließt. Der Draht wird nun bis zum Abkühlen des Klebers in zentraler Position gehalten. Dazu kann eine einfache Auflage aus zwei Brettchen

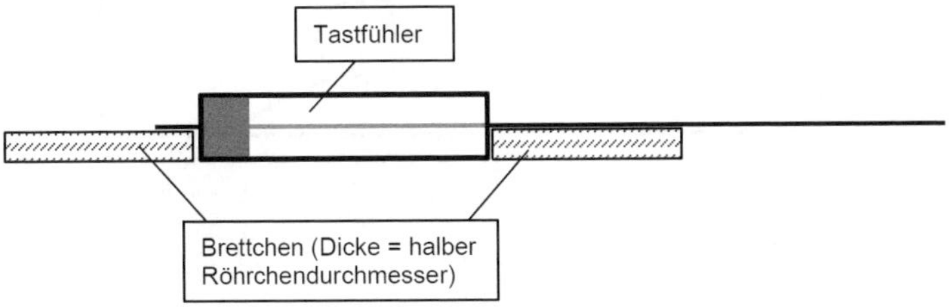


***Abbildung 8.27:*** *Zentrierung des Federstahldrahtes im Tastfühler.*

mit der Dicke des halben Rötchendurchmessers verwendet werden (siehe Abbildung 8.27).

*Anmerkung:* Der Versuch, den Federstahldraht direkt durch die heiße Klebemasse zu schieben, führt in der Regel nicht zum Erfolg, da der Draht die Masse abkühlt und beim Durchschieben beschichtet wird.

**Logikeinheit**

Als Logigeinheit kommt ein TTL-Baustein (TTL bedeutet **T**ransistor-**T**ransistor-**L**ogik) der 74er Serie zum Einsatz. TTL IC's sind preiswert, robust und wenig störanfällig. Sie lassen sich auch gut mit einfachen klassischen Transistorschaltungen kombinieren. Die Nachteile von TTL-IC's (hoher Stromverbrauch, langsame Schaltgeschwindigkeit) fallen bei der beschriebenen Anwendung nicht ins Gewicht. Die Betriebsspannung beträgt 5 V. Wer sich übrigens mit Logik-Schaltkreisen überhaupt nicht auskennt, dem sei hier das Buch „Elektronik, gar nicht schwer, Band 3: A. Schommers, Experimente mit moderner Digitaltechnik" wärmstens empfohlen. Ansonsten wird in den folgenden Ausführungen versucht, die wichtigsten Sachverhalte im Umgang mit 74er IC's kurz und prägnant zusammenzufassen. Bei dem im „Sauger 556" eingesetzten IC SN 7400 handelt es sich um ein 4-faches NAND-Gatter. Die Anschlussbelegung und der innere Aufbau des ICs sind in der folgenden Abbildung verdeutlicht.

***Abbildung 8.28:*** *Logikeinheit des „Saugers 556".*

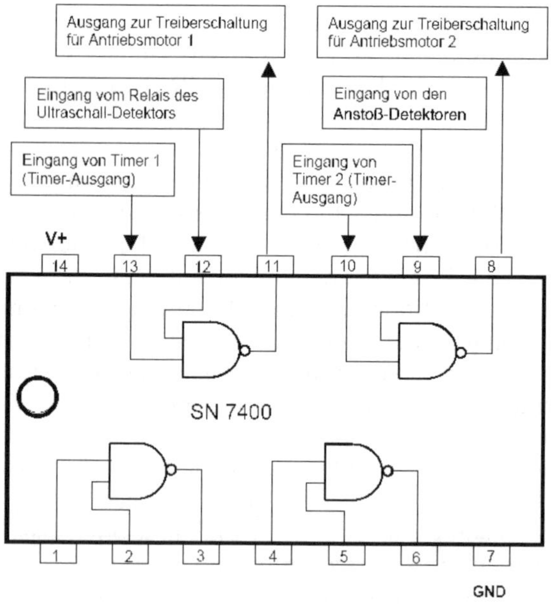


V(+): Versorgungsspannung (+ 4,75 ... + 5,25 V / Nennspannung + 5,0 V)
GND: Erde (Minus-Pol)

Die in Abb. 8.28 gezeigte Darstellung eines NAND-Gatters entspricht übrigens nicht mehr der aktuellen Norm, ist aber besonders in älteren Lehrbüchern noch weit verbreitet. Hier sind kurz beide Darstellungsweisen im Vergleich aufgeführt:

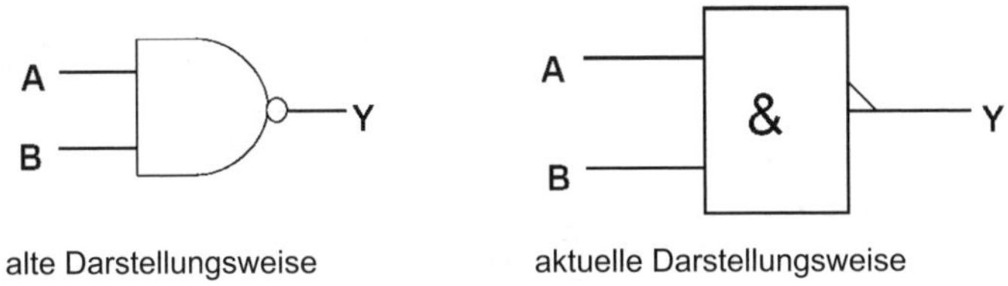


***Abbildung 8.29:*** *NAND-Gatter.*

Die sogenannte „Wahrheitstabelle“ (Tabelle 8.1) des verwendeten NAND-Gatters beschreibt die Funktion der Logikeinheit.

| A | B | Y |
|---|---|---|
| 0 | 0 | 1 |
| 0 | 1 | 1 |
| 1 | 0 | 1 |

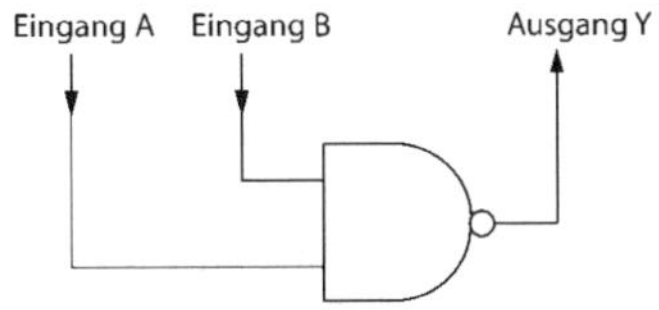


0 = Anschluss an Minus-Pol
**1** = Anschluss an + 5 V

***Tabelle 8.1:*** *Wahrheitstabelle des IC SN 7400 (NAND-Gatter).*

Im Ruhezustand (Ausgang = 0 = Antriebsmotor aus) müssen die beiden Eingänge des NAND-Gatters auf 1 (also + 5V) stehen. Sobald nun beispielsweise der Anstoßdetektor oder der Ultraschalldetektor anspricht, wird der entsprechende Eingang entweder direkt oder via Relais auf „0“ (Masse, Minus-Pol) geschaltet. Sobald aber auch nur einer der beiden Eingänge auf 0 steht, liegt am Ausgang der Schaltung automatisch „1“ (+ 5 V) an und die nachfolgende Treiberschaltung versorgt den zugehörigen Antriebsmotor mit Spannung.
Zum besseren Verständnis ist noch folgendes zu sagen: Nicht beschaltete Eingänge von TTL-Schaltkreisen stehen (unlogischerweise) auf **1** (d.h. sie verhalten sich, wie wenn sie an + 5 V angeschlossen wären). Sicherheitshalber sollte man aber keine Eingänge offen lassen, da es ansonsten passieren kann, dass sie aufgrund elektrostatischer Phänomene plötzlich ein Signal vortäuschen. Sofern man einen Eingang im Ruhezustand auf 1 halten möchte, schaltet („legt“) man ihn über einen 10 kΩ Widerstand auf + 5V. Den entsprechenden Widerstand nennt man

in diesem Fall dann „Pull-up-Widerstand". Möchte man einen Eingang auf 0 halten, wird er entsprechend über einen 10 kΩ „Pull-down-Widerstand auf den Minus-Pol gelegt, wie die beiden folgenden Abbildungen verdeutlichen.

***Abbildung 8.30:*** *NAND-Gatter (Ruhezustand „0").*

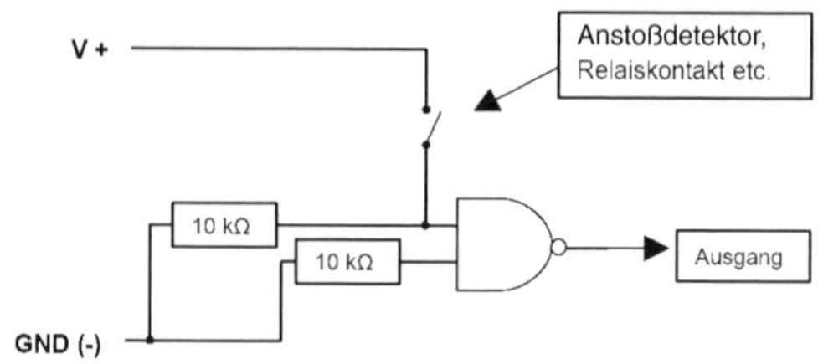


Eingang 1 und 2 sind hier auf „0" gelegt, Eingang 2 kann über den Schalter (Anstoßdetektor, Relaiskontakt etc.) auf „1" umgeschaltet werden.

***Abbildung 8.31:*** *NAND-Gatter (Ruhezustand „1").*

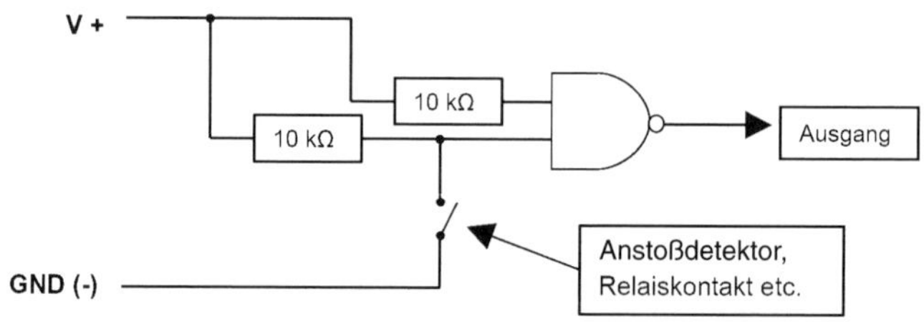


Eingang 1 und 2 sind hier auf „1" gelegt, Eingang 2 kann über den Schalter (Anstoßdetektor, Relaiskontakt etc.) auf „0" umgeschaltet werden.

Bei Sensoren, wie den Tast-Detektoren, die nur bei direktem Hinderniskontakt einen Impuls erzeugen, ist zusätzlich eine Zeitverzögerung (Abschaltverzögerung) notwendig. Andernfalls besteht die Gefahr, dass sich der Roboter bei Hinderniskontakt nur wenige Millimeter dreht und dann sogleich wieder mit dem Hindernis kollidiert. Eine hinreichende Zeitverzögerung von einigen wenigen Sekunden kann leicht durch Einbau eines Kondensators (siehe Abbildung 8.32) erreicht werden.

***Abbildung 8.32:*** *NAND-Gatter mit "Abschaltverzögerung" an einem Eingang.*

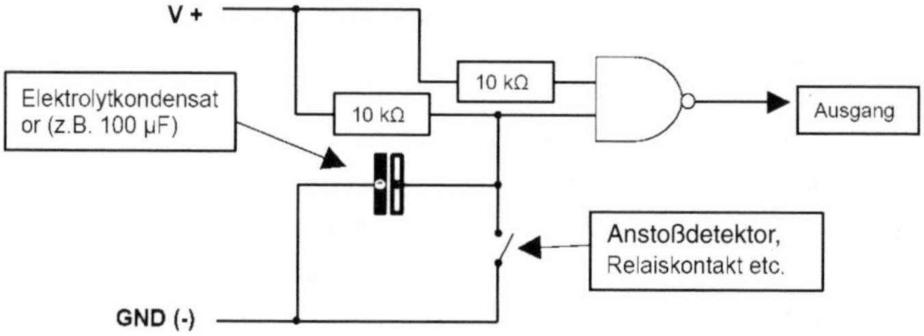

Die Funktion der Schaltung lässt sich folgendermaßen erklären:

Im Ruhezustand steht der Eingang auf 1 (+ 5V) und der Kondensator ist geladen. Bei Betätigung des Schalters wird der Kondensator schlagartig entladen und der der Eingang liegt auf Masse (0 V). Beim Loslassen des Schalters lädt sich der Kondensator über den vorgeschalteten 10 kΩ Widerstand langsam wieder auf. Bis diese Aufladung erfolgt ist (wenige Sekunden), bleibt der Eingang auf 0.
Die Beschaltung der Ausgänge der beschriebenen NAND-Gatter ist unkompliziert. Jeder Ausgang steuert eine Treiberschaltung an (siehe Abbildung 8.32), über deren Relais jeweils ein Antriebsmotor umgepolt werden kann.

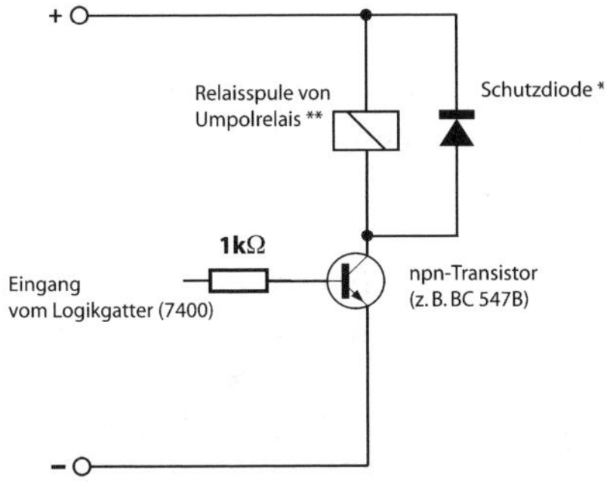


* Die Schutzdiode verhindert eine Zerstörung von am gleichen Stromkreis angeschlossenen, empfindlichen Bauteilen durch induktive Spannungsspitzen beim Außchalten des Relais.

** Die Beschaltung des Umpolrelais ist in Abbildung 8.9 „Umpol-Relais mit LED-Polaritätsanzeige" beschrieben.

***Abbildung 8.32:*** *Treiberschaltung zur Umpolung der Antriebsmotore (über Relais).*

Die gesamte Schaltung des „Sauger 556" sieht also folgendermaßen aus:

Die Beschaltung der beiden Motor-Umpolrelais (Rel2 und Rel3) ist im vorhergehenden Abschnitt (siehe Abbildung 8.9) beschrieben. Bei Rel1 handelt es sich um das nachgerüstete Relais des Ultraschall Detektors. Schalter S1 ist der Anstoßdetektor

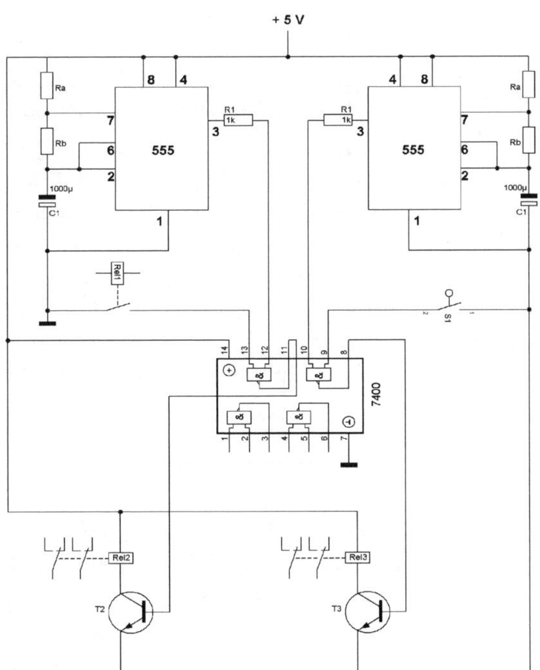


***Abbildung 8.33:*** *Gesamtschaltbild des "Sauger 556".*

zur Erkennung von Teppichkanten, Kabeln etc. (siehe Kapitel 8.1 „Anstoß-Detektoren“).

**Stückliste**

| | |
|---|---|
| 1 x | IC NE 556 oder 2 x IC NE 555[1)] |
| 1 x | IC SN 7400[1)] |
| 2 x | R1 1 kΩ |
| 2 x | Transistor BC 547 oder anderen NPN-Universaltransistor |
| 2 x | Relais 2 X UM (5 V Spulenspannung)[2)] |
| Ra | Poti 2,2 kΩ[3)] |
| Rb | Poti 50 kΩ[3)] |
| C | Elektrolytkonensator 1000 μF[3)] |

***Anmerkungen:***

1. Die der Bauteilnummer vorangestellten Buchstaben (NE, SN etc.) sind herstellerspezifisch und für die Funktion des Bauteils ohne Belang.

2. Es können auch Relais mit höherer Spulenspannung verwendet werden, in diesem Fall muss die Spannungsversorgung des Relais (und nur des Relais) entsprechend erhöht werden. Schematisch ist dieser Fall in der folgenden Abbildung dargestellt.

***Abbildung 8.34:*** *Spannungsversorgung mit unterschiedlichen Betriebsspannungen.*

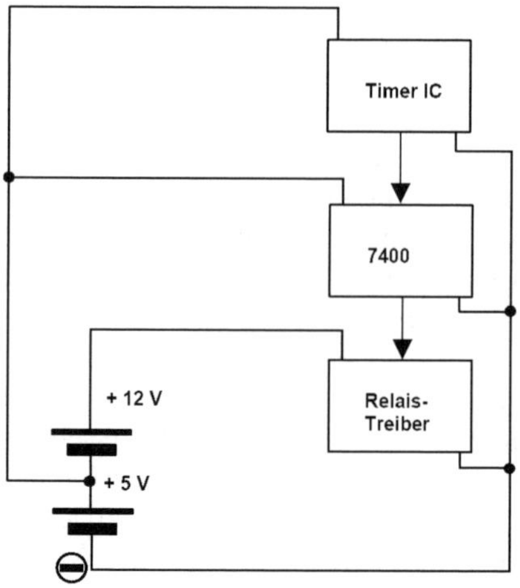


3. Je nach Widerstandswert und Kondensatorkapazität ergeben sich unterschiedliche Schaltzeiten. Zur Berechnung der Schaltzeiten siehe vorhergehenden Bauvorschlag „Sauger 555“.

*Äußere Form / Baugröße*

Der Roboter besteht aus 3 runden, ca. 35 cm durchmessenden Sperrholz-Platten, die mit flexiblem und durchsichtigen Kunststoff (Meterware aus Baumarkt) dicht umklebt sind. Zum Aussägen der Böden werden am besten 3 Sperrholzplatten übereinander gelegt und zusammen mittels einer Laubsäge (oder Dekupiersäge) gesägt. Die Platten werden dann durch Abstandhalter (Kunststoffröhrchen mit durchgesteckter Schraube) in den gewünschten Höhen fixiert. Günstigerweise fixiert man die Platten, ohne sie gegeneinander zu verdrehen. Dann wirken sich eventuelle Sägeungenauigkeiten beim späteren Verkleben nicht besonders ungünstig aus. Im mittleren Boden ist das Staubfilter (Fettfilter aus Küchen-Abzugshaube) eingeklebt. Durch alle drei Böden ist ein 10 mm-Aluminiumrohr als Kabeldurchführung zwischen dem Oberteil (Energieversorgung, Steuerungselektronik) und dem Unterteil des Roboters (Antriebsmotore, Anstoßdetektoren) geführt. Das Verkleben der drei Böden mit der Kunststoffhülle erfolgt zum Schluss (irreversibel) mittels auf den Rand der Böden aufgetragenem Silikonkitt. Zum Aushärten wird die flexible Kunststoffumhüllung durch umgelegte Gummiringe (große O-Ringe) fixiert.

*Testbericht*

Das Fahrverhalten des Roboters ist sehr gut. Mit dem Ultraschalldetektor wird soliden Hindernissen wie Wände und sonstigen glatten Flächen bei direkter Zufahrt gut ausgewichen. Da in diesen Fällen die Auslösung des Ultraschalldetektors deutlich vor dem Hindernis erfolgt und ein sofortiges Ausweichen zu Folge hat, wird die Fläche vor gut reflektierenden Hindernissen allerdings nur selten überfahren und somit auch kaum gereinigt. Dieses Problem kann sinnvollerweise nur unter Verwendung einer programmierbaren Steuerung, wie sie bei dem, im folgenden Kapitel beschriebenen, „Sauger C“ realisiert wurde, behoben werden.

Bei schräger Zufahrt oder auch diffusen Hindernisse wie stoffbezogene Flächen (Sessel) oder dünnen Hindernissen (Stuhlbeine) erfolgt kein Ausweichen. In diesen Fällen verhindert aber das zeitgesteuerte pseudo-zufällige Bewegungsmuster in nahezu jeder Situation ein Festfahren. Auch dünne Elektrokabel und Teppichkanten werden von den Berührungsdetektoren sicher erkannt. Lediglich hervorstehende Kannten mit einer bestimmten Höhe führten in einzelnen Fällen zum Festfahren des Roboters durch Verklemmen des Roboters unterhalb einer Kante (siehe Abbildung 8.35).

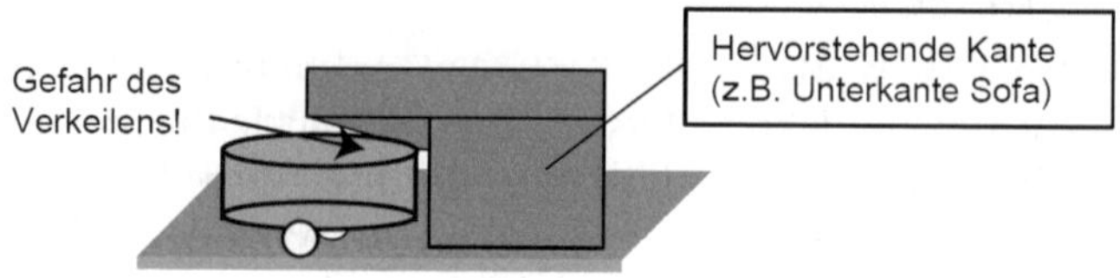


***Abbildung 8.35:*** *Gefahr des Verkeilens des „Saugers 556“ unter hervorstehenden Kanten.*

Das Saugverhalten des „Saugers 556“ ist durchaus befriedigend. Üblicher Hausstaub, Haare, Fusseln, etc. werden problemlos eingesaugt. Schwererer Schmutz (Sandkörner und ähnliches) sind aber zu schwer und bleiben liegen. Auch am Boden festgeklebter Schmutz bleibt liegen, da keine mechanische Behandlung stattfindet. Durch die breite Saugdüse wird die überfahrene Fläche recht schnell und effektiv abgesaugt. Alles in allem ist zu sagen, dass der „Sauger 556“ das Versuchsstadium hinter sich gelassen hat und bereits eine echte Hilfe bei der Wohnungsreinigung darstellt.

## Sauger C

Der „Sauger C“ ist ein programmierbarer Saugroboter unter Verwendung des C-Control-Systems von Conrad Electronic. Der „Sauger C“ gleicht im Prinzip dem „Sauger 556“, jedoch mit verstärkter Saugeinheit (2 Axiallüfter) und verbesserter Sensorik. Insbesondere kommt ein spezielles „Mitläuferrad“ zur absoluten Detektion der Bewegung des Roboters zum Einsatz.

| | |
|---|---|
| **Schwierigkeitsgrad:** | Mechanik: Schwierig<br>Elektronik: Schwierig<br>Programmierung: Mittel |
| **Primäre Zielsetzung:** | Eine glatte, leicht verschmutzte Fläche soll von lose aufliegendem Schmutz und Staub gereinigt werden. |
| **Sekundäre Zielsetzung 1:** | Hindernisse (Wände, Stuhlbeine, Kabel, Teppiche) sollen umfahren werden. Ein Festfahren des Roboters darf nicht eintreten. |
| **Sekundäre Zielsetzung 2:** | Die zu reinigende Fläche soll vollständig und möglichst schnell gereinigt werden. |

*Reinigungskonzept*

Das Reinigungskonzept des „Sauger C" entspricht weitestgehend dem des „Sauger 556". Im Unterschied zu diesem wurde die Saugleistung durch den Einsatz von 2 Axiallüftern und die Verwendung eines Gewebefilters mit sehr geringem Luftwiderstand verbessert. Weiterhin ist das Filter herausnehmbar und besteht aus Dekostoff mit quadratischen Maschen einer lichten Weite von ca. 0,2 mm. Das Filter scheidet somit nur Partikel größer 0,2 mm sicher ab. Da es einfach auswechselbar ist, können wahlweise auch andere Filter eingesetzt, resp. getestet werden.

Der Staubsammelbehälter ist mit einer Klappe zum Entleeren des Staubes versehen und genauso wie die rechteckige Saugdüse aus Sperrholz gefertigt.

***Abbildung 8.36:*** *Geöffnete Reinigungseinheit des „Sauger C".*

*Bewegungskonzept*

Auch der Antrieb des „Saugers C" entspricht im Prinzip dem des „Saugers 556" und erfolgt durch zwei kleine Getriebemotore die über 2 Winkelgetriebe (Kegelzahnräder aus Metallbaukasten) die beiden separat gelagerten Antriebsräder antreiben. Somit werden die Achsen der Getriebemotore nicht mit dem Gewicht des Roboters belastet. Durch die Winkelgetriebe können die Antriebsmotore um 90° versetzt installiert werden. Dadurch bleibt zwischen den Antriebsrädern genügend Platz für das „mitlaufende Rad" (siehe nachfolgende Erläuterungen). Die Stabilisierung des Roboters erfolgt in bewährter Weise durch eine drehbare Möbelrolle.

*Abbildung 8.37: Unterseite des „Sauger C" mit Saugdüse, Antriebsräder, mitlaufendem Rad und Stabilisierungsrolle.*

*Abbildung 8.38: Detailansicht Antrieb mit Winkelgetriebe und mitlaufenes Rad mit Impulsgeber.*

Die Ansteuerung der beiden Antriebsmotore erfolgt über spezielle Treiberschaltungen (siehe nachfolgenden Abschnitt) mittels des PWM-Signals (PWM = Pulsweitenmodulation) der beiden DA-Ausgänge (Digital/Analog-Ausgänge) der C-Control-Einheit. Das Bewegungskonzept ist frei programmierbar. Dazu wird am PC ein Basic-Programm erstellt und mittels Kabel an die C-Control M-unit auf dem Roboter übertragen. Der Roboter ist mit folgender Sensorik ausgestattet:

- Zwei Ultraschall-Detektoren in verstellbarem Winkel in Fahrtrichtung
- Ring aus bis knapp auf den Boden reichenden Tastdetektoren (Teppich-/Kabeldetektor)
- Mitlaufendes Rad zur Detektion der Eigenbewegung (mechanischer Impulsgeber)

*Abbildung 8.39: Detektoren des „Sauger C".*

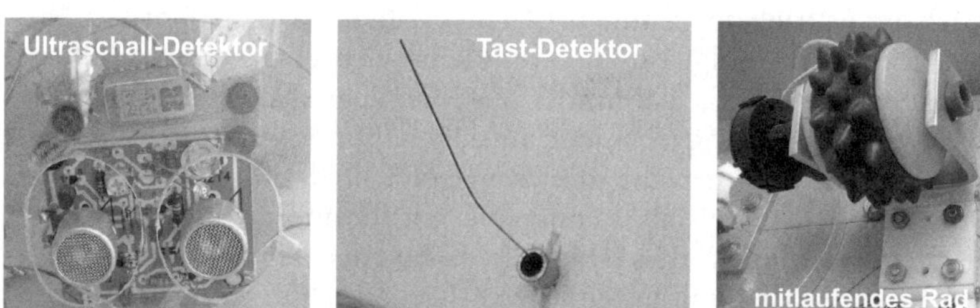

Das Blockdiagramm des „Sauger C“ sieht damit folgendermaßen aus:

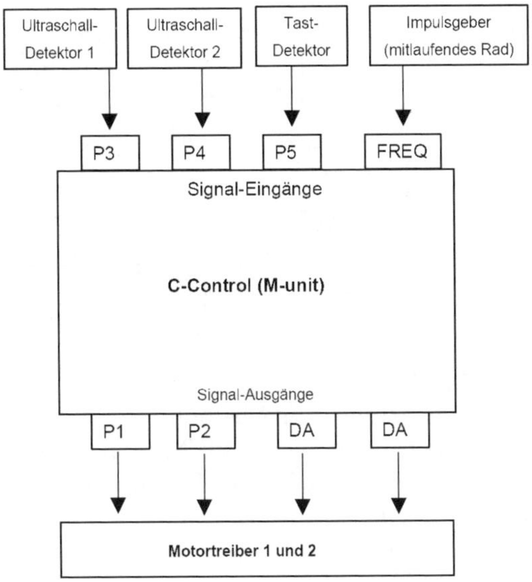


***Abbildung 8.40:*** *Blockdiagramm des "Sauger C".*

Funktion, Anschluss und Programmierung der C-Control M-unit ist in der vom Hersteller beigelegten Anleitung umfassend beschrieben. Dennoch soll hier auf einige besonders wichtige Sachverhalte eingegangen werden.

Die M-unit ist sehr empfindlich bezüglich falscher Polung oder zu hoher Spannung. Besonders bei Robotern, bei denen üblicherweise mit 2 Spannungen (z.B. 5 und 12 V) gearbeitet wird, führt ein versehentlicher Falschanschluss sofort zur Zerstörung der kompletten Einheit. Es wird daher dringend empfohlen, die M-unit nicht über fliegende Krokodilstrippen anzuschließen, sondern über einen nicht drehbaren Stecker oder sogar fest zu verdrahten. Auch die Ein- und Ausgänge der M-unit weisen diese Spannungsempfindlichkeit auf. Dies ist besonders beim Anschluss von Sensoren etc. mit höherer Betriebsspannung zu beachten. Daher wird z.B. beim beschriebenen Ultraschalldetektor die komplette galvanische Trennung mittels eines Relais empfohlen. Weiterhin sollten die Port-Eingänge, wie in der Bedienungsanleitung empfohlen, durch Vorschalten von 4,7 kΩ Schutzwiderständen vor zu hoher Stromentnahme gesichert werden. Ein weiterer 10…20 kΩ Widerstand nach Masse sorgt für einen definierten 0-Pegel bei nicht beschaltetem Eingang. Die komplette Beschaltung eines Ports sieht dann wie in der folgenden Abbildung 8.41 gezeigt aus. Der Port kann mit dieser Beschaltung als Eingang oder als Ausgang genutzt werden.

*Abbildung 8.41:* Universelle Beschaltung der C-Control Ports.

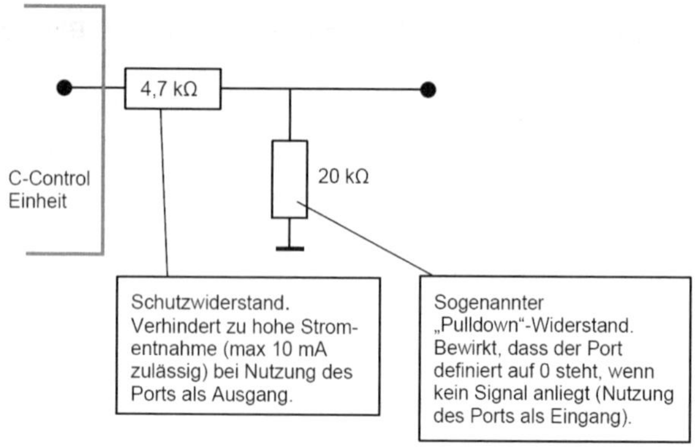


**PWM-Treiberschaltung**

Die Ansteuerung der beiden Antriebsmotoren erfolgt mittels zweier spezieller Treiberschaltungen, die das PWM-Signal der C-Control-Einheit direkt in einen nahezu stufenlos einstellbaren Vor- oder Rückwärts-Lauf des entsprechenden Getriebemotors umsetzen.
Die Schaltung besteht aus nur 2 IC's (einem C-MOS IC „4011" und einem Motortreiber „L 293 D"). Mit diesen beiden IC's können gleichzeitig 2 Getriebemotore angesteuert werden.
Das Motortreiber IC L 293 D beinhaltet 2 x 2 sogenannte „Halbbrücken". Jeweils 2 zusammengehörige Halbbrücken können einen Motor ansteuern. Der Anschluss des IC erfolgt wie in der folgenden Abbildung 8.42 und in Tabelle 8.2 beschrieben.

*Abbildung 8.42:* Motortreiber IC „L 293 D" - Anschlussbelegung und Funktionsschema.

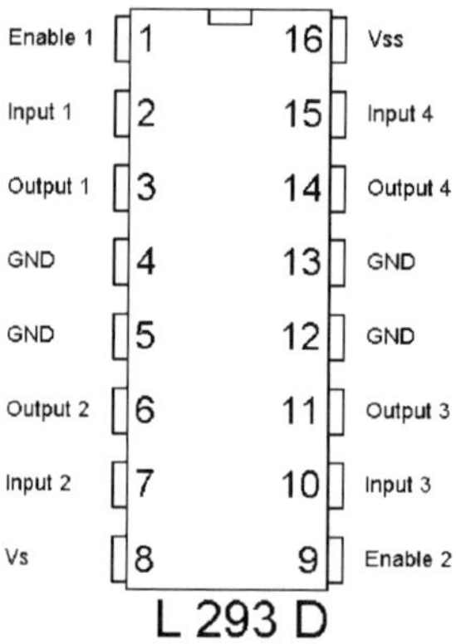


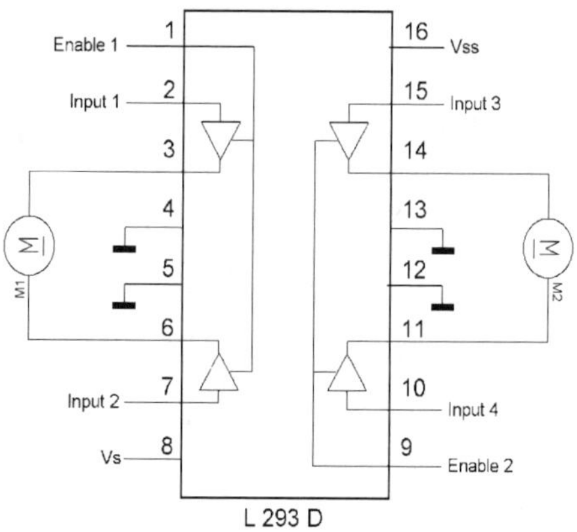

| **Bezeichnung** | **Übersetzung** | **Spannung / Strom (empfohlener Wert)** | **Bemerkungen** |
|---|---|---|---|
| Enable | Freischalten | 2,3 V bis 7 V (**5 V**) | Schaltet Verbraucher 1 (Halbbrücke 1 und 2 oder 3 und 4*) an oder ab. |
| Input | Eingang | 2,3 V bis 7 V (**5 V**) | Signaleingang (jeweils einer Halbbrücke*) |
| Output | Ausgang | Max. 600 mA (kurzzeitig 1,2 A) (**max. 600 mA**) | Ausgang zum Verbraucher (z.B. Motor) |
| GND | Masse (Minus-Pol) | 0 V | Gemeinsamer Minus-Pol für alle anliegenden Spannungen |
| Vs | Versorgungsspannung | Mind. Vss bis 36 V (**12 V – je nach Verbraucher**) | Versorgungsspannung für den Verbraucher (Motor etc.) |
| Vss | Logik-Versorgungsspannung | 4,5 bis 36 V (**5 V**) | Versorgungsspannung für die Logikeinheit |

***Tabelle 8.2:*** *Anschlussbelegung des Motortreiber IC „L 293 D“.*

Die komplette Schaltung inkl. der vorgeschalteten Logikeinheit sieht dann folgendermaßen aus:

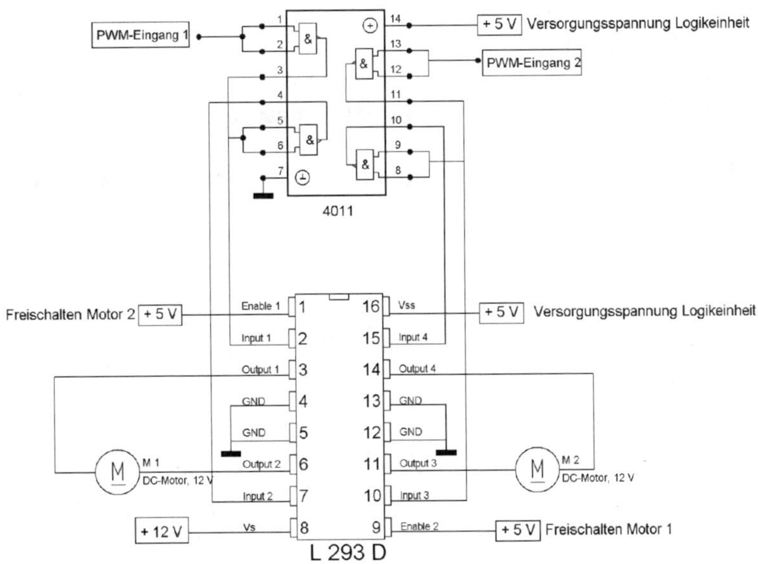


***Abbildung 8.43:*** *Motortreiberschaltung des „Sauger C“.*

Die Funktion der Schaltung ist folgende:
Das PWM-Signal von der C-Control Einheit wird durch das vorgeschaltete Logikgatter in 2 Teile aufgespaltet, die sich spiegelbildlich (invertiert) zueinander verhalten (siehe Abbildung 8.44).

***Abbildung 8.44:*** *PWM-Signalverarbeitung im Logikgatter.*

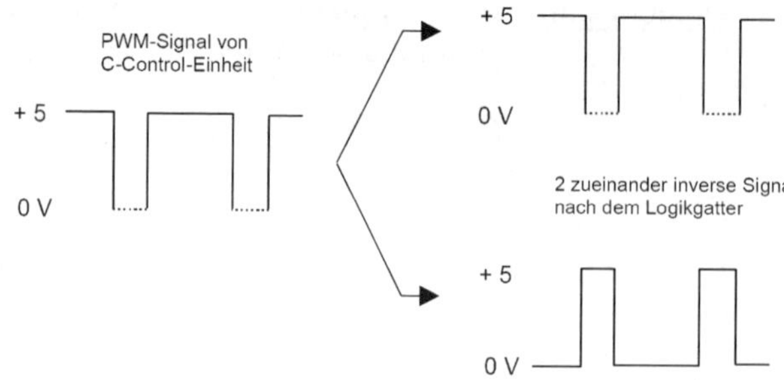


Die beiden Signale werden nun an die beiden Input-Eingänge eines Motortreiber IC's gelegt. Sie bewirken, dass der angeschlossene Motor letztendlich in schneller Folge umgepolt wird. Ist das PWM-Eingangssignal symmetrisch, erfolgt auch die Umpolung symmetrisch und der Motor steht. Durch das dauernde Umpolen ist ein Brummen zu hören. Der Stromverbrauch in diesem (ungünstigen) Betriebszustand wird durch die Eigeninduktivität des Motors in der Regel auf einem noch akzeptablen (kleinen) Wert gehalten. Dennoch sollte man diesen Betriebszustand nicht unnötig lange beibehalten. Das Motortreiber IC L293 verfügt nämlich über einen sogenannten „enable"- (oder Freischalt-) Eingang. Dieser muss auf „1" (d. h. + 5 V) geschaltet sein, damit der angeschlossene Motor überhaupt mit Spannung versorgt wird. Somit lässt sich der Motor auch durch Abschalten der 5 V Spannung an diesem Eingang deaktivieren.
Weitere Infos zu dieser und weiteren Motor-Treiberschaltungen gibt es auf folgender Internetseite: www.the-starbearer.de

Der komplette Schaltplan der Steuerung des „Sauger C" sieht nun so aus:

***Abbildung 8.45:*** *Gesamtschaltplan des "Sauger C".*

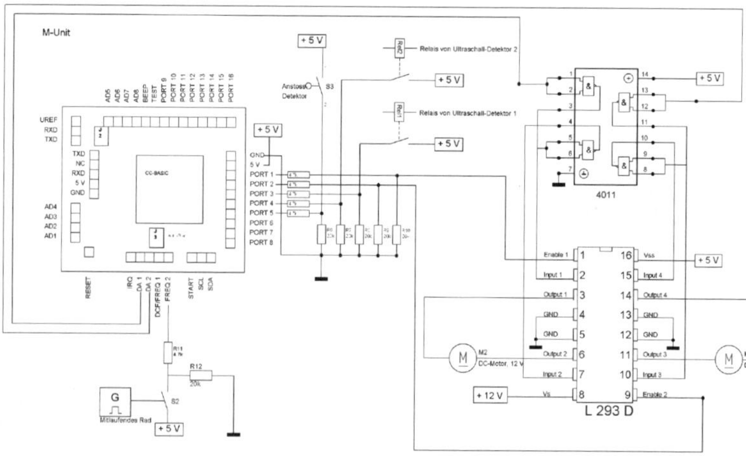

Die Spannungsversorgung der C-Control-Einheit, der Anstoß-Detektoren und der Reedrelais (Impulsgeber des mitlaufenden Rades – siehe nachfolgende Ausführungen) erfolgt über einen 5 V Festspannungsregler, wie bereits in Abbildung 8.4 „Anschluss eines Festspannungsreglers" gezeigt. Die Ultraschalldetektoren und die beiden Antriebsmotore werden direkt mit der Akkuspannung (12 V) betrieben.

Der notwendige Umbau sowie der Anschluss der Ultraschalldetektore ist bereits beim „Sauger 556" detailliert beschrieben. Gleiches gilt für die Tast- bzw. Teppich-Detektoren. Lediglich zum erwähnten mitlaufenden Rad muss einiges erklärt werden:

**Mitlaufendes Rad zur absoluten Detektion der Bewegung**

Ein prinzipielles Problem jeder Art von mobilen Robotern ist die Vermeidung und die Erkennung des Festfahrens. Vermeiden lässt sich Festfahren prinzipiell durch eine vorausschauende Fahrweise. Das heißt, der Roboter sammelt Informationen über seinen zukünftigen Weg und entscheidet, ob er diesen gehen/fahren möchte. Auch die hier beschriebenen Roboter nutzen dieses Prinzip mittels ihrer Ultraschall- oder Anstoßdetektoren. Ein Problem tritt jedoch auf, wenn, trotz aller Detektoren dennoch ein Festfahren des Roboters eintritt. Um dies zu erkennen, benötigt der Roboter ein System, seine Bewegung relativ zum Untergrund festzustellen. Zu diesem Zweck ist ein mitlaufendes Rad bestens geeignet. Das mitlaufende Rad wird aus kinematischen Gründen möglichst nahe der Mitte der runden Basisplatte des Roboters (zwischen den beiden Antriebsrädern) angebracht (siehe Abbildung 8.46). Dadurch befindet es sich bei der üblichen Drehbewegung des Roboters (Motor 1 vorwärts, Motor 2 rückwärts) genau im Drehpunkt und behindert die Drehung nicht.

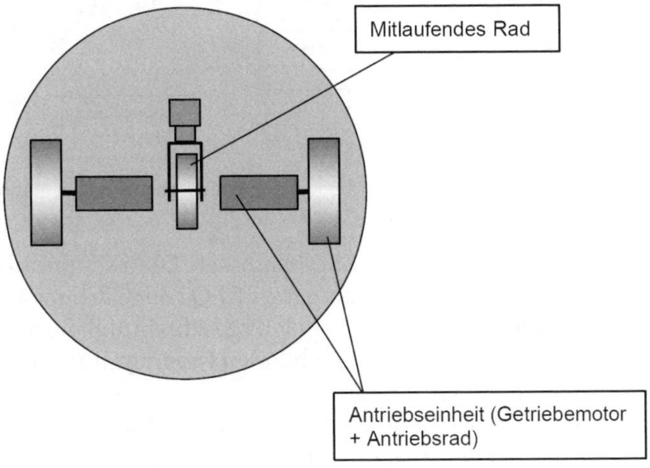


***Abbildung 8.46:*** *Anordnung des mitlaufenden Rades auf einer runden Basisplatte.*

Weiterhin muss das Rad in der Höhe beweglich angebracht sein, damit es an Hindernissen nicht hängen bleibt. Dazu kann ein einfaches Kunststoffscharnier für Modellbauzwecke, wie in Abbildung 8.47 gezeigt, verwendet werden (siehe auch Abbildung 8.39).

*Abbildung 8.47:* Höhenverstellbare Installation des mitlaufenden Rades.

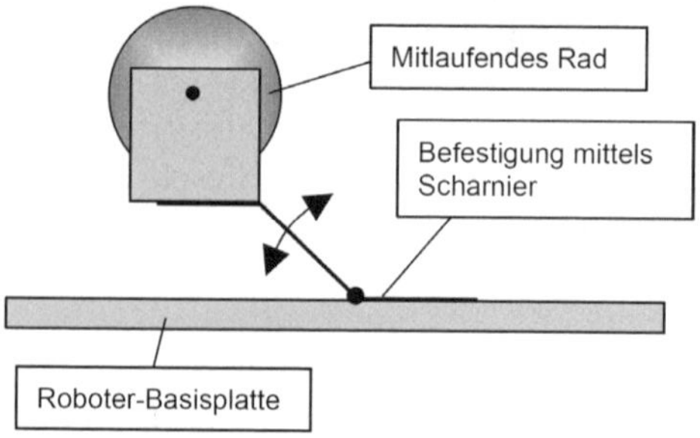


Nachdem die Installation des mitlaufenden Rades beschrieben wurde, muss nun noch dessen Bewegung detektiert werden. Dazu wird der Selbstbau eines einfachen magneto-mechanischen Impulsgebers beschrieben. Dieser besteht hauptsächlich aus einem Ring von aufgeklebten oder in das Rad eingelassenen Magneten in alternierender Polung (Nord/Südpol immer abwechselnd). Die Magnete betätigen bei einer Drehung des Rades einen benachbarten Reed-Kontakt (siehe Abbildung 8.48).

*Abbildung 8.48:* Magneto-mechanischer Impulsgeber.

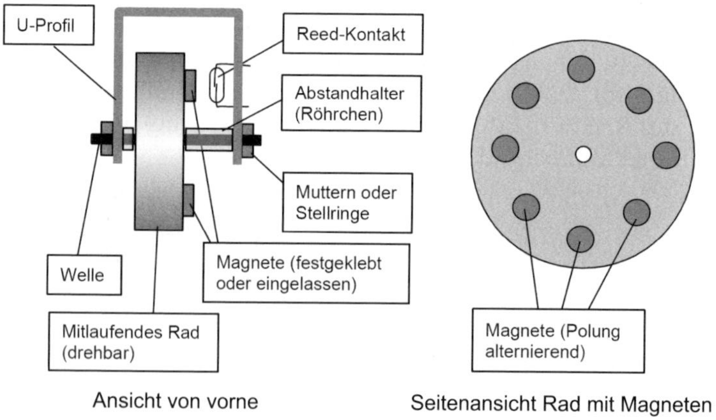


Der Reed-Kontakt wird an + 5 V angeschlossen. Die 5 V – Impulse werden direkt an den Frequenzmesseingang FREQ2 der C-Control-Einheit gelegt. Dadurch kann ständig die Relativgeschwindigkeit des Roboters abgefragt und in einem entsprechenden Programm zur Steuerung des Roboters herangezogen werden.
Prinzipiell ist zur Bewegungsdetektion eines sich drehenden Rades auch eine Lichtschranke zusammen mit einem segmentierten Unter-

brecherrad einsetzbar. Miniatursysteme, die nach diesem Prinzip arbeiten, finden sich in jeder neueren Computermaus (mit Trackball). Die zum Umbau für ein mitlaufendes Rad notwendigen Maßnahmen (elektrische Beschaltung, mechanische Konstruktion) sind jedoch sehr aufwendig.

***Abbildung 8.49:*** *Magneto-mechanischer Impulsgeber aus Holzrad mit eingelassenen Magneten.*

*Äußere Form / Baugröße*

Basisplatte des „Sauger C" ist eine runde, ca. 35 cm durchmessende Sperrholz-Platte. Die komplette Saugeinheit inkl. Filter wurde separat aus Sperrholz gefertigt und nach Absägen des vorderen Teils der Basisplatte in diese integriert. Die Energieversorgung erfolgt in bewährter Weise durch 2 Stück 6 V-Bleiakkus. Die C-Control-Platine ist, wie auf der folgenden Abbildung zu sehen, hochkant hinter dem Saugsystem montiert.

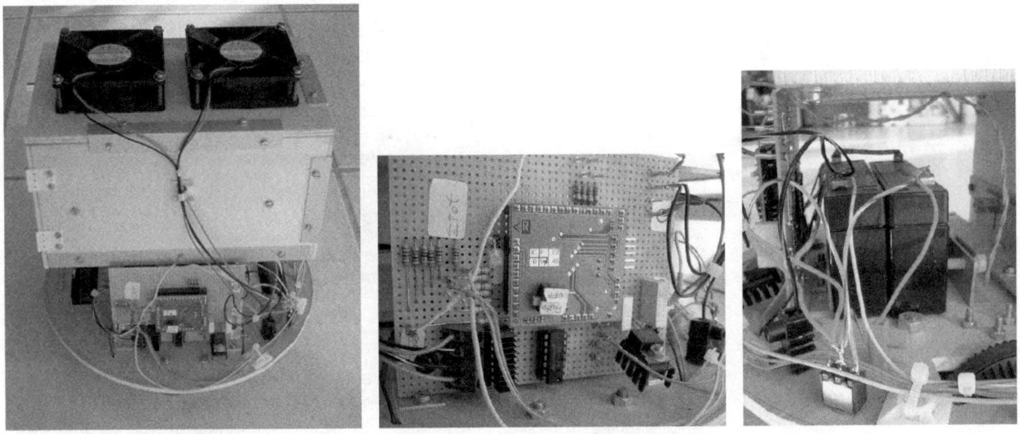

***Abbildung 8.50:*** *Detailansichten „Sauger C"( links: Ansicht von Hinten; mitte: C-Control-unit;rechts: Energieversorgung).*

Die beiden Antriebsräder werden mittels zweier Getriebemotore, aus Platzgründen über zusätzliche Winkelgetriebe (Kunststoff-Kegelzahnräder aus Metallus-Baukasten) angetrieben. Da das Gewicht des Roboters relativ hoch ist, sind die Antriebsräder (aus Fischertechnik-Baukasten) separat kugelgelagert. Zur Stabilisierung dienen 2 drehbare Möbelrollen, die wenige Millimeter tiefer, als die Antriebsräder angebracht sind.

### *Programmierung*

Der „Sauger C" kann in mannigfaltiger Weise programmiert und damit den örtlichen Gegebenheiten angepasst werden. Die Programmierung im speziellen C-Basic-Code ist in der zur Einheit mitgelieferten Bedienungsanleitung gut erklärt. Das nachfolgende, in der Praxis bewährte Programm nutzt die Möglichkeiten des „Sauger C" gut aus und soll als Beispiel für die Programmierung eines Reinigungsroboters dienen. Möglicherweise klären sich auch bei Durchsicht des Programms und der beigefügten Kommentare einige Fragen, die beim alleinigen Studium der Bedienungsanleitung der C-Control-Einheit offen geblieben sind.

**Beispielprogramm „Sauger C"**

```
DEFINE M_links DA[1]
DEFINE M_rechts DA[2]
Define Power_links PORT[1]
Define Power_rechts PORT[2]
Define Eingang3 PORT[3]
Define Eingang4 PORT[4]
Define Eingang5 PORT[5]
```

Ordnet den Ports Variablennahmen zu

```
Define Frequenz BYTE
Define X BYTE
Define Y BYTE
Define Z BYTE
```

Definiert die Variablen Frequenz, X, Y und Z als BYTE-Variablen (Wert 0...255)

```
#Start
Power_links = 1
Power_rechts = 1
```

Die Antriebsmotore werden freigeschaltet

```
For Z = 170 to 255
M_links = Z
M_rechts= Z
Pause 1
Next
```

Die beiden Motore beschleunigen bis zur Höchstdrehzahl[1)] in 255-170=85 Zeiteinheiten a 20 ms (= 1,7 s)

```
#Zwischenstart
Frequenz = FREQ2
IF Eingang5 = -1 Then GOTO Zurück
IF Frequenz < 10 Then GOTO Wende
IF Eingang3 = -1 Then GOTO Langsam
IF Eingang4 = -1 Then GOTO Langsam
Goto Zwischenstart
```

Die Eingänge werden abgefragt:

| | |
|---|---|
| Eingang 5: | Anstoßdetektor[2)] |
| FREQ2: | Mitlaufendes Rad |
| Eingang 3: | Ultraschalldetektor 1[2)] |
| Eingang 4: | Ultraschalldetektor 2[2)] |

```
#Langsam
M_rechts=170
M_links=170
Frequenz = FREQ2
IF Frequenz < 10 Then GOTO Wende
IF Eingang5 = -1 Then GOTO Zurück
GOTO Langsam
```

Reaktion auf Signal der Ultraschalldetektoren:
Weiterfahrt mit verminderter Geschwindigkeit bis Hinderniskontakt erfolgt[3)]

```
#Zurück
M_rechts=0
M_links=0
Pause 50
```

Reaktion auf Signal des Anstoßdetektors: Sofort beide Motoren mit höchster Geschwindigkeit rückwärts für 50 x 20 ms = 1

```
#Wende
M_links=50
M_rechts=50
Pause 25
M_rechts=0
M_links=255
RANDOMIZE TIMER
y = RAND
x = (y/3)
Pause x
Goto Start
```

Unterprogramm zum Ausführen einer Wende:
Beide Motoren für 25 x 20 ms = 0,5 s langsam rückwärts laufen lassen (Roboter setzt etwas zurück, damit er Platz für die darauf folgende Drehung hat).

Rechter Motor voll rückwärts
Linker Motor voll vorwärts (Drehung auf der Stelle)

Zeitdauer x der Drehung ist zufällig

**1)** Durch die spezielle PWM-Treiberschaltung wird die Höchstgeschwindigkeit dann erreicht, wenn der Wert des Digitalports auf 255 (voll vorwärts) oder 0 (voll rückwärts) gesetzt wird. Etwa in der Mitte (bei 127 / 128) sind die erzeugten Pulse gleichlang „high“ und „low“. Dies bewirkt, dass die Antriebsmotore in schneller Folge umgepolt werden und sich letztendlich gar nicht bewegen (weitere Erläuterungen siehe Abbildung 8.43 und darauf folgende Ausführungen).

**2)** Unerklärlicherweise bewirkt ein 5 V Signal an einem als Eingang geschalteten Digitalport, dass dieser Eingang den Wert **-1** (minus 1) annimmt (also nicht 1)!

**3)** Ultraschalldetektore sprechen teilweise bereits weit vor einem Hindernis an. Damit der Reinigungsroboter dennoch auch die Fläche vor einem solchen Hindernis reinigt, wird nur die Geschwindigkeit bis zur endgültigen Kollision (die dann von den Tastdetektoren oder dem mitlaufenden Rad erkannt wird) vermindert.

*Testbericht*

Das Fahrverhalten des Roboters ist sehr gut. Durch Optimierung der Programmierung kann das Fahrverhalten der Umgebung angepasst werden. Die redundante Sensorik ermöglicht in nahezu allen Fällen eine sichere Betriebsweise. Festfahren tritt nur in sehr seltenen Einzelfällen auf (Einklemmen unter schräg zulaufenden Kanten – siehe Abbildung 8.35).

Das Saugverhalten des Roboters ist durch die verbesserte Lüfterleistung (2 Axiallüfter) und den verringerten Filterwidertstand sehr gut. Lediglich am Boden festhaftender Schmutz oder Partikel hoher Dichte (Eisenspäne etc.) werden nicht aufgenommen. Allerdings muss angenommen werden, dass durch das grobporige Filter ein gewisser Feinanteil des aufgenommenen Staubes wieder ausgeblasen wird (siehe Kapitel 2.1, Abschnitt „Abscheidung"). Der langgezogene Saugdüsenquerschnitt ermöglicht eine schnelle und effektive Reinigung einer gegebenen Fläche.

## 8.2 Nass wischende Reinigungsroboter

### *Wischer C*

Der „Wischer C" ist ein programmierbarer, nass wischender Roboter unter Verwendung des C-Control-Systems von Conrad Electronic. Der „Wischer C" nutzt das gleiche C-Control-Board, wie der „Sauger C". Allerdings ist die Sensorik auf das bereits beim „Sauger C" beschriebene „Mitläuferrad" zur absoluten Detektion der Bewegung des Roboters reduziert. Zusätzlich wird ein Port als Ausgang genutzt, der ein Umpol-Relais ansteuert. Selbstverständlich ist daher auch die Programmierung unterschiedlich.

| | |
|---|---|
| **Schwierigkeitsgrad:** | Mechanik: Schwierig<br>Elektronik: Schwierig<br>Programmierung: Mittel |
| **Primäre Zielsetzung:** | Eine glatte, verschmutzte Fläche soll sauber von allem Schmutz, auch festhaftendem, gereinigt werden. |
| **Sekundäre Zielsetzung 1:** | Der Roboter darf sich an Hindernissen (Wände, Stuhlbeine, Kabel, Teppiche) nicht festfahren. |
| **Sekundäre Zielsetzung 2:** | Die zu reinigende Fläche soll vollständig und möglichst schnell gereinigt werden. Es soll möglichst wenig Feuchtigkeit auf dem Boden zurückbleiben. |

*Reinigungskonzept*

Der „Wischer C" nutzt zur Bodenreinigung ein Flüssigkeitstransfersystem unter Verwendung von zwei Gummiwischern. Die Reinigungslösung wird über eine selbstgebaute Spritzenpumpe auf einen Schwamm aufgetragen, der gleichzeitig den Boden reinigt. Anschließend wird sie, je nach Fahrtrichtung, von einem von insgesamt zwei

Gummiwischern vom Boden abgestreift und über ein Unterdrucksystem zurück in den Vorratsbehälter gesaugt.

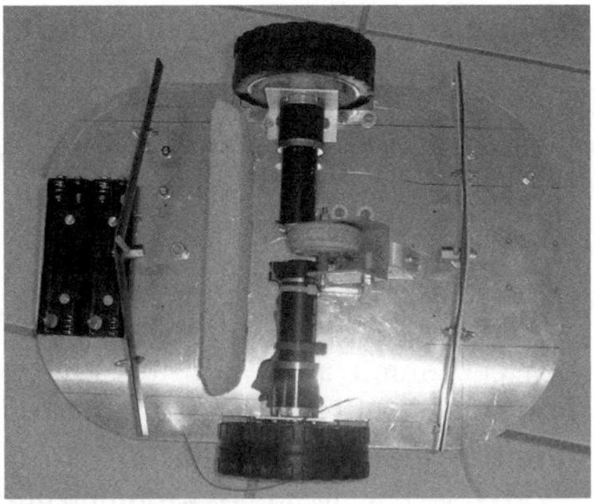

*Abbildung 8.51:* *Wischer C, Unterseite mit Reinigungsschwamm und 2 Gummiwischern.*

Über ein spezielles Schwerpunkregulierungssystem wird jeweils der sich entgegen der Fahrtrichtung befindliche Gummiwischer belastet. Damit ist der „Wischer C“ in der Lage, den Boden in beiden Fahrtrichtungen zu reinigen. Von den in Kapitel 2.2, Abschnitt „Feucht wischende Reinigungsroboter“ aufgeführten Reinigungs-Kombinationen (siehe Abbildung 2.114) ist somit die folgende Variante realisiert (siehe Abbildung 8.52):

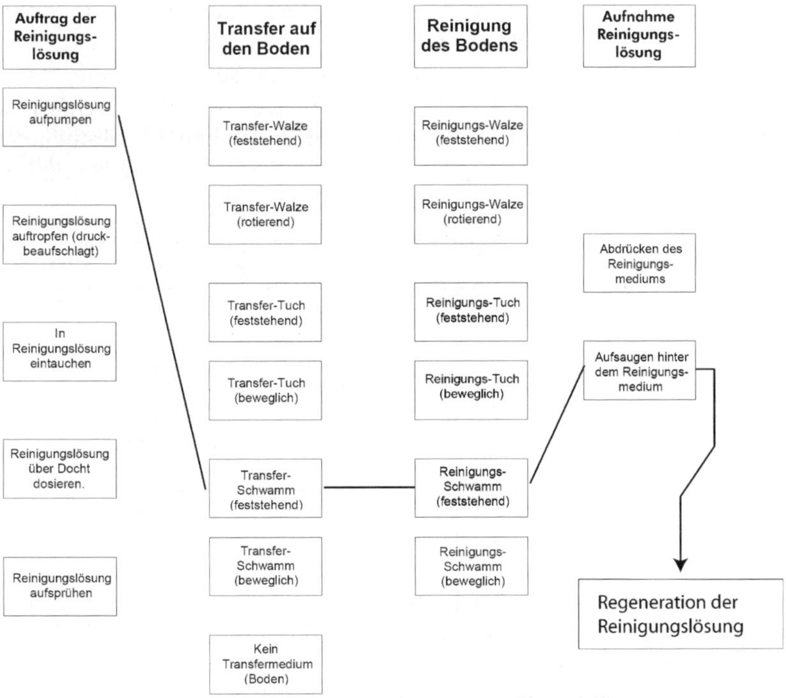


*Abbildung 8.52:* *Reinigungsvariante des „Wischer C“.*

Das Reinigungskonzept des „Wischer C" besteht aus den folgenden Teilen:

- Spritzenpumpe mit 2 Rückschlagventilen zum Ansaugen der Reinigungslösung aus dem Vorratsgefäß und Aufbringen auf den Boden (via Schwamm als Transfermedium).
- Reinigungsschwamm zur gleichmäßigen Verteilung der Reinigungslösung auf dem Boden und zur Grobreinigung.
- Zwei Gummiwischer mit Absaugung via Unterdruckpumpe und Umschaltventil zur Feinreinigung und zum Absaugen überschüssiger Reinigungslösung.
- Vorratsgefäß mit Filterschwamm zum Aufarbeiten der verschmutzten Reinigungslösung.

Die genannten Einzelkomponenten werden nun detailliert beschrieben:

**Spritzenpumpe mit 2 Rückschlagventilen**

Zum Bau der Spritzenpumpe wurde eine handelsübliche 60 ml Kunststoff Einwegspritze auf einen Linear-Antrieb geschraubt. Zum Selbstbau eines Linearantriebes sei hier auf das Buch „Grundlagen der Robotertechnik" (siehe Litertaturanhang) verwiesen. Zusätzlich wurden 2 Endschalter angebracht, die mittels eines bistabilen Relais eine ständige Hin- und Her-Bewegung des Linearantriebs bewirken (Schaltplan siehe Abbildung 8.53). Für die Pumpe wird also keine externe Steuerung benötigt.

***Abbildung 8.53:*** *Schaltplan der Spritzenpumpe.*

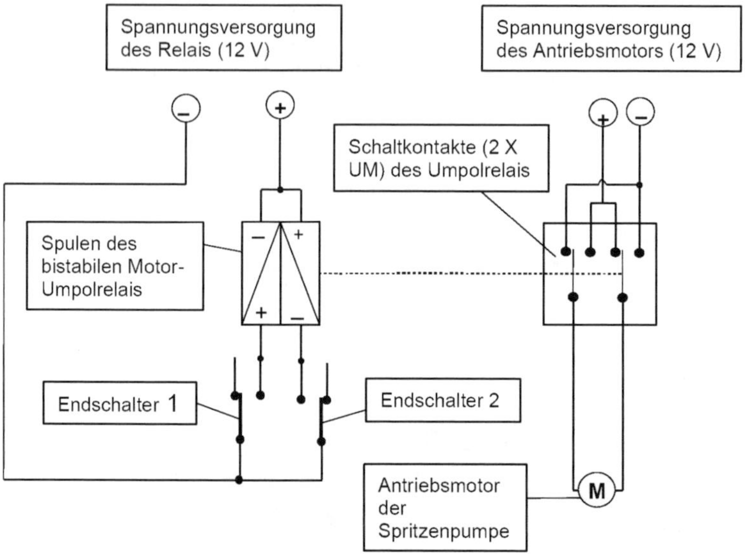

Die beiden vorgeschalteten Rückschlagventile (siehe Abbildung 8.54) bewirken, dass die Flüssigkeit immer nur in einer Richtung strömt. Bei den Rückschlagventilen ist besonderes wichtig, dass sie entgegen der Flussrichtung absolut dicht sind. Aus diesem Grund kommen die in Kapitel 2.2, Abbildung 2.127 beschriebenen „Bunsenventile" zum Einsatz. Die Spritzenpumpe saugt abwechselnd Reinigungslösung aus dem Vorratsbehälter an und drückt diese anschließend auf den Transferschwamm, der die Lösung auf dem Boden verteilt. Während der Ansaugphase speichert der Transferschwamm genügend Lösung, um den Boden ständig feucht zu halten. Die genaue Funktion der Spritzenpumpe sowie der weiteren hydrodynamischen Bauteile des „Sauger C" wird in Abbildung 8.54 verdeutlicht.

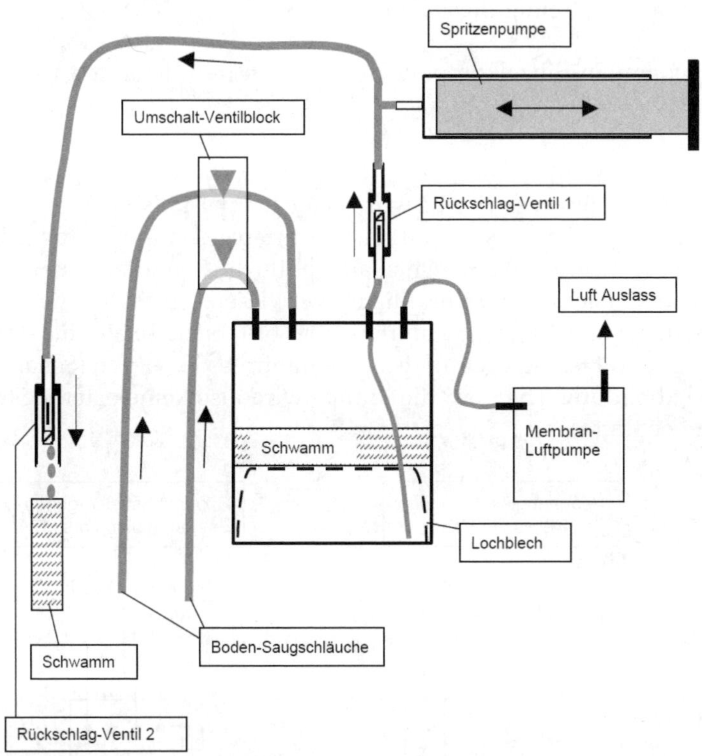


***Abbildung 8.54:*** *Hydrodynamisches Schaltbild des „Wischer C".*

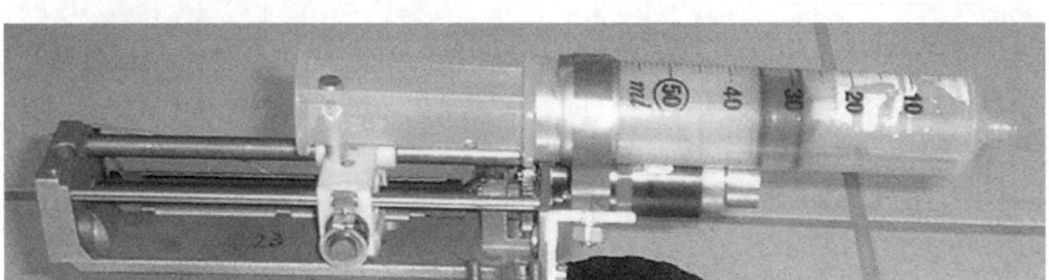

***Abbildung 8.55:*** *Spritzenpumpe des „Wischer C".*

***Abbildung 8.56:*** *Spritzenpumpe mit Endschalter – rechts hinten ist das Umschaltrelais für die autonome Steuerung der Pumpe zu sehen.*

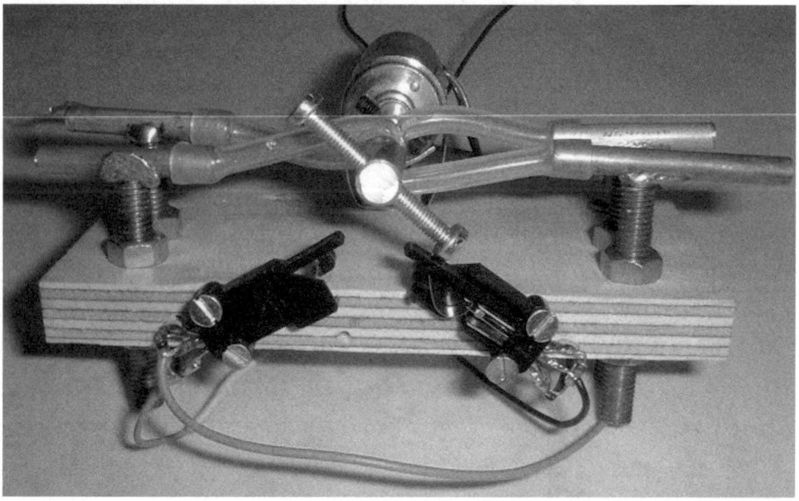

***Abbildung 8.57:*** *Umschalt-Ventilblock des „Wischer C“.*

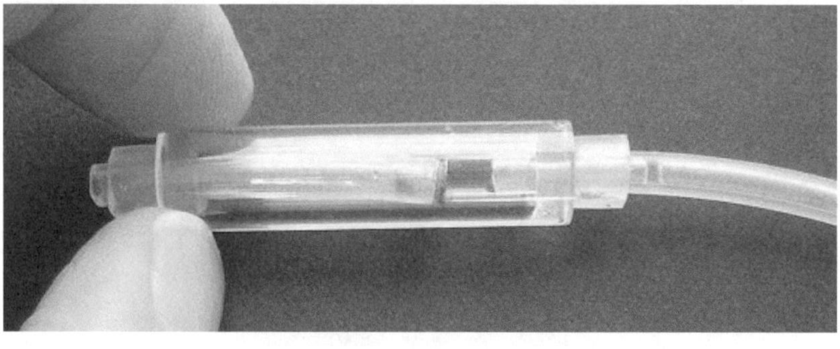

***Abbildung 8.58:*** *Rückschlagventil (Bunsenventil) des „Wischer C“.*

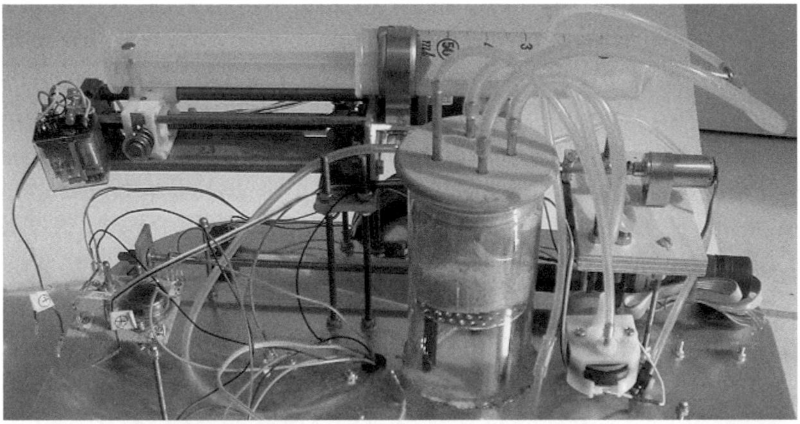

*Abbildung 8.59:* *Komplette Reinigungslösungs-Transfereinheit des „Wischer C".*

**Reinigungsschwamm**

Der Auftrag der Reinigungslösung auf den Boden sowie die Bodenreinigung erfolgt mittels eines an die Unterseite des Roboters geklebten Schwamms. Das Schwammstück wird mit einem scharfen Messer aus einem Kunststoff-Autoreinigungsschwamm ausgeschnitten und mit Silikonkitt direkt an die Unterseite des Roboterfahrzeugs geklebt. Dicke und Höhe des Schwammstückes werden so gewählt, dass der Schwamm leicht abgewinkelt über den Boden streicht (siehe Abbildung 8.60).

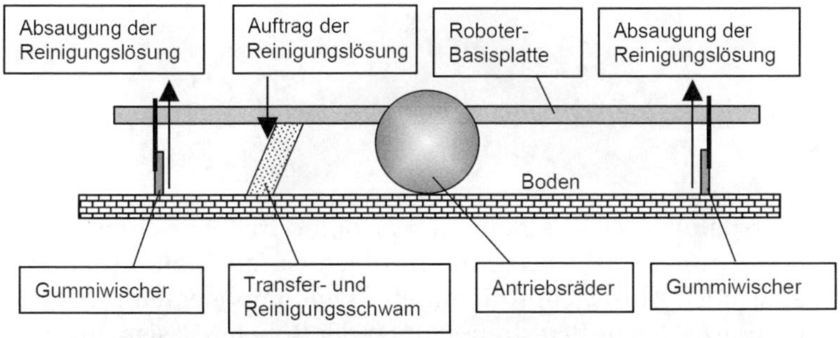


*Abbildung 8.60:* *Reinigungsprinzip-Skizze des „Wischer C".*

*Abbildung 8.61:* *Bodenreinigungseinheit des „Wischer C", praktische Ausführung.*

**Gummiwischer mit Absaugung**

Ein besonders wichtiger Punkt des „Wischer C „ sind die beiden Gummiwischer (siehe Abbildung 8.60). Diese Gummiwischer übernehmen gleich mehrere Funktionen. Einerseits ersetzen sie die bei anderen Robotermodellen üblichen Stabilisierungsräder, zum anderen dienen sie der Bodenreinigung und sammeln überschüssige Reinigungslösung, damit diese abgesaugt werden kann. Daher sind die Gummiwischer, wie in Abbildung 8.62 gezeigt, gebogen. Sofern das zu hohe Gewicht des Roboters dazu führt, dass sich die Gummiwischer zu stark umbiegen und nicht mehr bündig auf dem Boden aufliegen kann die Konstruktion selbstverständlich mit einer oder zwei drehbaren Rollen nachgerüstet werden.

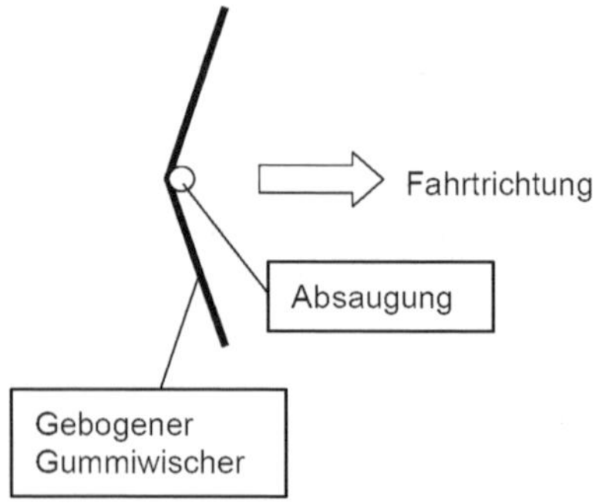


***Abbildung 8.62:*** *Gebogener Gummiwischer mit Absaugung.*

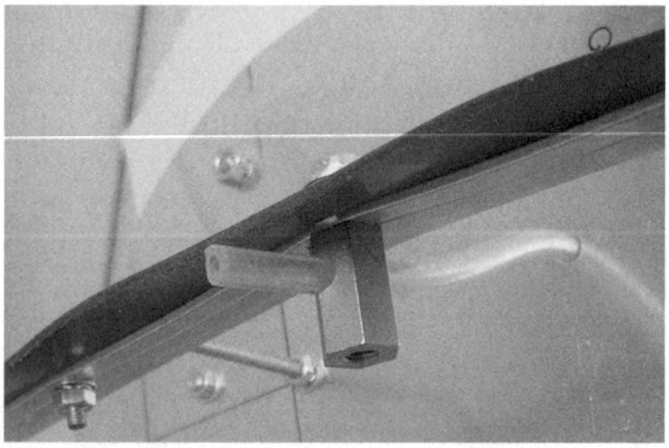

***Abbildung 8.63:*** *Gummiwischer mit Absaugung (Ansicht von unten).*

Die Herstellung der Wischerblätter erfolgt durch Aufschrauben oder einfacher durch Aufkleben eines flexiblen Gummiblattes (Baumarkt) auf eine Stück Alu-Flachprofil mittels Zweikomponentenkleber (siehe Abbildung 8.64). Die Befestigung unter der Roboter-Basisplatte erfolgt mit 2 abgewinkelten Gewindestangen.

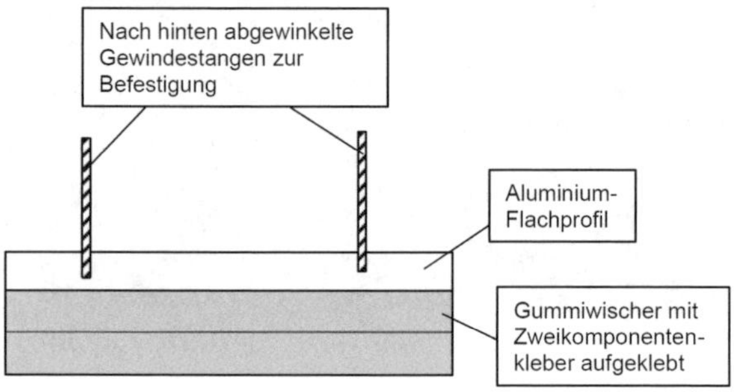


***Abbildung 8.64:*** *Gummiwischer mit Befestigung.*

Zur Absaugung der Reinigungslösung wird ein Silikonschlauch (Innendurchmesser ca. 2 ... 4 mm) im Abknickpunkt des Gummiwischers bis wenige Millimeter über den Boden geführt und dort am Wischer befestigt (am einfachsten mit 2 Bohrungen in der Aluleiste + Kabelbinder). Der Schlauch endet im Vorratsgefäß der Reinigungslösung, in dem mit einer kleinen Aquarien-Luftpumpe (z.B. „Luftmembranpumpe" von Conrad-Electronik, Artikel-Nr.: 537551) ein leichter Unterdruck erzeugt wird. Die Membranpumpe läuft permanent und wird über einen einstellbaren Spannungsregler mit ca. 3 V Betriebsspannung versorgt. Da der „Wischer C" aber zwei Gummiwischer (für jede Fahrtrichtung einen) und damit auch zwei Absaugschläuche besitzt, ergibt sich das Problem, dass in der Regel immer einer der beiden Schläuche Luft ansaugt und somit der Unterdruck im Vorratsgefäß zusammenbricht. Um dies zu verhindern, muss jeweils der nicht benützte Ansaugschlauch mit einem Ventil geschlossen werden. Zu diesem Zweck kommt das in Kapitel 2.2, Abschnitt „Selbstbau elektrisch betätigter Ventile" beschriebene, 2-Kanal-Quetschventil (siehe 2.121 und 2.123 ) zum Einsatz. Dieses Ventil öffnet jeweils nur den Saugschlauch, der sich am Gummiwischer entgegen der Fahrtrichtung befindet.

**Vorratsgefäß mit Filterschwamm**

Als Vorratsgefäß kommt ein einfaches, dicht schließendes Lebensmittel-Vorratsglas mit Holzdeckel und Silikon-Dichtlippe zum Einsatz. Der Deckel wird zur Aufnahme von 4 mm-Messing-Durchführungsröhrchen mehrfach durchbohrt (4 mm Bohrer). Die Röhrchen lassen sich passgenau einschieben und dichten ohne zusätzliche Maßnahmen ab. Im Inneren des Vorratsbehälters befindet sich noch ein Stück Schwamm auf einem gebogenen Lochblech (siehe Abbildung 8.54). Dieser filtriert die zurückgesaugte Reinigungslösung. Entsprechend muss der Ansaugschlauch am Schwamm vorbei in den unteren Teil des Vorratsgefäßes geführt werden.

***Abbildung 8.65:*** *Vorratsgefäß des „Wischer C" für Reinigungslösung (Einzelteile).*

***Abbildung 8.66:*** *Vorratsgefäß des „Wischer C", komplett mit Saugschlauch und Bunsenventil.*

*Bewegungskonzept*

Der Antrieb des „Wischer C" entspricht im Prinzip dem des „Saugers C" und erfolgt durch zwei robuste Getriebemotore, auf deren Wellen direkt die beiden Antriebsräder montiert sind. Aufgrund der robusten Getriebemotore konnte auf eine separate Lagerung der Antriebsräder verzichtet werden. Zur Stabilisierung dienen die beiden Gummiwischer, die etwa 1 cm tiefer als die Antriebsräder angebracht sind und die sonst üblichen drehbare Möbelrollen ersetzen. Durch ein Schwerpunkt-Verlagerungssystem kann der Roboter immer auf denjenigen Wischer, der sich entgegen der Fahrtrichtung befindet, gekippt werden. Kurz hinter den Antriebsrädern befindet sich als einziger Sensor das bereits beim „Sauger C" beschriebene „mitlaufende Rad". Die Ansteuerung der beiden Antriebsmotore erfolgt über die C-Control M-unit über 5 I/O-Ports, welche Relais ansteuern. Die beim „Sauger C" beschriebene PWM-Motor-Treiberschaltung konnte in der beschriebenen Form nicht eingesetzt werden, da die relativ starken Antriebsmotore den Motortreiber IC L293D überfordern. Der „Wischer C" besitzt weiterhin noch ein System zur Schwerpunkt-Regulierung, welches mittels eines Umpol-Relais über einen weiteren I/O-Port angesteuert wird. Über das gleiche Relais wird auch der Ventilblock der Saugeinheit angesteuert. Die Endstellungen der beiden Vorrichtungen (Schwerpunkt-Regulierungssystem und Ventilblock) sind mit Endschaltern und Dioden gesichert und können auch in Endstellung unter Spannung bleiben. Für weitere Informationen zu Endschaltern und anderen hilfreichen Konstruktionen und Hilfsschaltungen wird auf das Buch „Grundlagen der Robotertechnik" hingewiesen. Die Ansteuerung erfolgt so, dass bei einer Fahrtrichtungsänderung jeweils der sich entgegengesetzt zur Fahrtrichtung befindliche Wischer belastet wird. Gleichzeitig wird das Saugventil dieses Wischers geöffnet und das Saugventil des (nun in der Luft hängenden) Wischers geschlossen. Das Blockdiagramm des „Wischer C" sieht folgendermaßen aus:

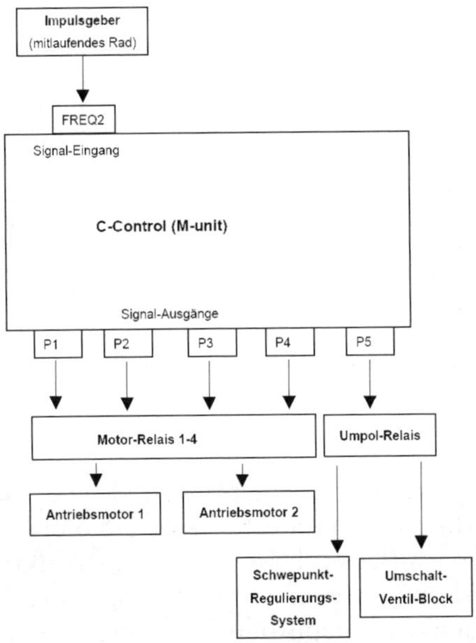


***Abbildung 8.67:*** *Blockdiagramm des "Wischer C".*

Bezüglich sonstiger Einzelheiten zur der Beschaltung und weiterer wichtiger Informationen zur C-Control-unit wird auf die vorhergehende Beschreibung des „Sauger C" verwiesen. Die Energieversorgung des „Wischer C" erfolgt bei dem beschriebenen Experimentiermodell durch 8 Stück 1,5-V Alkalimangan-Zellen. Die Betriebsspannung beträgt also 12 V und kann auch durch Verwendung eines 12 V Bleiakkus erhalten werden.

### *Äußere Form / Baugröße*

Basisplatte des „Wischer C" ist eine ovale Platte aus 2 mm starkem Aluminium mit einer Länge von ca. 50 cm und einer Breite von ca. 30 cm. Auf dieser Basisplatte sind alle peripheren Installationen (Spritzenpumpe, Membranpumpe, Vorratsgefäß, Ventilblock, C-Contol-Platine) montiert. Der Reinigungsschwamm ist mit Silikonkitt direkt auf die Unterseite der Basisplatte geklebt. Ebenfalls direkt auf der Platte befindet sich das Schwerpunkt-Regulierungssystem. Dieses besteht aus einem ca. 250 g schweren Messingblock, der mittels einer angetriebenen Gewindestange über die Basisplatte gezogen/geschoben wird. Der Verfahrensweg beträgt etwa 15 cm und wird durch zwei Endschalter (siehe Abbildung 8.68) begrenzt. Die Endschalter bewirken, dass sich der Messingblock nach Betätigung des entsprechenden Schalters nur noch in der entgegengesetzten Richtung weiterbewegen kann. Zur Verringerung der Reibung wurde die untere Fläche des Messingblocks fein geschmirgelt und zusätzlich eine Teflonscheibe auf die Basisplatte geklebt. Anstatt Teflon kann auch ein poliertes Messingblech verwendet werden. Das direkte Gleiten des Messingblocks auf der Aluminiumoberfläche der Basisplatte sollte jedoch vermieden werden (zu starker Abrieb).

***Abbildung 8.68:*** *Endschalter.*

Für weitere Informationen zu Endschaltern und anderen hilfreichen Konstruktionen und Hilfsschaltungen wird auf das Buch „Grundlagen der Robotertechnik" hingewiesen.

***Abbildung 8.69:*** *Schwerpunktregulierungssystem des „Wischer C" (Gesamtansicht).*

***Abbildung 8.70:*** *Schwerpunktregulierungssystem des „Wischer C" (Detailansichten).*

Die beiden Antriebsräder sind direkt auf den sehr soliden Getriebemotoren montiert. Auf eine separate Lagerung wurde verzichtet. Zur Stabilisierung dienen die beiden Gummiwischer, die etwa 1 cm tiefer als die Antriebsräder angebracht sind. Durch das bereits beschriebene Schwerpunkt-Verlagerungssystem kippt der Roboter immer auf den Wischer entgegen der Fahrtrichtung.
Die Energieversorgung des „Wischer C" erfolgt durch 8 Stück 1,2 V-NiMH-Akkus (Kapazität: 2000 mAh).

### Programmierung

Bei der Konstruktion des Wischers C stand die Ausarbeitung eines funktionierenden Nass-Wischsystems mit allen notwendigen Komponenten im Vordergrund. Zur Steuerung wurde der Einfachheit halber die bereits beim „Sauger C" eingesetzte C-Control Steuerplatine verwendet. Auf eine aufwendige Sensorik wurde genauso wie auf eine allzu aufwendige Steuerung verzichtet. Der „Wischer C" besitzt daher als einzigen Sensor das sogenannte „mitlaufende Rad", welches ein geschwindigkeitsabhängiges Rechtecksignal ausgibt. Dieses Signal detektiert die relative Bewegung des Roboters zum Untergrund und wird genutzt, um ein Festfahren (Anstoß an Hindernis) zu detektiern und eine Aktion (Fahrtrichtungsänderung mit leichter Drehung) einzuleiten. Selbstverständlich können die Reaktionen des Roboters durch Änderung/Erweiterung des Programms oder dem zusätzliche Anschluss von Sensoren den örtlichen Gegebenheiten weiter angepasst werden.

**Beispielprogramm „Wischer C"**

```
DEFINE M_links DA[1]
DEFINE M_rechts DA[2]
Define Power_links PORT[1]
Define Power_rechts PORT[2]
Define Ausgang3 PORT[3]
```

Ordnet den Ports Variablennamen zu

```
Define Frequenz BYTE
```

Definiert die Variable Frequenz als BYTE-Variable (Wert 0...255)

```
Power_links = 1
Power_rechts = 1
```

Die Antriebsmotore werden freigeschaltet

```
#vor
Ausgang3 = 1
Pause 100
```

Das Umpol-Relais für die Schwerpunkt-Regelung wird auf Stellung 1 geschaltet.

```
M_links = 255
Pause 10
M_rechts= 255
```

Die beiden Motore starten leicht zeitversetzt voll vorwärts mit Höchstdrehzahl[1]

```
#Frequenz
Frequenz = FREQ2
IF Frequenz < 10 Then GOTO back
Goto Frequenz
```

Der Frequenz-Eingang FREQ 2 (mitlaufendes Rad) wird abgefragt.

```
#back
Ausgang3 = 0
Pause 100
```

Das Umpol-Relais für die Schwerpunkt-Regelung wird auf Stellung 0 geschaltet.

```
M_rechts= 0
Pause 10
M_links = 0
```

Die beiden Motore starten leicht zeitversetzt voll rückwärts mit Höchstdrehzahl[1]

```
#Frequenz
Frequenz = FREQ2
IF Frequenz < 10 Then GOTO vor
Goto Frequenz
```

Der Frequenz-Eingang FREQ 2 (mitlaufendes Rad) wird abgefragt.

**1)** Durch die spezielle PWM-Treiberschaltung wird die Höchstgeschwindigkeit dann erreicht, wenn der Wert des Digitalports auf 255 (voll vorwärts) oder 0 (voll rückwärts) gesetzt wird. Etwa bei der Mitte bei 128 sind die erzeugten Pulse gleichlang „high" und „low". Dies bewirkt, dass die Antriebsmotore in schneller Folge umgepolt werden und sich letztendlich gar nicht bewegen.

*Testbericht*

Das Fahrverhalten des „Wischer C" ist aufgrund der einfachen Steuerung eher bescheiden. Besonders die Tatsache, dass der Roboter Hindernisse nur durch direkten Kontakt „erkennt", ist zwar wirkungsvoll aber nicht besonders elegant. Eine zusätzliche Ausrüstung mit Ultraschallsensoren würde das Fahrverhalten sicher verbessern. Eine weitere Problematik stellen die großen Abmessungen und die zahlreichen Kanten und Vorsprünge des Roboters dar. Diese bewirken, dass der Roboter nur größere freie Flächen effektiv reinigen kann. In allzu stark strukturierter Umgebung bleibt er doch öfter hängen und erreicht enge Stellen gar nicht. Eine Verkleinerung des Roboters und eine Abdeckung mit einer glatten Haube wäre daher in einer weiteren Evolutionsstufe sicher wünschenswert.
Das Reinigungsverhalten des „Wischers C" ist allerdings, was die Entfernung von wasserlöslichen und klebrigen Verunreinigungen angeht, unübertroffen. Mit der breiten Wischeinheit lassen sich auch größere Flächen relativ schnell reinigen. Weiterhin werden durch das Nasswischen keine gesundheitsschädlichen Feinstäube wieder an die Raumluft abgegeben.
Ein Problem hat der „Wischer C" allerdings mit grobem Staub und Flusen. Diese werden durch die dünnen Saugleitungen nicht aufgenommen und führen nach einiger Zeit zur Verstopfung der Ansaugdüsen. Ein vorheriges Absaugen der zu reinigenen Fläche ist daher sinnvoll.

Eine weitere interessante Anwendung des Wischers C stellt der Auftrag einer Pflegeemulsion auf einen bereits gereinigten Boden dar.

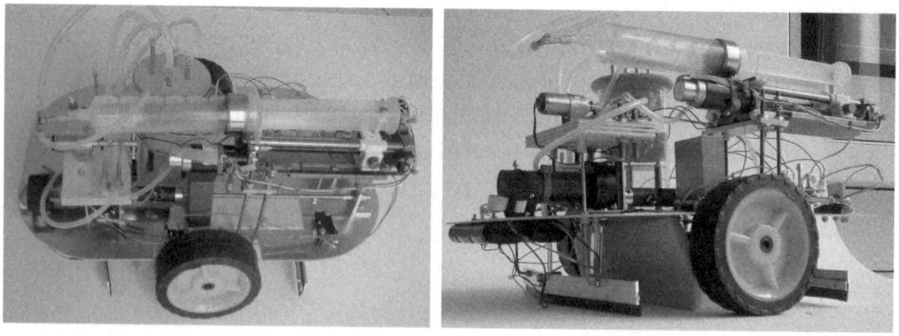

**Abbildung 8.71:** *Feucht-wischender Roboter „Wischer C".*

## 8.3 Spezielle Reinigungsroboter

### *Tafelwischer*

Beim „Tafelwischer" handelt es sich um einen kleinen, leichten Roboter, der in der Lage ist, sich auf ebenen magnetisierbaren (metallischen) Flächen zu bewegen. Durch seine einstellbare Magnetfixierung kann er dies unabhängig von der Ausrichtung der Fläche. Der Roboter ist also auch in der Lage, sich an Wänden und sogar an der Decke zu bewegen, sofern diese magnetisierbar (ferromagnetisch) ist. Der Roboter ist zusätzlich mit einem Schwamm ausgerüstet, mit dem er die überfahrene Fläche (z.B. Magnettafel) reinigen kann. Dabei bewegt er sich jeweils von Rand zu Rand der Fläche. Die Steuerung erfolgt mittels zweier Anstoßdetektoren und eines bistabilen Relais. Weitere Informationen inkl. der Schaltungsbeschreibung finden sich in Kapitel 2.2, Abschnitt „Reinigungsroboter für Metalltafeln (Tafelwischer)".

| | |
|---|---|
| **Schwierigkeitsgrad:** | Mechanik: Schwierig<br>Elektronik: Sehr leicht<br>Programmierung: entfällt |
| **Primäre Zielsetzung:** | Eine glatte, magnetisierbare Fläche soll durch Wischen gereinigt werden. |
| **Sekundäre Zielsetzung 1:** | Der Roboter muss die seitliche Begrenzung der Fläche erkennen. Zusätzliche Hindernisse sind nicht vorhanden. |
| **Sekundäre Zielsetzung 2:** | Die zu reinigende Fläche soll bahnweise so gereinigt werden, dass nach einer kompletten Überfahrt die Fläche auch vollständig gereinigt ist. |

*Reinigungskonzept*

Das Reinigungskonzept ist einfach. Es besteht aus einem Schwamm, der über die ganze Breite des Fahrzeuges reicht und dessen Andruck auf die Reinigungsfläche mittels Stellschrauben justiert werden kann. Das Wischen kann trocken oder mit angefeuchtetem Schwamm erfolgen oder aber der Schwamm wird noch mit einem speziellen Reinigungstuch überzogen.

***Abbildung 8.72:***
*Der Tafelwischer von unten.*

*Bewegungskonzept*

Der Roboter bewegt sich vor und zurück. Die Richtungsumkehr erfolgt jeweils beim Kontakt mit dem erhöhten Rand der Arbeitsfläche durch mechanische Anstoßdetektoren. Die Anstoßdetektoren schalten direkt ein bistabiles Motor-Umpolrelais. Die Schaltungsbeschreibung findet sich, wie bereits erwähnt, in Kapitel 2.2, Abschnitt „Reinigungsroboter für Metalltafeln (Tafelwischer)".

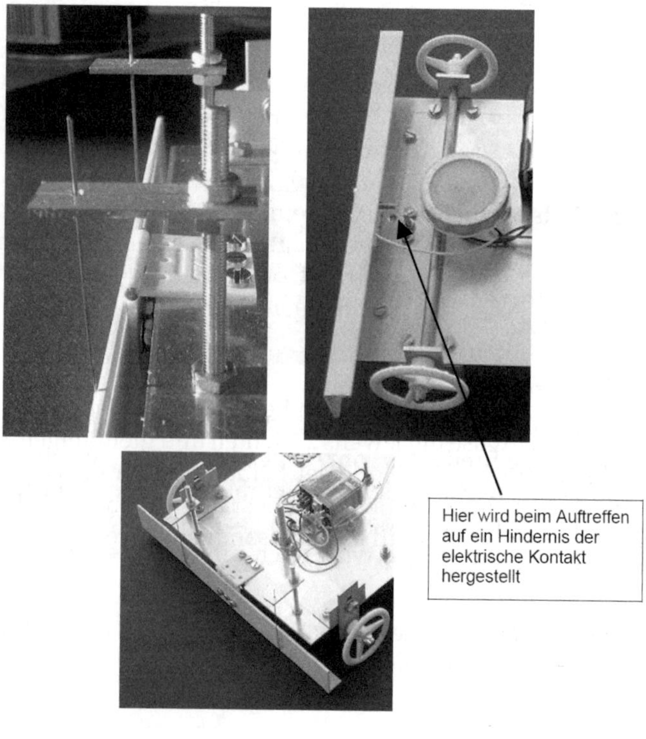


***Abbildung 8.73:***
*Anstoßdetektor des Tafelwischers – die Federstahldrähte fixieren den Anstoßdetektor in Ruheposition.*

*Äußere Form / Baugröße*

Der Roboter ist auf einer rechteckigen Aluminium-Basisplatte aufgebaut. Der Antrieb des erfolgt durch zwei kleine Getriebemotore in der Mitte der Basisplatte. Die Antriebsräder sind direkt auf der Getriebemotor-Achse befestigt. Als Antriebsräder dienen modifizierte Holz-Möbelräder. Der ursprüngliche Hartgummi-O-Ring der Räder wurde dazu durch einen selbsthergestellten, haftfähigen Silikon-O-Ring ersetzt. Der Silikon-O-Ring wird hergestellt, indem man einen hinreichend langen und dicken „Faden" aus einer handelsüblichen Silikonkartusche auf eine Wasseroberfläche (flache Schale) drückt und aushärten lässt. Anschließend wird ein Stück der gewünschten Länge herausgeschnitten und die beiden Enden ebenfalls mit Silikonkitt zusammengeklebt. Zum Kleben muss man die beiden Enden mittels durchgesteckter Nadeln auf einem Brettchen fixieren. Überstehender Kitt kann mit einer Schere abgeschnitten werden.

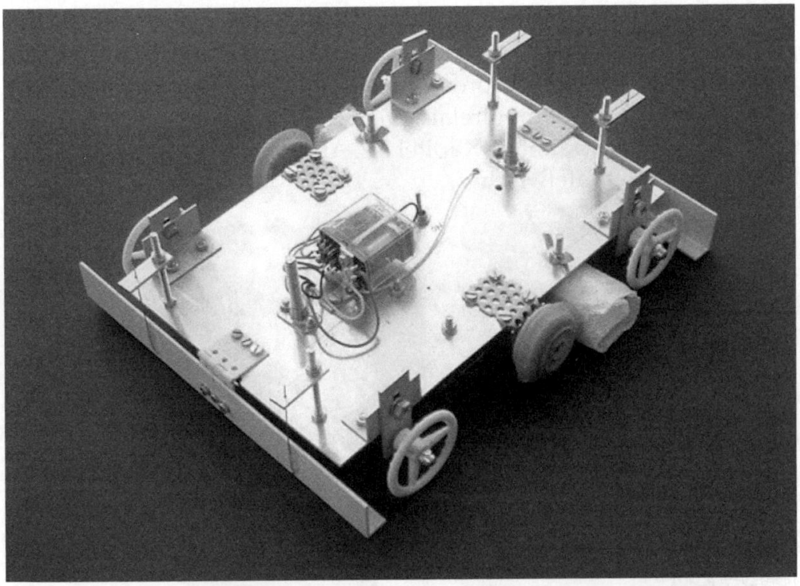

***Abbildung 8.74:*** *Der Tafelwischer in Komplettansicht.*

Zur Stabilisierung des Roboters ist an beiden Enden des Chassis eine höhenverstellbare Achse mit jeweils 2 leichten und gleitfähigen Kunststoffrädern angebracht. Die Höhe der beiden Achsen muss so eingestellt werden, dass die zentralen Antriebsräder guten Bodenkontakt haben (der Silikon O-Ring wird leicht zusammengepresst, wenn alle 6 Räder Bodenkontakt besitzen).

Der Kontakt mit dem (magnetisierbaren) Boden wird durch 2 höhenverstellbare Seltenderdmagnete (Neodym-Eisen-Bor) hergestellt. Be-

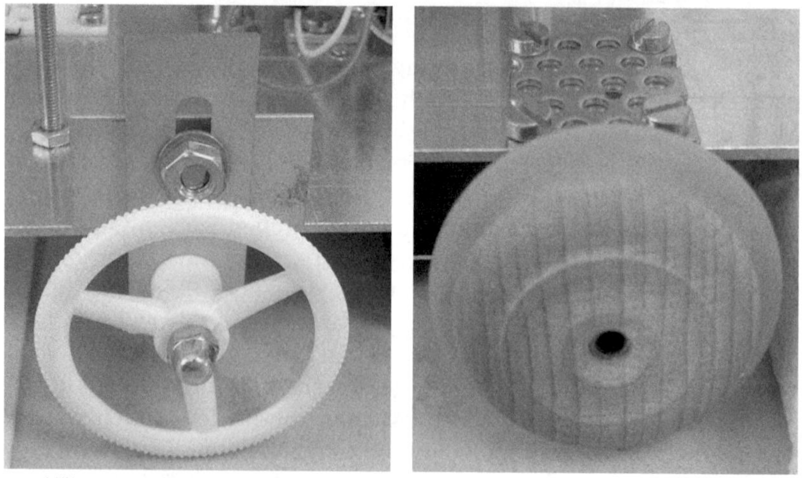

Höhenverstallbares Gleirad    Silikonbeschichtetes Antriebsrad

***Abbildung 8.75:*** *Die Räder des Tafelwischers.*

züglich weiterer Details wird nochmals auf Kapitel 8.3, Abschnitt „Tafelwischer" hingewiesen.

***Abbildung 8.76:*** *Höhenverstellbarer Haftmagnet (1 von2) und Befestigung auf der Basisplatte.*

*Testbericht*

Der Roboter haftet, nach Einstellung der Haftmagnete wenige Millimeter über der Tafeloberfläche, gut auf einer Magnettafel. Auf dünneren Blechen besteht jedoch die Gefahr, dass die extrem starken Magnete das Blech unter Aufwölbung zu sich heranziehen!

Das Fahrverhalten des Roboters ist gut. Der Tafelrand wird problemlos detektiert und ein entsprechender Richtungswechsel ausgelöst. Die reale Bahnkurve (Abbildung 8.77 B) entspricht allerdings nicht ganz der ursprünglichen Idee (Abbildung 8.77 A).

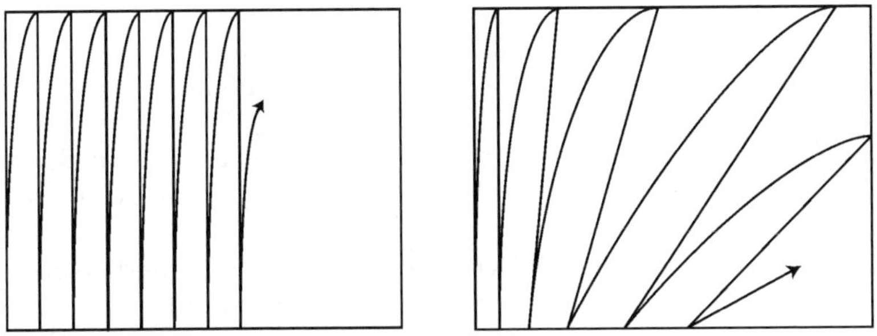

A: Ursprüngliche Idee der Bahnkurve B: Tatsächlich beobachtete Bahnkurve

*Abbildung 8.77: Geplante und beobachtete Bahnkurve des Tafelwischers.*

Dies hat mehrere Ursachen: Einerseits die Tatsache, dass der Roboter die äußere Begrenzung nie genau in rechtem Winkel trifft und sich dementsprechend auch nie in rechtem Winkel zum Rand wieder von dieser entfernt. Außerdem verursacht jede Wandberührung einen kleinen Winkelversatz. Letztendlich laufen auch beide Motoren nie genau gleich schnell, wodurch der Roboter immer eine leichte Kurve fährt. Dies wird, besonders bei Schrägfahrt, noch von der Schwerkraft verstärkt. Trajektoren wie in Abbildung 8.77 A, das heißt exakt senkrechte „Talfahrten" können nur durch eine aktive Lagebestimmung des Roboters realisiert werden. Diese kann, sofern sich der Roboter an einer Wand (und nicht auf dem Boden oder der Decke) bewegt, mittels Schwerkraftschaltern realisiert werden. Die entsprechende Schaltung ist ebenfalls in Kapitel 2.2, Abschnitt „Reinigungsroboter für Metalltafeln (Tafelwischer)" beschrieben, wurde bei dem vorgestellten Roboter jedoch nicht realisiert.

## Adhäsobot

Der „Adhäsobot" ist, ähnlich wie der „Tafelwischer" ein einfaches Roboterfahrzeug, welches jeweils seine Fahrtrichtung beim Kontakt mit einem Hindernis umkehrt. Durch die Vorne und Hinten angebrachten Kleberollen (normalerweise für Entfusselung von Kleidung verwendet) reinigt er die überfahrene Fläche durch Adhäsion von Staub und Schmutz an der klebrigen Rollenoberfläche. Die gesamte Reinigungseinheit beim Adhäsobot ist beweglich und gelagert und durch eine spezielle Magnetfixierung leicht abnehmbar. Die Fahrtrichtungs-Umschaltung erfolgt über Schaltkontakte, die beim Verschieben der Reinigungseinheit (bei Hinderniskontakt) ausgelöst werden und ein bistabiles Umpol-Relais ansteuern. Die Schaltung ist somit identisch mit der des vorangehend beschriebenen „Tafelwischers" und ist in Kapitel 2.2, Abschnitt „Reinigungsroboter für Metalltafeln (Tafelwischer)" genauer beschrieben.

| | |
|---|---|
| **Schwierigkeitsgrad:** | Mechanik: Schwierig<br>Elektronik: Sehr leicht<br>Programmierung: entfällt |
| **Primäre Zielsetzung:** | Eine ebene Fläche (Fliesen, Teppich etc.) soll durch Adhäsion gereinigt werden. |
| **Sekundäre Zielsetzung 1:** | Der Roboter muss bei Hinderniskontakt seine Fahrtrichtung ändern. |
| **Sekundäre Zielsetzung 2:** | Die zu reinigende Fläche soll möglichst schnell und vollständig gereinigt werden. |

*Reinigungskonzept*

Zur Bodenreinigung werden vor und hinter dem Roboter jeweils 2 Kleberollen (Fusselrollen zur Kleiderreinigung) über den Boden geschoben. Dabei klebt Staub und Schmutz auf den Rollen fest. Nach einiger Zeit können dann die schmutzbeladenen Klebepapiere von der Rolle gezogen und entsorgt werden. Die Kleberollen sind mit einer Gewindestange zwischen zwei Holzräder (Baumarkt) eingespannt.

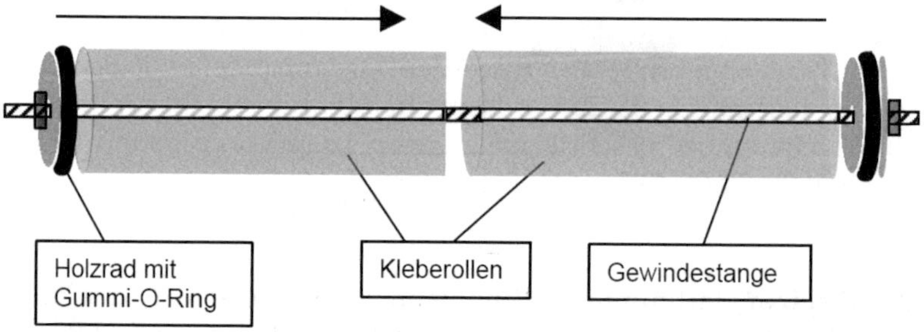


***Abbildung 8.78:*** *Adhäsionswalze aus 2 Kleberollen (zur Kleiderreinigung).*

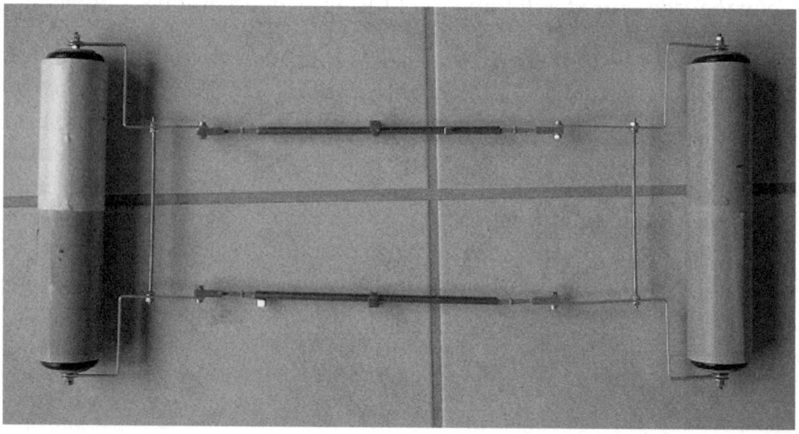

***Abbildung 8.79:*** *Komplette Reinigungseinheit des „Adhäsobot“.*

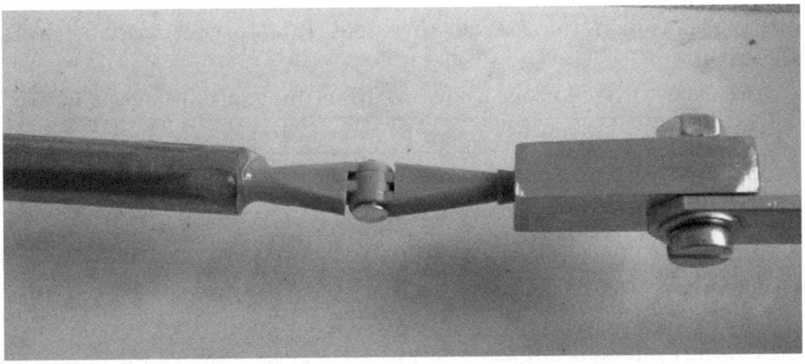

***Abbildung 8.80:*** *Klapp-Scharnier (Flugzeug-Modellbau) der Adhäsobot-Reinigungseinheit.*

*Bewegungskonzept*

Der Roboter besitzt zwei langsamdrehende Getriebe-Antriebsmotore (ca. 10 UpM) auf denen direkt die beiden Antriebsräder montiert sind. Als Antriebsräder dienen Hartholz-Möbelräder, die nach Anbringen einer Bohrung und Einschneiden eines Gewindes (ca. M6) direkt auf einer abgeflachten Getriebewelle montiert werden können.

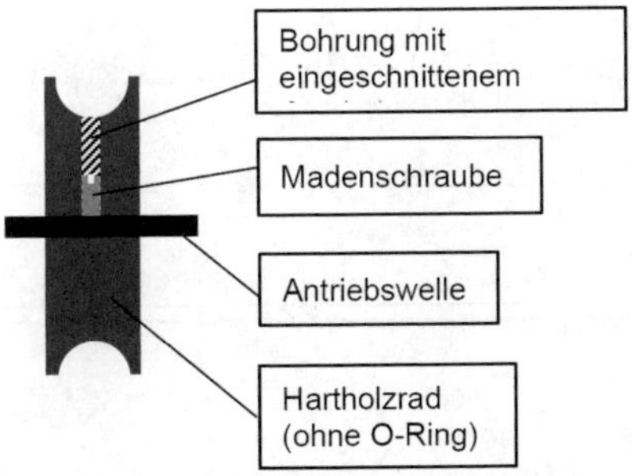


***Abbildung 8.81:*** *Fixierung eines Hartholzrades auf einer Getriebewelle.*

Der Original Hartgummi-O-Ring kann zur Verbesserung der Haftfähigkeit noch durch einen selbsthergestellten Silikongummi-O-Ring ersetzt werden (zur Herstellung der O-Ringe siehe Kapitel 8.3, Abschnitt „Tafelwischer").

Bei Hinderniskontakt bewegt sich die komplette Kleberolleneinheit soweit nach hinten bis ein elektrischer Kontakt ausgelöst wird. Dadurch wird eine der beiden Spulen eines bistabilen Motor-Umpolrelais mit Spannung versorgt und löst somit eine Fahrtrichtungsumkehr aus (siehe Abbildung 8.83 und Abbildung 8.90). Der Roboter bewegt sich

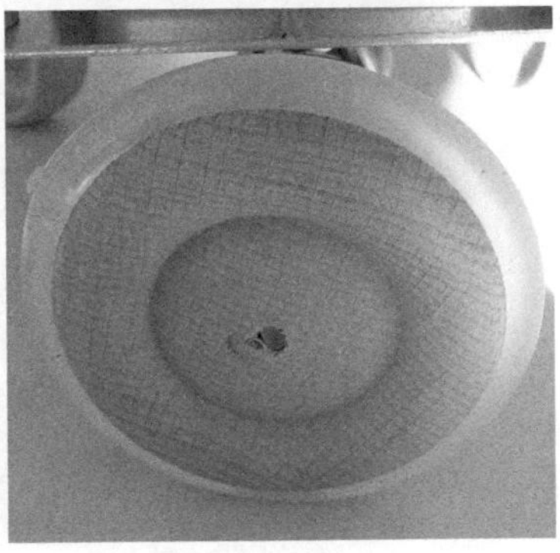

***Abbildung 8.82:*** *Haftrad (Antriebsrad) des Adhäsobot.*

also, genau wie der vorher beschriebene Tafelwischer, vorwärts und rückwärts.

***Abbildung 8.83:*** *Adhäsionsrobot – Prinzipskizze (Seitenansicht).*

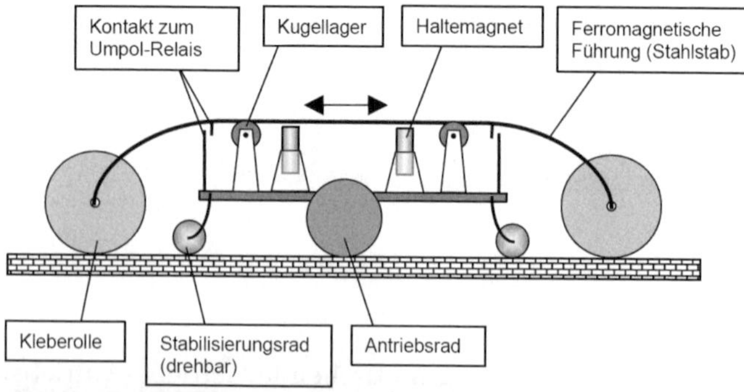


***Abbildung 8.84:*** *Magnetlager des „Adhäsobot", 2 Haltemagnete und 2 Doppel-Kugellager.*

***Abbildung 8.85:*** *Magnetlager des „Adhäsobot" von oben mit Halterung der beiden Stabmagnete.*

***Abbildung 8.86:*** *Magnetlager des „Adhäsobot" komplett mit Stahlstab der beweglichen Reinigungseinheit und Ringmagnet zur Abstandsfixierung.*

Der in Abbildung 8.86 im Kabelbinder zu sehende Ringmagnet hält die Reinigungseinheit in der Mitte zwischen den beiden Stabmagneten. Er kann problemlos durch eine normale Feder ersetzt werden, die zwischen die beiden Magnete geklemmt wird (siehe Abbildung 8.87).

***Abbildung 8.87:*** *Feder zur Fixierung der beweglichen Reinigungseinheit.*

Die Detektion der Auslenkung der Reinigungseinheit kann entweder berührungslos mittels eines Magneten und eines Reed-Schalters (siehe Abbildung 8.88) oder einfach durch Schließen eines mechanischen Kontaktes (siehe Abbildung 8.89) erfolgen.

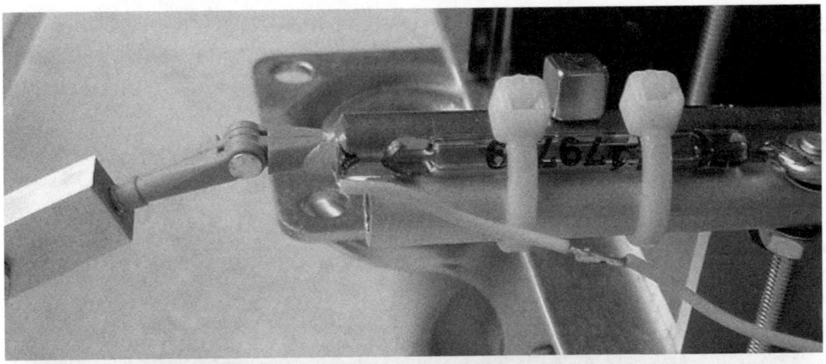

***Abbildung 8.88:*** *Berührungslose Kontaktauslösung mit Magnetwürfel + Reed-Kontakt.*

***Abbildung 8.89:*** *Mechanische Kontaktauslösung (Schraube + Kupferdraht).*

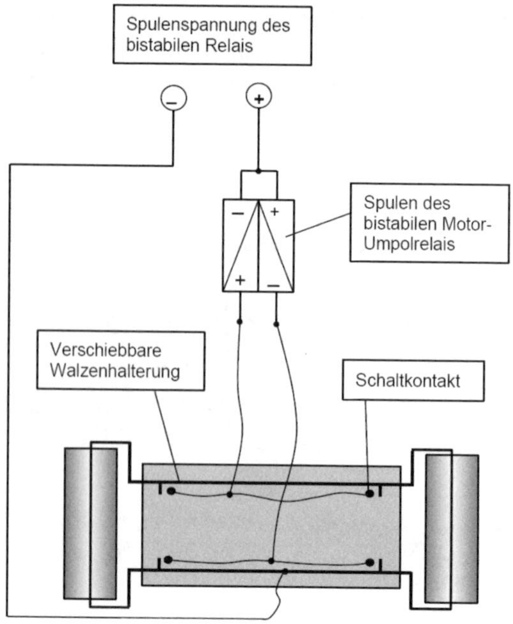


***Abbildung 8.90:*** *Adhäsionsrobot – Prinzipskizze elektrische Beschaltung.*

*Äußere Form / Baugröße*

Der Roboter ist auf einer rechteckigen Aluminium-Basisplatte aufgebaut. Der Antrieb erfolgt durch zwei Getriebemotore in der Mitte der Basisplatte. Die Antriebsräder sind direkt auf der Getriebemotor-Achse befestigt. Als Antriebsräder dienen modifizierte Holz-Möbelräder. Der ursprüngliche Hartgummi-O-Ring der Räder wurde dazu durch einen selbsthergestellten, haftfähigen Silikon-O-Ring ersetzt.
Zur Stabilisierung des Roboters ist vorne und hinten jeweils eine drehbare Möbelrolle (etwas höher als die Antriebsräder) angebracht.

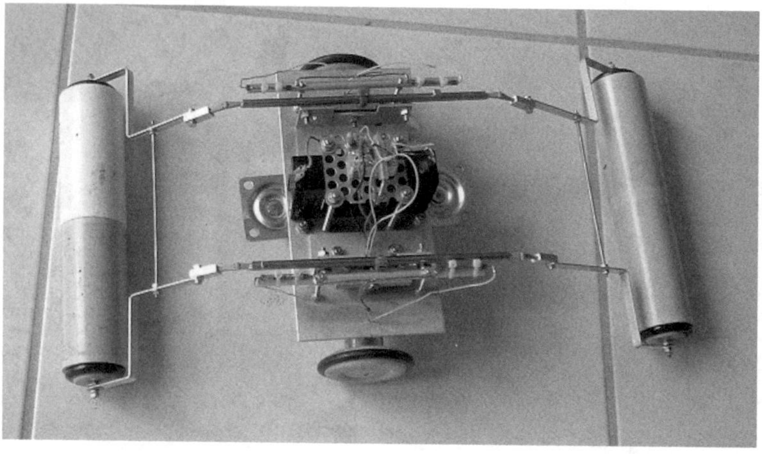

***Abbildung 8.91:*** *Der „Adhäsobot" im Einsatz.*

*Testbericht*

Als eines der Hauptprobleme des Adhäsionsrobots hat sich die zu starke Klebekraft der Reinigungsrollen in frischem Zustand herausgestellt. Diese kleben sowohl auf glatten Böden (Fließen, Parkett), als auch auf Teppichboden so stark fest, dass ein Hindernis vorgetäuscht wird und der Roboter immer nur auf der Stelle hin und zurück fährt. Sobald die Rollen mit einer dünnen Staub-/Schmutzschicht überzogen sind, wird die Haftung sofort wesentlich geringer und der Roboter zeigt durchaus zufriedenstellende Reinigungseigenschaften. Um die Reinigungsrollen vor dem Einsatz zu „Präparieren" muss man sie also durch kurzes manuelles Überrollen über eine schmutzbeladene Fläche „abstumpfen". Eine weitere Möglichkeit, das anfängliche zu starke Kleben zu verringern, besteht im Umwickeln der Walze mit einem ca. 0,3 mm dicken Kupferdraht (siehe folgende Abbildung).

***Abbildung 8.92:*** *Kleberolle, umwickelt mit Kupferdraht.*

Durch den Draht rollte die Walze ca. 0,3 mm über den Boden und klebt nicht mehr fest. Staub und Schmutz werden noch aufgenommen.

Als Entwicklungsidee könnten anstatt der problematischen Klebewalzen beispielsweise auch Mikrofasertuch-bezogene Rollen oder Rollen mit einer haftoptimierten (abwaschbaren) Klebebeschichtung eingesetzt werden.

# 9. Anhang

Beaufort-Skala der Windgeschwindigkeiten, ergänzt mit Saffir-Simpson-Hurrikan Skala:

| Wind-Geschwindigkeit (m/s)* | Wind-Geschwindigkeit (km/h)* | Windstärke | Allgemeine Bezeichnung | Beschreibung | Bemerkungen |
|---|---|---|---|---|---|
| unter 0,2 | unter 0,7 | 0 | Windstille | Rauch steigt senkrecht empor. | |
| 0,3 ... 1,5 | 1 ... 5 | 1 | Geringer Wind | Rauch zeigt Windrichtung an. | Loser Hausstaub, Flusen etc. werden auf glattem Untergrund bewegt. |
| 1,6 ... 3,3 | 6 ... 12 | 2 | Leichter Wind | Blätter säuseln und Windfahnen bewegen sich. | Haare, Krümel, Späne etc. werden auf glattem Untergrund bewegt. |
| 3,4 ...5,4 | 13 ... 19 | 3 | Schwacher Wind | Blätter und Zweige bewegen sich. | |
| 5,5 ... 7,9 | 20 ... 28 | 4 | Mässiger Wind | Blätter und Zweige dauernd in Bewegung. | Loser Hausstaub, Flusen, Haare etc. werden aus Teppichboden gesaugt. |
| 8,0 ... 10,7 | 29 ... 39 | 5 | Frischer Wind | Kleine Laubbäume schwanken. | Späne, Krümel etc. werden aus Teppichboden gesaugt. |
| 10,8 ... 13,8 | 40 ... 50 | 6 | Starker Wind | Starke Äste bewegen sich. | Einsauggeschwindigkeit eines Akku-Handstaubsaugers. |
| 13,9 ... 17,1 | 51 ... 61 | 7 | Steifer Wind | Ganze Bäume in Bewegung. | |
| 17,2 ... 20,7 | 62 ... 75 | 8 | Stürmischer Wind | Zweige brechen von den Bäumen ab. | Schwere und große Partikel (Zucker, Einsenspäne etc. ) werden aus Teppichboden gesaugt. |
| 20,9 ... 24,4 | 76 ... 88 | 9 | Sturm | Kleinere Schäden an Häusern (z.B. Dachziegel). | |
| 24,5 ... 28,4 | 89 ...102 | 10 | Schwerer Sturm | Bäume werden entwurzelt. | |
| 28,5 ... 32,6 | 103 ... 117 | 11 | Orkanartiger Sturm | Verbreitet Sturmschäden. | |
| über 32,6 | über 117 | 12 | Orkan / Hurrikan T1 | Schwere Schäden. | |
| über 36,9 | über 133 | 13 | | | |
| über 41,4 | über 149 | 14 | Hurrikan Stufe T2 | Autos und ganze Dächer werden weggeweht. | |

| Wind-Geschwindigkeit (m/s)* | Wind-Geschwindigkeit (km/h)* | Windstärke | Allgemeine Bezeichnung | Beschreibung | Bemerkungen |
|---|---|---|---|---|---|
| über 46,1 | über 166 | 15 | | | Einsauggeschwindigkeit eines netzbetriebenen Staubsaugers. |
| über 50,9 | über 183 | 16 | Hurrikan Stufe T3 | Bäume werden hunderte von Metern weggefegt. Häuser werden bis zur Unbewohnbarkeit beschädigt. | |
| über 58 | über 209 | | Hurrikan Stufe T4 | Bäume werden hunderte von Metern weggefegt. Häuser werden bis zur Unbewohnbarkeit beschädigt. | |
| über 69 | über 248 | | Hurrikan Stufe T5 | Ganze Häuser und Brücken werden zerstört. Ganze Schiffe werden hunderte von Metern an Land geworfen. | |

**Umrechnungen**

Volumenstrom: $1\ l/min = 0{,}06\ m^3/h$

$1\ m^3/h = 16{,}67\ l/min$

Druck: $1\ bar = 100.000\ Pa = 10.000\ mm\ H_2O$

$1\ Pa = 0{,}1\ mm\ H_2O$

**Variablenbezeichnungen**

V = Volumen
F = Fläche
O = Oberfläche
U = Umfang
v = Geschwindigkeit
s = Strecke, allgemein
h = Höhe
l = Länge
r = Radius
t = Zeit
P = Druck

## Formeln

| Allgemeine Gleichungen: | Formel | [SI-Einheiten] | Erklärung |
|---|---|---|---|
| Volumenstrom | $\dot{V} = \frac{V}{t}$ | $\dot{V}\left[\frac{m^3}{s}\right]$ | Volumenstrom = Volumen / Zeit |
| Geschwindigkeit | $v = \frac{s}{t}$ | $v\left[\frac{m}{s}\right]$ | Geschwindigkeit = Strecke / Zeit |
| Volumen | $V = F \cdot s$ | $V\,[m^3]$ | Volumen = Fläche x Strecke |

| | | |
|---|---|---|
| Kugel | Oberfläche: $O = 4 \cdot \pi \cdot r^2$ | Volumen: $V = \frac{4}{3} \cdot \pi \cdot r^3$ |
| Kreis | Fläche: $F = \pi \cdot r^2$ | Umfang: $U = 2 \cdot \pi \cdot r$ |

# 10. Literatur, Bezugsquellen, Internet-Links

Bei den folgenden Hinweisen bezüglich Literatur, Bezugsquellen und Internetadressen wurde besonderer Wert auf die Qualität gelegt. Vergriffene Bücher, erloschene Firmen oder unbrauchbare Internetseiten sind lediglich ein Ärgernis. Alle Angaben wurden daher unmittelbar vor der Drucklegung dieses Buches nochmals überprüft. Selbstverständlich kann es jedoch gerade beim schnelllebigen Internet vorkommen, dass bestimmte Adressen nach einiger Zeit nicht mehr bestehen.

## 10.1 Literatur

Basisliteratur zum Roboterbau:

**Grundlagen der Robotertechnik,**
H. W. Katzenmeier, Elektor-Verlag 2004

**The Robot Builder's Bonanza,**
Gordon McComb, McCrawHill

Verlage mit Büchern zum Thema Robotik, Elektronik etc.

| | |
|---|---|
| Elektor Verlag | www.elektor.de/ |
| Franzis Verlag | www.franzis.de/ |
| Markt&Technik | www.mut.de |
| J. Springer Verlag | www.springeronline.com |

Internet-Buch-Versandhandel
www.amazon.de

## 10.2 Bezugsquellen

Elektronik, C-Control
www.conrad.de/

Lüfter:
www.luefter.de
www.cosh-computersysteme.com

Unex-Schlauchklemmen
www.unex-metall.com

Magnete
www.neodymium.de

Silikonschlauch
www.haarmann-online.de
http://shop.erfrier.net/shop.php3?dir=180

Restposten: Motore, Mechanik- und Elektronikteile
www.respotec.de/
www.lemo-solar.de
www.pollin.de

Schrauben, Mechanikteile
www.modellbauschrauben.de/

Internet-Versandhäuser (mit technischen / elektronischen Artikeln)
www.mercateo.com

**Baukästen und Zubehör**

Fischertechnik:
www.fischertechnik.de/
www.knobloch-gmbh.de/fischer/fi-a.htm

Lego
http://mindstorms.lego.com/de

Metallus
www.metallus.de/

Werkzeuge/Maschinen
www.proxxon.com/

Internet-Aktionshäuser
http://www.ebay.de
http://www.hood.de

## 10.3 Internetlinks

**Zusammensetzung von Hausstaub / Allergien**
http://de.wikipedia.org/wiki/hausstaub

www.umweltbundesamt.de/survey/us9092/staub.htm

www.biomess.de/biomess-Site/milben_-_eigenschaften.htm

**Staubabscheidung**
www.luftfilterbau.de/PDF/Filtertechnik_0I00.pdf
www.starmix.de/seiten/pdf/zykloninfos.pdf

**Elektrofilter**
http://leifi.physik.uni-muenchen.de/web_ph10/umwelt-technik/01elektrofilter/elektrofilter.htm

**Pneumatische Förderung:**
www.neuero.de/Deutsch/Information/Text%20Hesse%20.pdf

**Lüfter**
Grundprinzipien Lüfter:
www.pflaum.de/de.dir/de/archiv/2001/de1901/a_de-schw02.html

Umfangreiche Übersicht:
www.cci-promotor.de/index.html?/archiv/luefter.htm

www.carmen-ev.de/dt/hintergrund/vortraege/staubabscheidung.pdf

Zyklon:
www.sivus-stroemungstechnik.de/a2/uebersicht.htm

Windstärke-Betrachtungen
www.uni-giessen.de/ilr/frede/lehrveranstaltungen/BKA_09/BKA_09-6.2-Winderosion.pdf

Allg. Mechatronik:
http://de.wikipedia.org/wiki/Mechatronik

Antriebstechnik Übersicht:
www.informatik.uni-bremen.de/~roefer/kr00/03s.pdf

Künstliche Intelligenz:
http://de.wikipedia.org/wiki/K%C3%BCnstliche_Intelligenz

Roboter allgemein:
www.roboternetz.de/phpBB2/portal.php

Schaltplansammlung für Roboterbau
www.electronicsplanet.ch/Roboter/knowhow/rbschalt.html

Elektronik, allgemein
www.uni-muenster.de/Physik/TD/Uvortec/Information/Energiespa/Fachwissen/infblatt.htm

Timer-IC 555
www.uni-muenster.de/Physik/TD/Uvortec/Information/Energiespa/Fachwissen/IC555I.htm

C-Control
www.c-control.de/

**Normen:**

VDI-Richtlinie 2066 „Staubmessung in strömenden Gasen“
VDI-Richtlinie 3679 „Nassarbeitende Abscheider“
DIN 24184 „Typenprüfung an Schwebstoff-Filtern“
DIN 24185 „Prüfung von Luftfiltern für dieRaumlufttechnik“
DIN IEC 312 „Prüfungsverfahren für Staubsauger“
DIN 1952 „Durchflussmessung mit genormten Düsen, Blenden und Venturidüsen“

**Allg. Reinigungsroboter:**

www.heise.de/newsticker/data/wst-04.10.02-003/
www.cewe.ch/Dossier_Reinigungsroboter.pdf

**Dissertation „Globale Selbstlokalisation für mobile Serviceroboter“:**

http://ag-vp-www.informatik.uni-kl.de/Projekte/CAROL/papers/Diss.pdf

**Reinigungsroboter für den Boden:**

www.wdr.de/tv/service/technik/inhalt/20030320/b_3.phtml
(Übersichtsartikel)
www.roomba-shop.ch/
www.robomop.net/
http://www.karcher.de/versions/de/assets/RoboCleaner_0010-762.pdf

**Fensterputzroboter**
www.fraunhofer.de/fhg/Images/4.2004-34_tcm5-12192.pdf

# Stichwortverzeichnis


## A

Abscheidung 45
Abscheidvorrichtung 46
Adhäsion 125
Adhäsionsrobot 206
Akkusauger 64
Anstoßdetektor 120, 165
Ausweichen 148
Axiallüfter 67, 154
Axialventilator 25

## B

Bahnkurve 132
Bahnkurve, spiralförmige 136
Bahnkurve, vorbestimmte 134
Bahnkurve, wandfolgende 137
Bauform 145, 146
Belüftungsöffnung 38
Bewegung, zufällige 132
Bewegungsdetektion 182
Bewegungskonzept 131, 155 f, 163 f, 200 f
Bewegungsmuster 141
Bleiakku 64
Bodenabstand 33
Bodenbeschaffenheit 15
Bodenreinigung 95
Bunsenventil 110
Bürste 38
Bürste, feststehende 40
Bürste, rotierende 41

## C

C-Control M-unit 177

## D

Druck-Saugdüse 42
Druckabfall 20
Druckdifferenz 19, 20, 53, 72
Druckdüse 44
Druckmessröhrchen 72
Druckverlauf 24
Druckverlust 57
Düsenabmessung 36

## E

Elektrofilter 47
Elektronik, diskrete 149
Elektronik, programmierbare 150
Endschalter 195

## F

Feinstaub 16, 17
Feinstaubfilter 17
Feinstaubkonzentration 17
Fensterputzroboter 114
Fensterputzroboter, magnetfixierter 118
Fernsteuerung, bidirektionale 150
Filter-Prüfstand 67
Filterfläche 53, 57
Filterkonstante 52, 53
Formfaktor der Düse 20, 73

## G

Gasdichte 20
Gewebefilter 51
Gummiwischer 98, 192

## H

Hausstaub 9
HEPA-Filter 16
Hindernis 131
Hinderniserkennung 133, 143, 144

## K

Kleberollen-Roboter 126

## M

Mantelfläche 34
Membranpumpe 99
Metalltafel-Reinigungsroboter 118
Mikrofilter 16
Mitlaufendes Rad 181

## N
Näherungssensor 124
NAND-Gatter 169
Nass-Wischsystem 196
Neigungsschalter 123
NiCd-Akku 64

## O
O-Ring 117, 201
Outdoor-Roboter 129

## P
Partikelgröße 16
Programmierung 184, 196
Pulsweitenmodulation 176
PWM 176
PWM-Treiberschaltung 178

## Q
Querschnittsfläche 34
Querstromlüfter 25, 28
Quetschventil 106

## R
Raccoon 115
Radiallüfter 26, 67
Radialventilator 25, 27
random walk 133
Regeln 147
Regelung 148
Regeneration 100
Reinigung von Fenstern 112
Reinigungseinheit 94
Reinigungskonzept 186, 199
Reinigungslösung 100
Reinigungslösung aufbringen 91
Reinigungswalze 65, 95, 97
Relativgeschwindigkeit 182
Richtungsumkehr 200
Ringschwamm 97
Robomop 82
Roboter-Kugel 83
Robotersteuerung 147, 148, 150
Rollwalze 97
Rückschlagventil 109, 189

## S
Sanitärbereich 124
Saug-Fensterputzer 115
Saugbürste 38
Saugdüse 29, 33, 34
Saugen 15
Sauger C 174
Saugfläche 80
Saugleistung 67
Saugpumpe 98
Saugroboter 154, 161, 169, 175, 181, 185
Schlauchquetschpumpe 92, 104
Schmutzwasser-Aufnahme 9
Schmutzwasser-Entfernung 90
Seltenerd-Magnet 116
Silikongummi 112
Silikonring 70
Spritzenpumpe 188
Staubsaugroboter 160
Steuern 147
Steuerung 148
Steuerung, mechanische 148
Strömungsablösung 26
Strömungsgeschwindigkeit 18, 73
Strömungswiderstand 20

## T
Tafelwisch-Roboter 121
Tafelwischer 118, 199
Tastfühler 166
Timer IC 158
Timer-Schaltung 164
Trägerfahrzeug 121
Trajektoren 132
Transfermedium 92
Trennung, galvanische 177
Trockenreinigung 15

**U**
Überdrucksicherung 110
Ultraschall-Detektor 164

**V**
Ventilator 22
Ventilatoren-Kennlinie 58
Ventilatorenprüfstand 67
Volumenstrom 53, 57
Vorratsgefäß 93

**W**
Wahrheitstabelle 169
Wandfolger 137
Winkelgetriebe 175
Wirkungsgrad 23, 26
Wischen 15
Wischer 186
Wischtechniken 81
Wischtuch-Reinigung 86

**Z**
Zyklon 47, 62

# Aktuellen Elektor-Bücherkatalog jetzt gratis anfordern!

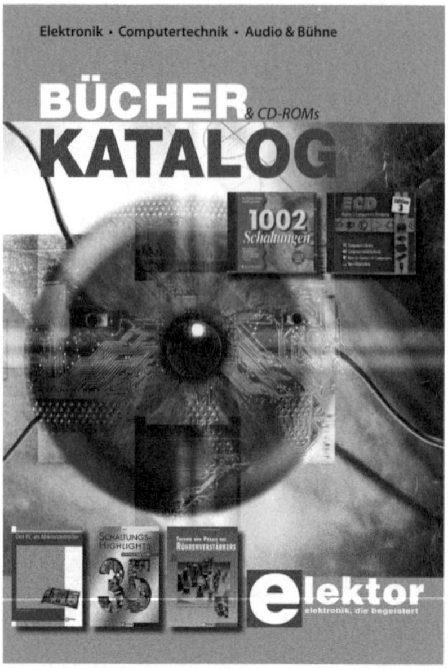


Falls Sie unseren aktuellen Bücherkatalog mit Angeboten aus den Bereichen Elektronik, Computertechnik, Audiotechnik & CD-ROMs wünschen, kopieren und faxen Sie bitte den anliegenden Coupon (ausgefüllt) an uns oder senden ihn ein:

Elektor-Verlag GmbH
Abteilung Vertrieb
Süsterfeldstraße 25
52072 Aachen
Fax +49 241 88 909-77

Das gesamte Elektor-Sortiment finden Sie auch auf unserer Website **www.elektor.de**

**Ja, ich interessiere mich für Ihre weiteren Produkte aus Ihrem Verlag. Bitte senden Sie mir Ihren aktuellen Bücherkatalog unverbindlich gratis zu.**

Anrede Herrn ☐ Frau ☐

Firma ______________________________

Vorname ________________ Name ________________

Straße, Nr. ______________________________

PLZ, Ort ______________________________

Land ______________________________

E-Mail ______________________________